Die Versorgung Deutschlands mit metallischen Rohstoffen
(Erzen und Metallen)

von

Prof. Dr. P. Krusch
Abteilungsdirigent a. d. Kgl. Geologischen Landesanstalt
Dozent für Erzlagerstättenlehre a. d. Kgl. Bergakademie
zu Berlin

Mit 97 Abbildungen im Text

Leipzig
Verlag von Veit & Comp.
1913

Druck von Metzger & Wittig in Leipzig.

Vorwort.

Der Anregung des Verlegers, eine mit dem Titel dieses Buches gleichnamige Vorlesung in der Vereinigung für Staatswissenschaftliche Fortbildung zu Berlin zu einem kleinen Werk auszugestalten, folge ich um so lieber, als ich berechtigt bin anzunehmen, daß sich auch weitere, der Geologie ferner stehende Kreise für die Versorgung Deutschlands mit metallischen Rohstoffen (Erzen und Metallen) interessieren dürften.

Die zum Verständnis des speziellen Teiles namentlich für Nichtgeologen notwendigen wirtschaftlichen und lagerstättenkundlichen Voraussetzungen habe ich in zwei möglichst kurz gehaltenen Abschnitten (I u. II) behandelt. Der Stoff der 20 Erz- und Metallkapitel (III) erfuhr eine Vierteilung derart, daß zunächst Deutschlands Versorgung, dann die einheimischen und fremden Lagerstätten, auf die unser Vaterland angewiesen ist, und schließlich kurz die Marktverhältnisse und die Weltproduktion behandelt wurden.

Ich verweise besonders auf die jedem Kapitel beigegebene Tabelle, in der ich den Verbrauch Deutschlands und seine Deckung durch einheimische und fremde Erze und Metalle dargestellt habe.

Den zahlreichen Interessenten, die mich unterstützten, insbesondere der Metallgesellschaft in Frankfurt a. M., den Firmen Beer, Sondheimer & Co. in Frankfurt a. M. und Aron Hirsch in Halberstadt, dem Generalsekretär Dr. Schrödter vom Verein Deutscher Eisen-Hüttenleute in Essen usw. spreche ich auch an dieser Stelle meinen verbindlichsten Dank aus.

Berlin, im Februar 1913.

Krusch.

Inhalt.

Dritter Teil.

Die Versorgung Deutschlands mit Erzen und Metallen.

Figurenverzeichnis.

Literatur.

I. Erzstatistik und Erzmarkt.

P. Krusch, Die Untersuchung und Bewertung von Erzlagerstätten. II. Auflage. Stuttgart. F. Enke 1911.

A. Haenig, Der Erz- und Metallmarkt. Stuttgart. F. Enke 1910.

II. Metallstatistik und Metallmarkt.

Statistische Zusammenstellungen über Blei, Kupfer, Zink, Zinn, Aluminium, Nickel, Quecksilber und Silber. Herausgegeben von der Metallgesellschaft, Metallbank und Metallurgischen Gesellschaft, Aktiengesellschaft, Frankfurt (Main) alljährlich erscheinend, letztes Heft Juni 1912.

Statistische Zusammenstellungen über Kupfer. Von Aron Hirsch & Sohn, Halberstadt. Bisher 20 Jahrgänge.

B. Neumann, Die Metalle. Halle. W. Knapp 1904.

A. Haenig, siehe oben.

III. Montanstatistik Deutschlands.

Vierteljahrshefte zur Statistik des Deutschen Reichs. Herausgegeben vom Kaiserlichen Statistischen Amt.

Statistisches Jahrbuch für das Deutsche Reich. Herausgegeben vom Kaiserlichen Statistischen Amt.

Nachrichten für Handel und Industrie. Zusammengestellt im Reichsamt des Innern.

Zeitschrift für das Berg-, Hütten- und Salinenwesen im Preußischen Staate.

Jahrbuch für das Berg- und Hüttenwesen im Königreich Sachsen.

Alle jährlich erscheinend bis auf die Nachrichten für Handel und Industrie, die vierzehntägig veröffentlicht werden.

IV. Lehrbücher über Erzlagerstätten.

R. Beck, Lehre von den Erzlagerstätten. III. Auflage, 2 Bände, Berlin, Gebr. Bornträger 1909.

Beyschlag, Krusch, Vogt, Die Lagerstätten der nutzbaren Mineralien und Gesteine. Stuttgart. Bd. I, 1910. Bd. II, 1912/13.

Stelzner-Bergeat, Die Erzlagerstätten. Leipzig, I. Hälfte 1904, II. Hälfte 1905 und 1906.

Erster Teil.

Allgemeines.

Allgemeines über den Verbrauch Deutschlands an Erzen und Metallen, den durch eigene Erze gedeckten Anteil und die für den deutschen Konsum wichtigen Ausfuhrländer.

Die Verhältnisse auf dem Erz- und Metallmarkt Deutschlands sind recht komplizierte.

In der folgenden Tabelle habe ich von 23 Erzen und Metallen den deutschen Verbrauch, den durch eigene Erze gedeckten Anteil an demselben und die Einfuhrmengen der Hauptherkunftsländer einander gegenüber gestellt. Diese Zahlen zeigen uns zunächst, daß Deutschland im allgemeinen bei weitem nicht in der Lage ist, seinen Bedarf durch eigene Erze zu decken.

Von den dreiundzwanzig angeführten Stoffen sind a) bei nicht weniger als vierzehn die im Inland gewonnenen Mengen derartig niedrig, daß sie höchstens als unbedeutend bezeichnet werden können; hierunter sind sechs (Quecksilber- und Molybdänerz, Platin, Thorium- und Cerium-, Aluminium-, Uran- und Radiumerz), bei denen nach dem jetzigen Stande des deutschen Bergbaues keine Förderung angegeben wird. — b) Von den in nennenswerter Menge geförderten übrigen neun Rohmaterialien decken sieben einen namhaften Teil des deutschen Bedarfs (Kupfer, Eisenerz, Bleierz, Silber, Nickelerz, Arsen- und Schwefelerz). — c) Es bleiben also nur zwei Rohstoffe, nämlich Zinkerz und Eisen übrig, die von deutschen Lagerstätten bzw. Hütten in solchen Mengen gewonnen werden, daß der deutsche Konsum von der Einfuhr unabhängig sein könnte.

Es sei mir gestattet, auf einige Beispiele der drei eben genannten Gruppen von Rohstoffen bzw. Metallen zur Illustration der Lage Deutschlands genauer einzugehen.

Zu a): Der deutsche Goldverbrauch betrug im Jahre 1910 ca. 220 Millionen Mark. Die aus deutschen Erzen gewonnene Edelmetallmenge war unbedeutend, so daß Deutschland fast das ganze Gold aus dem Ausland beziehen mußte, und zwar:

	Deutscher Verbrauch	Durch eigene Erze gedeckte Menge	Hauptherkunftsländer (Siehe die speziellen Tabellen bei den Metallen im dritten Teil.)
1. Gold (1910)	ca. 220 Mill. Mk.	unbedeutend	Großbritannien . . . ca. 179 Mill. Mk. Britisch-Südafrika . . „ 22 „ „ Europ. Rußland . . . „ 11 „ „
2. Kupfer (1910)	ca. 210000 t	ca. 1/9	Ver. Staaten . . . . ca. 181000 t
3. Eisenerz (1910)	ca. 35570000 t	ca. 3/5	Schweden . . mit ca. 3,25 Mill. t Spanien. . . . . „ „ 2,8 „ t Frankreich . . „ „ 1,8 „ t
4. Eisen (1910)	14000000 t		Ausfuhr übersteigt Einfuhr.
5. Manganerz (1910)	ca. 484000 t	unbedeutend	Rußland . . . . mit ca. 325000 t Britisch-Indien . . . . . „ „ 117000 t Brasilien . . . . „ „ 38000 t
6. Bleierz und Blei (1910) . .	ca. 208440 t Blei	ca. 1/3	für Erze: Australien mit ca. 62000 t Bleiinhalt „ Metall: Belgien . . . . mit ca. 20000 t „ „ Ver. Staaten . . „ „ 27000 t „ „ Australien . . . „ „ 12000 t „ „ Spanien . . . . „ „ 9000 t
7. Zinkerz u. Zink (1910) . .	ca. 174000 t	alles + ca. 23000 t	Der Bedarf konnte durch einheimische Erze gedeckt werden, trotzdem reger Austausch für Erze: Australien . . . . . „ „ 134600 t „ „ Spanien . . . . . . „ „ 20700 t „ Metall: Belgien . . . . . „ „ 26700 t

8. Silber (1910)	ca. 786 t	ca. $^1/_5$	für Erze: keine brauchbare Statistik für Metall: Großbritannien . . ca. 581 t „ „ Mexiko . . . . . „ 29 t
9. Nickel und Nickelerz (1910)	ca. 4500 t Nickelmetall	ca. $^1/_{18}$	Neu-Kaledonien. Erz für ca. $^{17}/_{18}$ des Konsums
10. Kobalt	ca. 100000 kg	ganz unbedeutend	Neu-Kaledonien und Kanada.
11. Quecksilber (1910)	ca. 804 t	nichts	hauptsächlich Spanien, Italien und Österreich
12. Zinnerz und Zinn (1910) . .	ca. 18100 t Metall	unbedeutend	für Erz: Bolivien . . . . . . mit ca. 15925 t „ Metall: Niederl.-Indien . . „ „ 8135 t „ „ Britisch-Indien . . „ „ 1105 t „ „ Australien . . . . „ „ 1066 t
13. Wismuterz und Wismut . .	unbedeutend	unbedeutend	Einfuhr unbedeutend
14. Molybdänerz	unbedeutend	nichts	Einfuhr unbedeutend
15. Arsenerz	erheblich	können ev. vollkommen decken	Einfuhr unbedeutend
16. Antimonerz	unbedeutend	ganz unbedeutend	Einfuhr unbedeutend
17. Platin	nicht genau bekannt	nichts	Rußland
18. Wolframerz	bedeutend	unbedeutend	unbekannt
19. Schwefelerz (Schwefelkies) (1910)	ca. 1022000 t Schwefelkies u. 44000 t Schwefel	ca. $^1/_6$	Spanien . . . . mit ca. 683000 t } Kies Portugal . . . . „ „ 59000 t } Kies
20. Thorium und Cerium . . .	ca. 2000 t Monazit	nichts	Brasilien
21. Aluminium (1910)	vielleicht 11000 t	nichts	Aluminium-Industrie-Aktiengesellschaft (Deutschland, Schweiz und Österreich)
22. Uran- und Radiumerze . .	Konsum unbekannt	nichts	Österreich
23. Vanadiumerze	unbedeutend	unbedeutend	Einfuhr unbedeutend

aus Großbritannien . . . . für ca. 179 Mill. Mk.
aus Britisch-Südafrika . . . . „ „ 22 „ „
aus dem europäischen Rußland . . . . . . „ „ 11 „ „

Die drei genannten Länder lieferten also in Summa für 212 Millionen Mark an Deutschland.

Ein für die deutsche Eisenhüttenindustrie sehr wichtiges Erz ist das Manganerz, von dem im Jahre 1910 ca. 484000 t gebraucht wurden. Wir sehen hier ab von den Eisen-Manganerzen und berücksichtigen ausschließlich die hochprozentigen Manganerze; die eigene Produktion Deutschlands ist dann unbedeutend und beträgt nur wenige Hundert Tonnen; es ist im höchsten Grade abhängig von Rußland mit ca. 325000 t, Britisch-Indien mit ca. 117000 t und Brasilien mit annähernd 38000 t nach Deutschland gehender Ausfuhr.

Ebenso ungünstig liegen die Verhältnisse bei der deutschen Quecksilberproduktion. Im Jahre 1910 wurden in Deutschland 804 t Quecksilber verbraucht, während die deutschen Gruben keine Quecksilbererze lieferten. Der europäische Quecksilbermarkt wird von der Firma N. M. Rothschild & Sons in London kontrolliert. Wenn sich auch nicht bis ins einzelne feststellen läßt, woher Deutschland das Quecksilber bezieht, so ist doch anzunehmen, daß hauptsächlich Spanien, Italien und Österreich in Frage kommen.

Wenig günstig ist die Lage Deutschlands auch in bezug auf den Zinnerz- und Zinnmarkt. Es brauchte im Jahre 1910 ca. 18100 t Zinnmetall. Die deutschen Gruben lieferten so gut wie kein Erz, dagegen bezog man aus Bolivien ca. 15925 t Erz. Recht erheblich war auch die Einfuhr von Zinnmetall aus Niederländisch-Indien mit ca. 8135, Britisch-Indien mit ca. 1105 und Australien mit 1066 t.

Zu b): Zu der zweiten Gruppe von metallischen Rohstoffen, die wenigstens einen namhaften Teil des deutschen Bedarfs decken können, gehören die Kupfererze. Deutschland brauchte im Jahre 1910 ca. 210000 t metallisches Kupfer, davon stammten $^1/_9$ aus eigenen Erzen, während die Vereinigten Staaten ca. 181000 t Metall lieferten.

Etwas günstiger liegen die Verhältnisse bei Eisenerz. Hier wurden im Jahre 1910 von den deutschen und luxemburgischen Hütten annähernd 35570000 t mit ca. 14000000 t Eiseninhalt gebraucht; die deutschen Eisenerzgruben lieferten annähernd $^3/_5$ dieser Eisenmenge; $^2/_5$ mußten in fremden Erzen eingeführt werden, die sich im Gegensatz zu den einheimischen größtenteils durch einen hohen Eisengehalt auszeichnen. Die Einfuhr betrug aus Schweden ca. 3,25, aus Spanien ca. 2,8 und aus Frankreich ca. 1,8 Millionen Tonnen.

Wegen der verschiedenen Gehalte lassen sich die Einfuhrzahlen nicht ohne weiteres mit den Erzproduktionszahlen Deutschlands vergleichen. Ich gehe auf diese Verhältnisse in dem Abschnitt über Eisenerzversorgung genauer ein. Jedenfalls ist Deutschland auch beim Eisenerz hochgradig vom Ausland abhängig.

Die Lage des deutschen Bleierz- und Bleimarktes geht aus folgenden Vergleichszahlen hervor: Deutschland brauchte im Jahre

1910 ca. 208440 t Blei. Die deutschen Erzgruben konnten nur annähernd ein Drittel liefern, so daß eine erhebliche Menge von Bleierzen aus Australien bezogen werden mußte. Der Bleiinhalt dieser Einfuhr beträgt 62000 t.

Abgesehen von den Erzen führten wir erhebliche Metallmengen ein. Hier kommen vor allen Dingen Belgien mit ca. 20000 t, die Vereinigten Staaten mit ca. 27000, Spanien mit ca. 9000 und Australien mit ca. 12000 t in Frage. Im ganzen beträgt die Erz- und Metalleinfuhr annähernd zwei Drittel des Konsums.

Ähnliche Verhältnisse herrschen auf dem Silbermarkt. Deutschland brauchte im Jahre 1910 786 t und deckte davon ca. $^1/_5$ mit eigenen Erzen. Da eine erhebliche Menge der Silberproduktion aus Blei-, Kupfer- und Zinkerzen gewonnen wird, bei denen der Silberwert des Roherzes nur wenig in Erscheinung tritt, werden diese Erze in der Ein- und Ausfuhrstatistik als bzw. Blei-, Kupfer- und Zinkerze aufgeführt; es gibt also keine erschöpfende Silbererz-Ein- und Ausfuhrstatistik.

Von dem eingeführten Silbermetall stammten aus Großbritannien ca. 581 und aus Mexiko ca. 29 t.

Der Bedarf Deutschlands an Nickel betrug im Jahre 1910 4500 t. Nur annähernd $^1/_{18}$ dieser Menge konnte aus einheimischen Erzen gewonnen werden, der bei weitem größte Teil, nämlich $^{17}/_{18}$ stammt aus Erzen Neu-Kaledoniens.

Zu dieser Gruppe gehören auch die Schwefelerze bzw. Schwefelkiese. Deutschland brauchte im Jahre 1910 annähernd 1022000 t, von denen nur $^1/_6$ von einheimischen Gruben geliefert werden konnte. An der Einfuhr beteiligten sich hauptsächlich Spanien mit ca. 683000 und Portugal mit ca. 59000 t.

Zu c): Wesentlich günstiger liegen die Verhältnisse bei der leider nur kleinen dritten Gruppe, zu welcher Zinkerz bzw. Zink und Eisen gehören.

Im Jahre 1910 betrug die Zinkproduktion 221395 t. Zieht man lediglich den Zinkgehalt der deutschen Erze mit 316684 t im genannten Jahre in Betracht, so würden die deutschen Zinkerzgruben in der Lage sein, nicht nur den ganzen Bedarf zu decken, sondern es bliebe sogar noch ein erheblicher Überschuß. Leider wird dieses günstige Verhältnis durch die abnorm großen Aufbereitungs- usw. -verluste, die namentlich bei Galmei auftreten, wesentlich beeinflußt.

Trotz der günstigen Position, die Deutschland hier einnimmt, ist der Austausch mit anderen Ländern sowohl für Erze als auch für Metalle recht rege. Unter den Einfuhrländern für Erze steht 1908 an erster Stelle Australien mit ca. 134600 t und an zweiter Spanien mit 20700 t. Für Metall kommt vorzugsweise Belgien als Lieferant mit ca. 26800 t in Frage.

Die günstige Position Deutschlands auf dem Eisenmetallmarkt kommt darin zum Ausdruck, daß die Ausfuhr wesentlich die Einfuhr übersteigt.

Abgesehen von den bei diesen eben angeführten Rohstoffen genannten Einfuhrländern sind noch folgende besonders erwähnenswert:

Für Kobalterz, von dem nur ca. 100000 kg Oxyd gebraucht werden, Neu-Kaledonien und Kanada, für Platin Rußland, für Thorium- und Ceriumerz Brasilien, für Uran- und Radiumerz Österreich.

Bei vielen Erzen mit kleinem Markt, der womöglich in der Hand einer oder weniger Firmen ist, werden die Herkunftsländer nicht bekannt gegeben. Hierzu gehören Wismuterz und Wismut, Molybdänerz, Wolframerz, Aluminiumerze und Vanadiumerze.

Deutschland gehört also zu denjenigen Ländern, die auf die Einfuhr fremder Erze angewiesen sind. In dieser Beziehung kann man allgemein zwei Gruppen von Ländern nämlich erzausführende und erzeinführende unterscheiden (S. 19 u. 23). Die ersteren sind reich an Naturschätzen, haben aber eine wenig entwickelte Metallindustrie, (z. B. Spanien und Ungarn), die letzteren zeigen im Gegensatz hierzu eine hoch entwickelte Metallindustrie, für welche die eigenen Naturschätze nicht ausreichen (z. B. Deutschland und England).

Die Erzein- und -Ausfuhr hängt demnach wesentlich von der Entwickelung der Metallindustrie eines Landes ab, bei der die Kohlenschätze allerdings eine wesentliche Rolle spielen. So kann die schwedische und spanische Eisenindustrie trotz der reichen Eisenerzlagerstätten des Inlandes nicht zur Blüte kommen, weil bedeutende Kokskohlenlagerstätten fehlen.

Allgemeines über die Erzstatistik.

Sie kann nur dann brauchbare Resultate zeitigen, wenn die Produktionszahlen der Gruben auf Grund eingehendster Sachkenntnis zusammengestellt und von verschiedenen, den Bedürfnissen der Industrie angepaßten Gesichtspunkten aus gruppiert werden.

Die Anforderungen der modernen Montanstatistik gehen am besten aus einem Vergleich der früheren mit der jetzigen des Reichsamtes des Innern in Berlin bzw. der Ver. Staaten hervor.

Die ältere Statistik begnügte sich meist mit der Angabe von Produktionszahlen ohne Metallgehalte. Die Erzstatistik hat aber den Zweck, ein Bild der geförderten Bodenschätze des Landes zu geben; sie soll uns in den Stand setzen, den Mineralreichtum der einzelnen Distrikte miteinander vergleichen zu können. Es genügt zur Erreichung dieses Zweckes nicht, daß nur die Tonnenzahl des geförderten Erzes angegeben wird, da der nutzbare Bestandteil desselben, der Metallgehalt, den größten Schwankungen unterworfen sein kann. Diesem Mangel suchte die frühere Montanstatistik dadurch zu begegnen, daß sie neben der Tonnenzahl den Wert des Erzes angab. Aber auch dieser Weg führt nicht zu einem befriedigenden Ergebnis.

Da ein Erz am Produktionsort nur unter Berücksichtigung der Lage der Hütten, die es verarbeiten, bewertet werden kann, wird — die gleiche Zusammensetzung des Erzes vorausgesetzt — bei gleichem Wert am Hüttenort, der Wert an den verschiedenen Produktionsorten sehr verschieden sein; er richtet sich nicht nur nach der Entfernung der Grube von der ihr Erz verarbeitenden Hütte, sondern auch nach dem Einfluß des Zwischenhandels, der je nach der größeren oder geringeren finanziellen Stärke des Produzenten sich in geringem oder höherem Grade bemerkbar macht (S. 23). Wenn wir zur Vereinfachung eines Beispiels den Zwischenhandel ganz ausschalten, wird irgendeine Hütte, auf welche verschiedene Produktionsstätten angewiesen sind, dasselbe Erz am weiter liegenden Produktionsort geringer bewerten, als am näheren. Ein bestimmtes Erz, welches z. B. auf einer Grube dicht bei einer deutschen Hütte 60 Mk. Wert pro t hat, kann in Südspanien nur mit einigen 40 Mk. und in Kapstadt nur mit einigen 20 Mk. bezahlt werden, wenn es nach Deutschland geliefert werden soll; hierbei spielt Wasserfracht eine geringere Rolle als die Eisenbahnfracht oder gar der Landtransport. Unter ungünstigen Frachtverhältnissen wurden z. B. für ein Manganerz, welches die deutsche Hütte mit ca. 50 Mk. pro t bezahlte, am Produktionsort nur 6—10 oder noch weniger Mark vergütet.

Aus diesen Erwägungen ergibt sich, daß der Wert eines Erzes loco Grube keinen bestimmten Maßstab für den Gehalt eines Erzes liefert, der allein einen Vergleich der Naturschätze zweier verschiedener Produktionsländer oder -Distrikte ermöglicht.

Es ist deshalb dringend nötig, daß neben der Höhe der Bergwerksproduktion der durchschnittliche Metallgehalt des Erzes angegeben wird.

Das Fehlen der Metallgehalte in der alten Statistik veranlaßte einen weiteren Übelstand, der sich noch vor einem Jahrzehnt in der Erzstatistik recht empfindlich geltend machte, nämlich das Zählen von Massen mit einem zu geringen Metallgehalt als Erze.

Da es, wie später gezeigt werden wird, zwar keine genauen Gehaltsgrenzen für die Erze, aber doch immerhin eine untere Grenze gibt, müssen beispielsweise metallhaltige Zuschläge, z. B. Kalke, von Erzen unterschieden werden. Produktionszahlen, die gleichzeitig Erze und metallhaltige Zuschläge umfassen, sind im allgemeinen unbrauchbar und eignen sich namentlich nicht zum Vergleich der Naturschätze verschiedener Länder, da es eine größere Anzahl von Staaten gibt, in denen metallhaltige Zuschläge überhaupt fehlen und deren Produktionszahlen sich deshalb ausschließlich auf hochhaltige Erze beziehen.

Früher wurden beispielsweise die Zinkerz-Verhüttungsrückstände von New Jersey, welche nur ca. 12% Mangan enthalten, aber trotzdem verwendbar sind, zu den Manganerzen der Ver. Staaten gerechnet. Man bekam deshalb eine abnorm hohe Zahl, und die Vereinigten Staaten, die nur mit wenigen Tausend Tonnen Eigenproduktion echter Manganerze in hohem Grade auf die Einfuhr von Manganerzen angewiesen waren, gehörten nach der Statistik, wenn man lediglich die Zahl als Maßstab nahm, zu den manganreichsten Ländern der Welt.

In den letzten Jahrzehnten haben die erzstatistischen Zusammenstellungen der meisten Länder wesentliche Fortschritte gemacht. Im Jahre 1905 unterschied beispielsweise The Mineral Industry (New York): 1. Manganerze, 2. manganhaltige Eisenerze und 3. manganhaltige Zink-Verhüttungsrückstände; man gab bei den Mengen nicht nur den Wert, sondern auch den Mangangehalt an.

Die Vervollkommnung der Statistik ist vorzugsweise durch die Mitarbeit von Fachleuten erreicht worden. Nur sie sind in der Lage, das von den verschiedensten Gesichtspunkten aus zusammengestellte Originalmaterial auf eine einheitliche Basis zu bringen und eine Übersicht zu schaffen, welche aus gleichwertigen und dadurch verwend- und vergleichbaren Zahlen besteht.

Die vollkommenste Erzstatistik ist nach meiner Meinung gegenwärtig die vom Reichsamt des Innern in Berlin bearbeitete, welche unter dem Titel „Gesamtergebnisse der Produktionserhebungen in der Montanindustrie (Erzbergbaubetrieb)", in der Beilage zu den Nachrichten für Handel und Industrie veröffentlicht wurde und in diesem Organ für die Jahre 1909 und 1910 in Nr. 58, Jahrgang 1912 erschien.

Hier sind nicht, wie früher üblich, lediglich Menge und Wert der gewonnenen absatzfähigen Erze zusammengestellt, sondern es wurden nach Menge, Metallgehalt und Wert

1. die gewonnenen Roherze,
2. die ohne Aufbereitung oder nach Handaufbereitung verwertbaren Erze,
3. die in die Aufbereitungsanstalt gebrachten und verarbeiteten Roherze mit ihrem Wert und die in der Aufbereitungsanstalt gewonnenen Produkte mit ihren Gehalten und Wert zusammengestellt.

Eine Ergänzung findet die Statistik durch die Angabe der Zahl der in Förderung gewesenen Betriebe, die Zahl der berufsgenossenschaftlich versicherten Personen und den Betrag ihrer Löhne und Gehälter.

Besonders dankenswert ist die Anführung nicht nur der Hauptmetalle und ihrer Durchschnittsgehalte in Prozenten, sondern auch die Berechnung des Metallinhaltes der Erze, und zwar ohne Berücksichtigung der Aufbereitungs- und Hüttenverluste.

Die Gruppierung erfolgte derart, daß sich die Wirtschaftsgebiete mit den natürlichen Produktionsbezirken decken.

Bei der älteren nach Verwaltungsbezirken geordneten Statistik zeigt sich der Übelstand, daß die zur Erhebung benutzten Organe Lagerstätten gleicher Entstehung und gleichen Aufbaues, welche Erze derselben Zusammensetzung liefern, nicht gleichmäßig behandelten. So stellte man beispielsweise in einem Bezirk Erze mit ca. 20% Eisen und ca. 20% Mangan bei einer Grube zu den Eisenerzen, während sie von einer benachbarten, aber in einem anderen Verwaltungsbezirk liegenden zu den Manganerzen gerechnet wurden. Die Folge war die Unbrauchbarkeit der Endzahlen.

In Deutschland hat die Königliche Geologische Landesanstalt in Berlin für das Reichsamt des Innern folgende natürliche Wirtschaftsgebiete aufgestellt, welche in den Figuren 1 und 2 wiedergegeben sind.

Figur 1 S. 10 u. 11 faßt die Eisen-, Eisen-Mangan- und Mangan-Erzlagerstätten in folgender Weise zusammen: bis 12% Mn: Eisenerze; 12—30% Mn: Eisen-Manganerze; über 30% Mn: Manganerze.

1. Aachener Kohlenkalkbezirk (Brauneisenerze).
2. Eifelkalkbezirk (Brauneisenerze).
3. Bergischer Kalkbezirk (Brauneisenerze).
4. Siegerland-Wieder Spateisensteinbezirk.
5. Nassauisch-Oberhessischer (Lahn- und Dill-) Bezirk.
6. Taunusbezirk einschließlich der Lindener Mark.
7. Vogelsberger Basalteisenerzbezirk.
8. Waldeck-Sauerländer Bezirk (Roteisenerze).
9. Schafberg-Hüggeler (Osnabrücker) Bezirk (Braun- und Spateisenstein).
10. Wesergebirgsbezirk (Roteisenoolithe).
11. Subhercynischer Bezirk (Peine, Salzgitter) (Brauneisentrümmererze).
12. Harzer Bezirk (alle Eisenerzarten).
13. Deutsche Raseneisenerze.
14. Schlesischer Bezirk (alle Eisenerzarten).
15. Thüringisch-Sächsischer Bezirk (alle Eisenerzarten).
16. Bayerischer Bezirk (Brauneisenerze).
17. Württemberg-Badischer Bezirk (alle Eisenerzarten).
18. Lothringisch-Luxemburger Minettebezirk.

An Blei-Zinkerz-, Schwefelkies- und Kupfererzbezirken werden in Fig. 2 S. 12 u. 13 folgende unterschieden:

Blei- und Zinkerzbezirke.

1. Linksrheinischer Bezirk.
2. Rechtsrheinischer Bezirk.
3. Harzer Bezirk.
4. Oberschlesischer Bezirk.
5. Erzgebirgischer Bezirk.
6. Schwarzwaldbezirk.

Schwefelbezirke.

A. Westfälischer Bezirk.
B. Harzer Bezirk.
C. Schlesischer Bezirk.
D. Bayerischer Bezirk.

Kupfererzbezirke.

I. Rheinischer Bezirk, einschließlich des Vorkommens bei Stadtberge.
II. Harzer Bezirk.
III. Mansfelder Kupferschieferbezirk.
IV. Niederschlesischer Bezirk.

Es schließen sich diesen an:

a) Der erzgebirgische Arsen-Kobalt-Wismut-Wolfram-Zinnerz-Bezirk und
b) der schlesische Nickel-Arsen-Golderz-Bezirk.

Wenn in den Produktionstabellen des Reichsamts des Innern nicht alle genannten natürlichen Produktionsbezirke getrennt zum Ausdruck kommen, so liegt das daran, daß nach einem Bundesratsbeschluß aus der Deutschen Statistik nicht die Resultate einzelner Gruben ersichtlich sein dürfen. Wo also ein natürlicher Produktionsbezirk nur

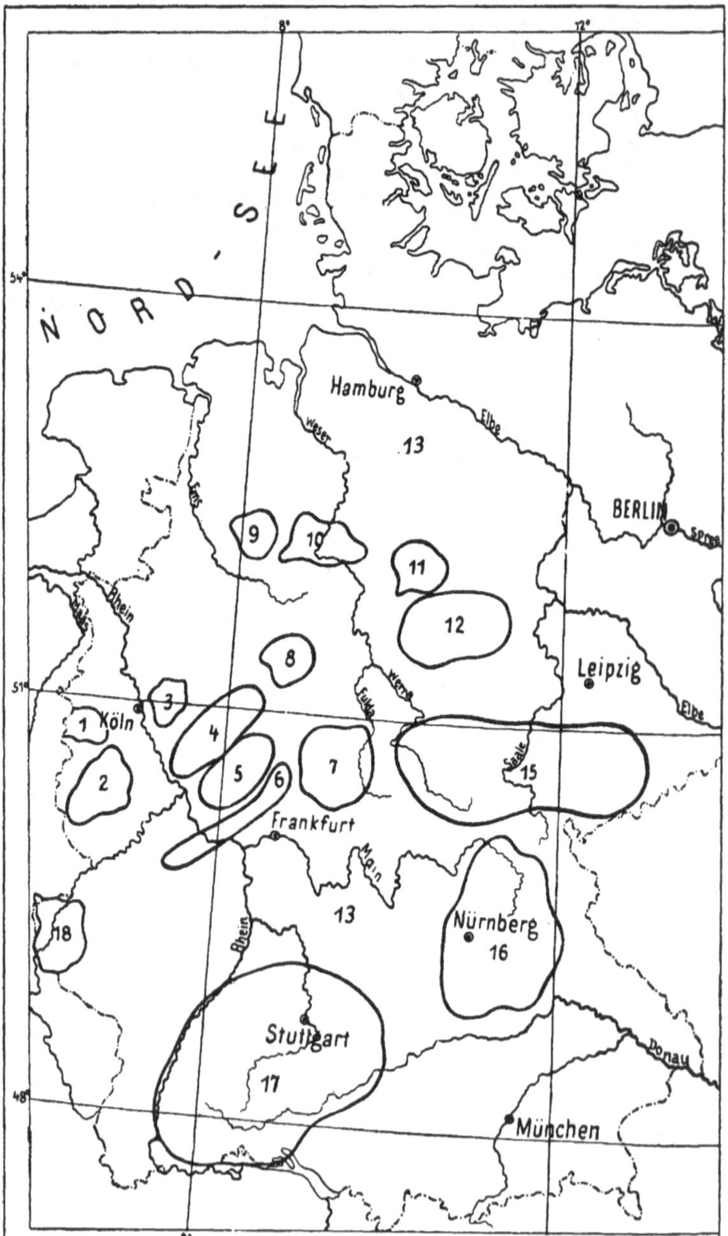

Fig. 1. Die natürlichen Eisen-, Eisen-Mangan- und Manganerz-Produktions-

eine oder zwei Gruben umfaßt und infolgedessen entweder der Leser oder eine der beteiligten Gruben in der Lage wäre, die auf eine bestimmte Grube bezüglichen Zahlen direkt zu ersehen bzw. zu berechnen, mußten mehrere Produktionsbezirke derart zusammengefaßt werden, daß Einzelgruben nicht erkennbar sind.

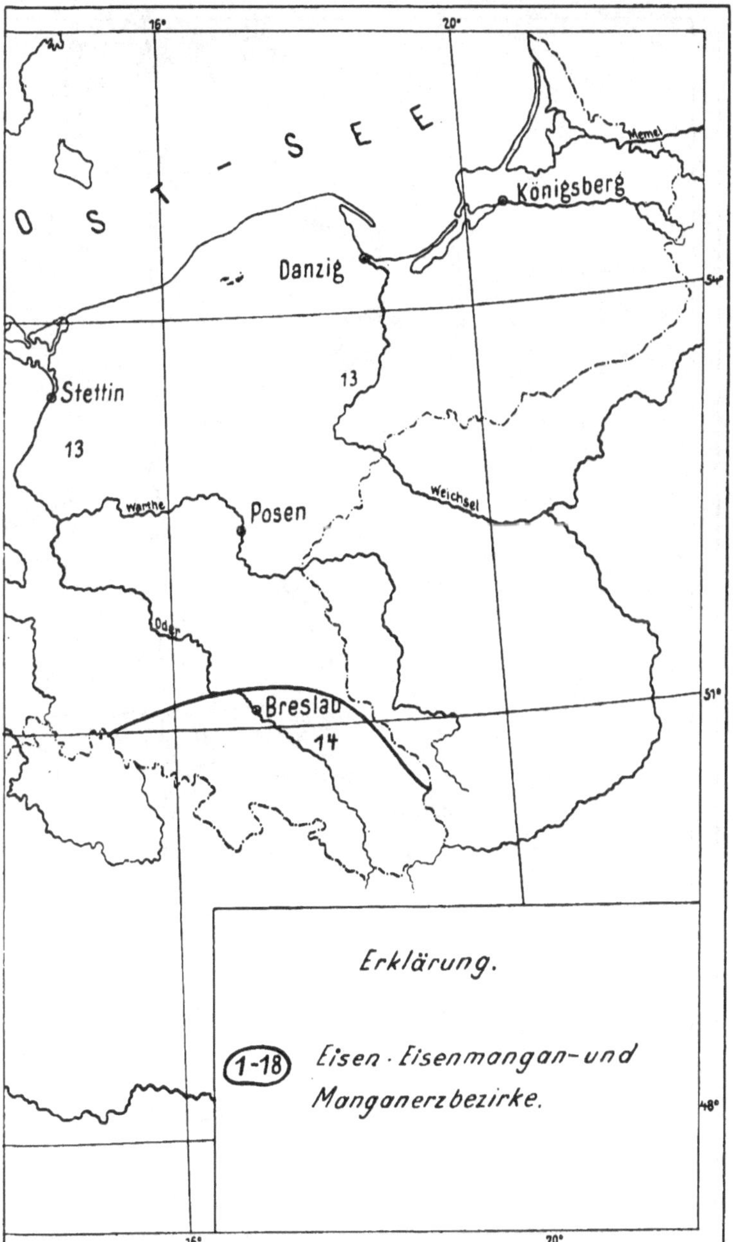

bezirke Deutschlands. (Entwurf der Königl. Geol. Landesanstalt zu Berlin.)

Abgesehen von diesen natürlichen Wirtschaftsgebieten gruppiert das Reichsamt des Innern die Zahlen in mineralogischer Beziehung.

Zu den Eisenerzen gehören beispielsweise nicht weniger als elf verschiedene Erze, die in bezug auf Eisengehalt, chemische Zusammen-

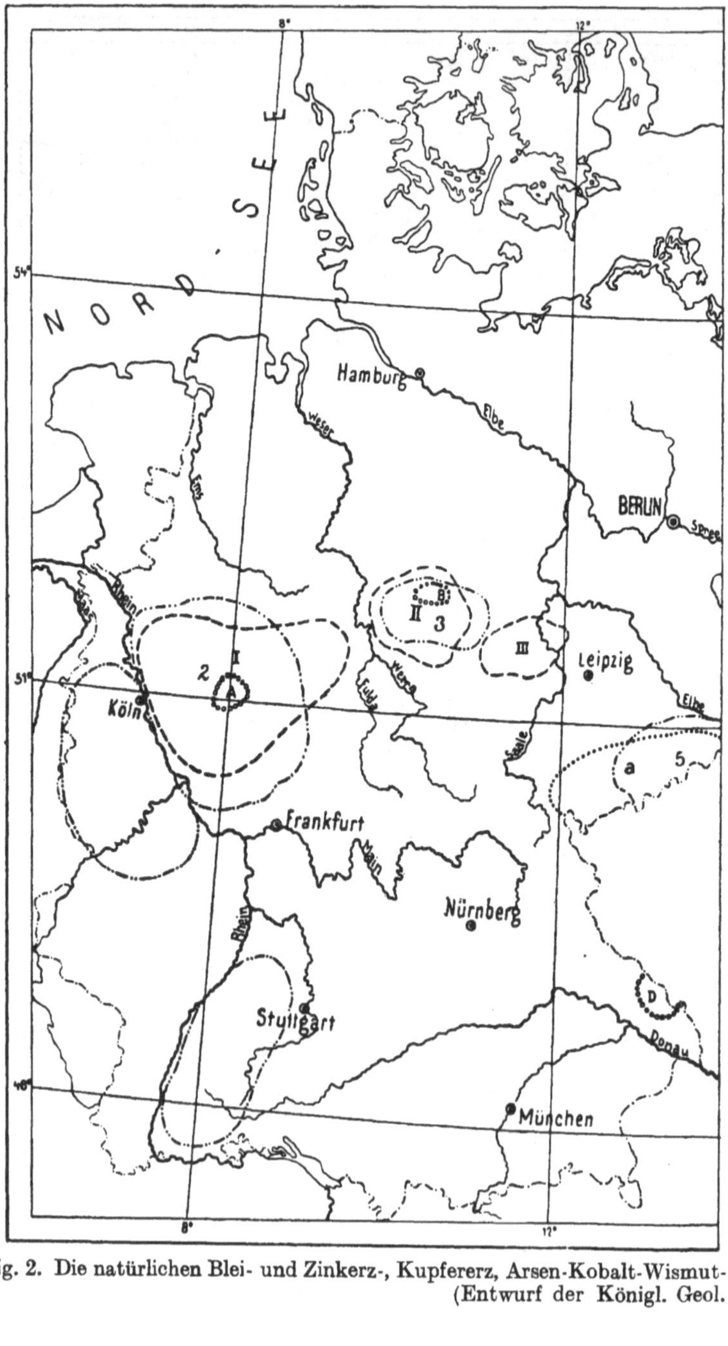

Fig. 2. Die natürlichen Blei- und Zinkerz-, Kupfererz, Arsen-Kobalt-Wismut-
(Entwurf der Königl. Geol.

setzung und infolgedessen auch Verwendung recht verschieden sind. Hierunter fallen einerseits Minetten mit durchschnittlich 30 % Eisen und einem relativ hohen Phosphorgehalt, der sie ausschließlich für den Thomasprozeß geeignet macht und andererseits Magneteisensteine mit 50 und

Wolfram-Zinnerz- und Nickel-Golderz-Produktionsbezirke Deutschlands. Landesanstalt zu Berlin.)

mehr Prozent Eisen und einem sehr geringen Phosphorgehalt derart, daß sie als Bessemer Erze gebraucht werden können. Es liegt auf der Hand, daß diese mineralogische Gruppierung für die Interessenten von hohem Werte ist. Aus derartigen Tabellen (vergleiche den Abschnitt über die Eisenerzversorgung Deutschlands) sind die verschiedenen Zwecken dienenden Eisenerzmengen sofort zu erkennen.

Von nicht geringerer Wichtigkeit ist die mineralogische Gruppierung auch bei den Erzen der Blei-Silber-Zinkerz-Lagerstätten. Die Natur dieser Vorkommen bringt es mit sich, daß in chemischer Beziehung ganz verschieden zusammengesetzte Erze wie beispielsweise Bleiglanz, Zinkblende und edle Silbererze auf ein und derselben Lagerstätte auftreten, also in Form von Roherzen gemeinsam gewonnen und erst durch Aufbereitungsprozesse voneinander getrennt werden.

Die Statistik muß also die Blei-Silber- und Zinkerze in eine Tabelle zusammenfassen, wenn sie den natürlichen Produktionsbezirken Rechnung tragen will.

Andererseits ist aber auch die mineralogische Zusammenstellung dringend notwendig, damit man auf den ersten Blick erkennen kann, wieviel Bleiglanz, Zinkblende, Galmei usw. in Deutschland gefördert werden.

In der Einleitung dieses Abschnittes habe ich darauf hingewiesen, daß eine eingehende Gliederung in metallurgischer Beziehung bei einzelnen Erzen von Wichtigkeit sein kann. Wie die Übersicht der natürlichen Produktionsgebiete der Eisen- und Manganerzlagerstätten zeigt, gibt es keine scharfe Grenze zwischen Eisen- und Manganerzen. Es treten vielmehr in der Regel Gemenge beider auf. Die Erze lassen sich nach ihrem Mangangehalt in eine Reihe gruppieren, an deren einem Ende reine Manganerze mit sehr wenig Eisen, am anderen dagegen so gut wie reine Eisenerze mit sehr wenig Mangan stehen, während die Mitte von Erzen eingenommen wird, die annähernd einen gleichen Eisen- und Mangangehalt haben. Da der Mangangehalt nicht nur der Mangan-, sondern auch der Eisenerze in metallurgischer Beziehung eine bedeutende Rolle spielt, wird er als Einteilungsprinzip benutzt und wir bezeichnen als Eisenerze solche mit bis 12% Mangan als Eisen-Manganerze solche mit 12—30%, während von den Manganerzen ein Mangangehalt von mehr als 30% gefordert wird.

Eine recht wichtige Rolle spielt bei vielen Erzen der Edelmetallgehalt (Silber und Gold). Er findet sich nicht nur in den eigentlichen Silber- bzw. Golderzen, denen ein hoher Silber- bzw. Goldgehalt eigen ist, sondern auch in vielen Blei- und Zinkerzen, deren chemische Formel keinen Silber- bzw. Goldgehalt angibt.

Diese akzessorischen Edelmetallgehalte gewisser Erze können nicht nur für die Grube, sondern auch für die Hütten von großer wirtschaftlicher Bedeutung sein. In Deutschland gewinnt man beispielsweise eine erhebliche Bleiglanzmenge mit mehreren 100 g Silber pro t; bei einem Silberwert von ca. 70 Mk. pro kg entspricht ein Gehalt von 200 g, wenn man von den Hüttenverlusten und den Hüttenunkosten absieht, einem Werte von ca. 14 Mk. pro t.

Aber auch in den Fällen, wo die Edelmetallgehalte innerhalb derjenigen Grenzen bleiben, die die Hütten den Gruben nicht vergüten können, reichern sie sich bei den hüttenmännischen Konzentrationsprozessen an, so daß sie schließlich eine erheblichere Edelmetallproduktion veranlassen.

Von diesen Gesichtspunkten ausgehend, sind in der neuesten deutschen Montanstatistik Bleiglanz und Zinkblende auch nach dem Silbergehalt gruppiert, und zwar unterscheidet man Erze mit 50—100, 100—250, 250—500 und über 500 g Silber pro t.

Auch andere Bestandteile sind für den Hüttenmann derartig wichtig, daß ihre Kenntnis dringend notwendig ist. Im Eisenhüttenprozeß unterscheidet man in der Hauptsache den sauren Bessemer- von dem basischen Thomasprozeß. Ausschlaggebend für die Möglichkeit der Anwendung beider Prozesse ist der Phosphorgehalt der Erze. Die Bessemer Erze sollen möglichst wenig, die Thomaserze möglichst viel enthalten (siehe Abschnitt über „Eisenerzversorgung").

Die Gruppierung der Eisen- und Eisen-Manganerze der neuesten deutschen Statistik nach dem Phosphorgehalt wird deshalb von den Eisenhüttenleuten mit Freuden begrüßt.

Hoffentlich geht die deutsche Statistik in der Zukunft noch dazu über, die Eisenerze auch noch nach ihrem Kalk- und Rückstandgehalt zusammenzufassen. Der Rückstand umfaßt bei diesen Erzen denjenigen kieselsäurereichen Teil, welcher bei der normalen nassen chemischen Aufschließung nicht gelöst wird und bei dem Hüttenprozeß verschlackt werden muß. Man bedarf hierzu des Kalkes und des Kokses, und da der Kalkzuschlag und das Brennmaterial einen hohen Wert repräsentiert, ist die Verhüttung der rückstandreichen Eisenerze teurer als die der rückstandarmen.

Diese Ausführungen dürften ergeben, daß die weitgehendste Gruppierung bei der Erzstatistik erwünscht ist, soweit sie wirtschaftlichen, lagerstättenkundlichen und hüttenmännischen Rücksichten Rechnung trägt.

Über den Unterschied zwischen Bergwerks- und Hüttenproduktion.

Von der Erzstatistik ist die Metallstatistik zu unterscheiden, die sich mit der Produktion der durch die hüttenmännischen Prozesse aus den Erzen gewonnenen Metallen beschäftigt.

Würde alles Erz eines Landes — und nur diese Menge — in dem betreffenden Lande verschmolzen, so würde die Metall- bzw. Hüttenstatistik Zahlen angeben, welche dem Metallgehalt der im Inland gewonnenen Erze nach Abzug der Metallherstellungsverluste (Aufbereitungs- und Hüttenverluste) entsprechen.

Da aber ein reger Erzaustausch zwischen den einzelnen Ländern stattfindet, gibt die Hüttenproduktion kein Bild des gewinnbaren Metallgehaltes der Erze des betreffenden Landes, sondern ausschließlich des Standes der Hüttenindustrie. So kann es vorkommen, daß ein Land ohne wesentliche Bleierzlagerstätten eine erhebliche Bleiproduktion aufweist, wie z. B. Belgien, und andererseits das eisenerzreichste Land der Erde, nämlich Schweden, nur eine ganz beschränkte Eisenhüttenindustrie. Hüttenstatistik und Erzstatistik zeigen also in den meisten Fällen recht bedeutende Abweichungen.

Da es dringend wünschenswert ist, auch aus der Metallstatistik die Naturschätze eines Landes erkennen und die einzelnen Länder miteinander vergleichen zu können, erfordert sie eine Ergänzung.

Die Firma Henry R. Merton & Co. und der Münzdirektor der Vereinigten Staaten von Nordamerika haben in dankenswerter Weise diese Aufgabe bei Kupfer bzw. Silber gelöst.

Die am Anfang in der Literaturzusammenstellung aufgeführte Statistik der Metallgesellschaft usw. in Frankfurt a. M. stellt bei Kupfer zwei Tabellen nebeneinander, nämlich erstens die Produktion von Rohkupfer aus in- und ausländischen Erzen und ausländischen Zwischenprodukten, Matte, Präzipitat usw., das ist die sogen. Hüttenproduktion und zweitens die Kupfermenge im Erz der hauptsächlichsten Kupfererzgewinnungsländer, die sog. Bergwerksproduktion. Während die erste Tabelle die in den Hütten produzierten Kupfermengen angibt, wurde die zweite Tabelle der Bergwerksproduktion von Henry R. Merton & Co. durch Berechnung gewonnen; sie enthält ideale Zahlen, welche die Kupferproduktion der einzelnen Länder ausschließlich aus den Fördererzen des betreffenden Landes errechnen. Die zweite Tabelle schließt also jeden Austausch von Kupfererzen zwischen den einzelnen Ländern aus; man nimmt für jedes Land eine eigene Hüttenindustrie an, welche nur die Fördermengen des Landes verarbeitet.

Da sich der Gesamtkupfergehalt aller auf der Erde geförderten Erze durch den Erzaustausch nicht ändern kann, muß sich die Endsumme der Bergwerksproduktion der Welt annähernd mit der Endsumme der Hüttenproduktion decken; daß es sich dabei nur um eine ungefähre Übereinstimmung handeln kann, ergibt die Art des Zustandekommens der Bergwerksproduktionstabelle durch Berechnung.

In analoger Weise gewann der Münzdirektor der Vereinigten Staaten die entsprechenden Bergwerksproduktionszahlen für Silber.

Es ist dringend wünschenswert, daß Bergwerksproduktionstabellen auch für die übrigen Metalle aufgestellt werden, sie stoßen allerdings bei einigen auf recht große Schwierigkeiten; sie setzen eine genaue Kenntnis der Metallgehalte der Roh- und Aufbereitungserze voraus, für welche bei weitem nicht immer das Material vorhanden ist, da viele Gruben ausschließlich Analysen der Verkaufsprodukte besitzen.

Ein Vergleich der Hütten- mit den Bergwerksproduktionszahlen ergibt recht interessante Resultate.

Würden Deutschlands Kupferhütten nur die inländischen Erze verarbeiten, so hätte man im Jahre 1911 22300 metr. t Kupfer gewonnen, während tatsächlich 37500 t von den Hütten geliefert worden sind. Die Differenz von 15 200 t stammt aus eingeführten Kupfererzen, aus dem akzessorischen Kupfergehalt anderer ausländischer Erze und aus eingeführten Hüttenhalbprodukten (Matte usw). Ein kleiner Teil dieser Produktion rührt auch von akzessorischen Kupfergehalten inländischer Erze her, die in der Statistik beispielsweise als Blei-, Zink- oder Eisenerze aufgeführt werden; bei ihnen war der ursprüngliche Kupfergehalt so gering, daß er im Roherz keine Rolle spielte und erst bei den Konzentrationsprozessen zur Geltung kam.

Noch auffallender ist der Unterschied zwischen der Silber-Bergwerksproduktion Deutschlands und der Silber-Hüttenproduktion. Wenn unser Vaterland im Jahre 1909 nur inländische silberhaltige Erze verarbeitet hätte, so würde es nur 165,9 t produziert haben, während in den Hütten tatsächlich annähernd das zweieinhalbfache, nämlich 400,6 t gewonnen wurden. Ein Teil dieser Mehrproduktion stammt ebenfalls aus inländischen Erzen; es sind diejenigen akzessorischen Silbergehalte, die im Roherz ganz unwesentlich sind, aber später bei den Konzentrationsprodukten in Erscheinung treten. Der größte Teil der Silber-Mehrproduktion rührt aber von eingeführtem Rohmaterialien, und zwar von Erzen und Legierungen her.

So kommen beispielsweise Gold und Silber auf einer großen Anzahl von Lagerstätten in inniger Vergesellschaftung vor. Bei den hüttenmännischen Prozessen werden beide Edelmetalle gemeinsam in Form der sog. Bouillon gewonnen. Diese Gold-Silberlegierung wird aus den Gold- bzw. Silberdistrikten den Goldscheideanstalten zugeführt, von denen Deutschland zwei (z. B. in Hamburg und Frankfurt a. M.) besitzt (siehe „Goldversorgung").

Hier wird die Trennung zwischen Gold und Silber ausgeführt, und da es Golderze gibt, deren Edelmetall beispielsweise nur zu 60% aus Gold und zu 40% aus Silber besteht, kann die Silberproduktion aus derartiger Bouillon eine recht erhebliche sein.

Über einige in der Montanindustrie übliche Gewichte und Münzverrechnungen.

Die Erz- und Metallmengen werden in drei verschieden großen Tonnen angegeben, nämlich in metrischen (mt) à 1000 kg, in long tons (Abkürzung lt) à 1016, und in short tons (Abkürzung sh t) à 907,2 kg.

Während die m t sich auf 1 kg bezieht, steht die sh t im bestimmten Verhältnis zu dem englischen Pfund (1 pound = abgekürzt 1 lb), d. s. 453,6 g.

Je nach den Usanzen des Marktes wendet man eine der drei genannten Tonnen an und da die Gewichtsunterschiede zwischen ihnen erhebliche sind, muß bei Preisangaben sorgfältig auf die Art der Tonnen geachtet werden.

Die englischen Notierungen beziehen sich in den meisten Fällen auf die lt von 1016 kg. Es ist also z. B. bei Kupfer der auf die lt = 1016 kg bezügliche Londoner Preis nicht ohne weiteres mit dem auf die mt bezogenen deutschen zu vergleichen.

Das englische Pfund (lb) wird eingeteilt in 16 Unzen à 28,3 g.

In Deutschland pflegt man gewisse Metallpreise auf 100 kg bezogen anzugeben. So betragen z. B. die Kupfernotierungen in Berlin und Frankfurt nur annähernd $^1/_{10}$ der Londoner, weil man bei Kupferpreisen in Deutschland vielfach gewöhnt ist, 100 kg als Gewichtseinheit zu nehmen.

Die Kenntnis derartiger Usanzen ist nötig, weil die Gewichtseinheit häufig als selbstverständlich vorausgesetzt und deshalb nicht angegeben wird.

Die Montanindustrie Österreichs rechnet sowohl bei Erzen als bei Metallen mit der Gewichtseinheit des Doppelzentners (Abkürzung dz) = 100 kg. Auch hier findet man häufig Förderzahlen ohne Angabe der Gewichtseinheit.

Edelmetallgehalte pflegt man in Deutschland in vielen Fällen in g pro t anzugeben. Wenn man z. B. die Angabe findet, daß ein Erz 5 g Gold bzw. 200 g Silber enthält, so heißt das 5 g Gold in der Tonne und 200 g Silber in der Tonne. Bei sehr hohen Silbergehalten werden wohl auch 100 kg als Erzeinheit zugrunde gelegt. — In Österreich gibt man die Edelmetallgehalte bezogen auf dz, also auf 100 kg an.

Da die meisten Golddistrikte in englischen Kolonien liegen, von denen bei der Goldeinfuhr alle Staaten Europas mehr oder weniger abhängig sind, hat man sich in Europa an die englische Methode der Goldgehaltsangabe gewöhnen müssen.

Neben der oben angeführten Gewichts-Unze von 28,3 g kennt der Engländer eine Unze troy (oz troy oder oz) das sind 31,1 g; er teilt diese ein in 20 Pennyweights (Abkürzung 20 dwts, Singular dwt), und — falls noch kleinere Gewichte gebraucht werden — 1 dwt in 24 grains (Abkürzung Singular grs bzw. gr); 1 g hat also 0,06 gr.

Da Golderze mit 1 oz und mehr verhältnismäßig selten sind und 1 gr ein sehr kleines Gewicht darstellt, findet man am häufigsten nur dwts, ab und zu wohl auch mit einer Dezimalen angegeben.

Die Umrechnung in Gramm (g), die dem Deutschen geläufiger ist, erfolgt am schnellsten durch Multiplikation mit 1,56.

Abweichend von England gibt man in den Vereinigten Staaten die Goldgehalte an. Man berechnet hier den Goldwert in Dollar. Derartige Angaben für Goldgehalte lassen sich dann am besten in englische bzw. deutsche umrechnen, wenn man 1 oz troy = 20,67 Dollar (Abkürzung $) und 1 g = 0,665 $ setzt.

Für Deutschland interessiert auch das in Rußland übliche Gewicht 1 Pud = 16,4 kg.

Auf den deutschen Montanmarkt kommen vorzugsweise die Erze und Metalle der Länder Skandinavien und England und der Vereinigten Staaten.

Folgende Übersicht der Hauptmünzen dürfte deshalb von Interesse sein:

Belgien, Frankreich, Luxemburg und die Schweiz: 1 Frank à 100 Centimes = 0,80 Mk.

Die Niederlande: 1 Gulden à 100 cents = 1,70 Mk.

England: 1 engl. Pound (Abkürzung £) à 20 Schilling (s) à 12 pence (d) = 20,43 Mk.

Dänemark, Schweden und Norwegen: 1 Krone à 100 Öre = 1,12 Mk.

Italien: 1 Lira à 100 Centesimi = 0,80 Mk.

Rußland: 1 Silberrubel à 100 Kopeken = 2,16 Mk.

Österreich: 1 Krone à 100 Heller = 0,85 Mk.

Die Vereinigten Staaten: 1 Dollar à 100 Cents = 4,20 Mk.

Abgesehen vom metrischen Längenmaß ist man häufiger gezwungen, das englische und amerikanische, d. i. 1 Yard à 3 Fuß = 0,91 m, anzuwenden.

Von Interesse sind bei Berechnungen in der Montanstatistik einige Abweichungen im Werte der Münzen vom gewöhnlichen Handelswert, das ist besonders der Fall bei Großbritannien und den Vereinigten Staaten.

In beiden Ländern hat die Münzeinheit einen Kurs, der allerdings nur geringen Schwankungen unterworfen ist. Um die dadurch sich ergebende Ungenauigkeit zu beseitigen, wendet man ein montanstatistisches Pfund und einen montanstatistischen Dollar an: das erstere entspricht 20 Mk. und der letztere 4 Mk.

Die Erzgewinnungszentren und ihre Verbrauchsdistrikte.

In bezug auf den Verbrauchsort kann man die Erzgewinnungszentren eines Landes in folgende drei Gruppen teilen: 1. alle Erze werden an Ort und Stelle verhüttet, 2. nur ein Teil wird an Ort und Stelle verhüttet und der Rest weggeführt und 3. die ganze Erzmenge wird zu einem mehr oder weniger entfernten Verbrauchsort verfrachtet.

Deutschland mit seiner hochentwickelten Metallindustrie zeigt im allgemeinen die enge Verknüpfung von Erzproduktionsort und Hütte.

1. Zur erstgenannten Gruppe gehören von deutschen Lagerstätten das Nickelerzvorkommen von Frankenstein in Schlesien, und der früher so bedeutende Freiberger Blei-Zink-Silbererz-Gangdistrikt.

Bei Frankenstein treten silikatische Nickelerze in zersetzten Serpentinen, in ähnlicher Weise wie die weltberühmten Vorkommen von Neukaledonien, auf.

Die Produktion, welche im allgemeinen geheim gehalten wird, ist bescheiden und wird vollkommen in einer in unmittelbarer Nähe befindlichen Hütte verarbeitet (siehe „Nickelerzversorgung“).

Gewaltige Erzmassen lieferten in früheren Jahren die sulfidischen Blei-Zinkerzgänge von Freiberg, die heute leider keine wirtschaftliche Bedeutung mehr haben. Von jeher wurden alle im Freiberger Distrikt gewonnenen Erze in der Freiberger Hütte verarbeitet. Allein die Silberproduktion aus Freiberger Erzen betrug von 1163—1896 5242957 kg im Werte von 908000000 Mk.

2. Zur zweiten Gruppe von Erzdistrikten, bei denen ein Teil der Produktion an Ort und Stelle verarbeitet, ein erheblicher Teil aber zu entfernteren Hütten transportiert wird, gehören der Blei-Zinkerz-Gangdistrikt des Clausthaler Plateaus, das Minettegebiet von Lothringen und Luxemburg und der Spateisendistrikt des Siegerlandes.

Bei dem Blei-Zinkerz-Gangdistrikt des Clausthaler Plateaus im Oberharz förderte man im Jahre 1910 ca. 265000 t Roherz, bestehend aus silberhaltigem Bleiglanz und Zinkblende bzw. silberhaltigem Bleiglanz; die durchschnittlichen Metallgehalte betrugen 11% Zink und 2,6% Blei bzw. 8,5% Blei. Das Erz hatte auf der Grube einen Wert von 5513000 Mk.

Die in der Aufbereitung gewonnenen Bleierze verhüttet man an Ort und Stelle, während die loco Grube das Drei- bis Vierfache an Wert betragende Blendemenge an Frankfurter Firmen verkauft und vorwiegend in norddeutschen Hütten verarbeitet wird.

Der Gesamtabsatz des lothringischen Minettedistriktes betrug im Jahre 1911 17369734 t mit einem durchschnittlichen Eisengehalt von 28,8%. Hiervon wurden (Fig. 3) 51,79% in Elsaß-Lothringen verarbeitet, ins Saargebiet gingen 14,68%, nach dem übrigen Rheinland und Westfalen 16,04%, nach Luxemburg 12,55%, nach Frankreich 2,83%, nach Belgien 2,11%. Ermöglicht wird dieser Transport hauptsächlich durch zwei Faktoren, nämlich durch den billigen Wasserweg auf dem Rhein und die engen Beziehungen, welche seit langem zwischen den westfälischen Hütten und den Minettegruben bestehen; ich gehe hierauf in einem späteren Kapitel (s. S. 28) näher ein.

Ein anderes interessantes Beispiel ist der Spateisensteindistrikt des Siegerlandes.

Die hier auftretenden Gänge lieferten im Jahre 1910 2281000 t Erz mit einem durchschnittlichen Eisengehalt von 35,1%, welcher, wie später gezeigt werden wird, durch Rösten auf ca. 45% angereichert werden kann. Auch hier wird ein erheblicher Teil der Förderung an Ort und Stelle verhüttet, aber beträchtliche Mengen gehen in das niederrheinisch-westfälische Industrierevier und andere werden sogar — auf Grund weitgehendster Ausnahmetarife (s. S. 41) — nach Oberschlesien transportiert.

3. Beispiele für die dritte Gruppe von Erzdistrikten, bei denen die gesamte Förderung fern von der Grube verhüttet wird, gibt es in Deutschland infolge seiner hochentwickelten Montanindustrie nicht.

Hier verdienen aber zwei interessante ausländische Beispiele der Erwähnung, die für Deutschland infolge des Importes von Erzen von Wichtigkeit sind, nämlich die neukaledonischen Garnieritvorkommen und die lappländischen Eisenerzlagerstätten.

Die neukaledonischen Garnieritvorkommen sind genetisch eng verwandt mit den oben erwähnten Nickelerzlagerstätten von Frankenstein in Schlesien; es werden silikatische Nickelerze, die in zersetzten Serpentinen auftreten, abgebaut.

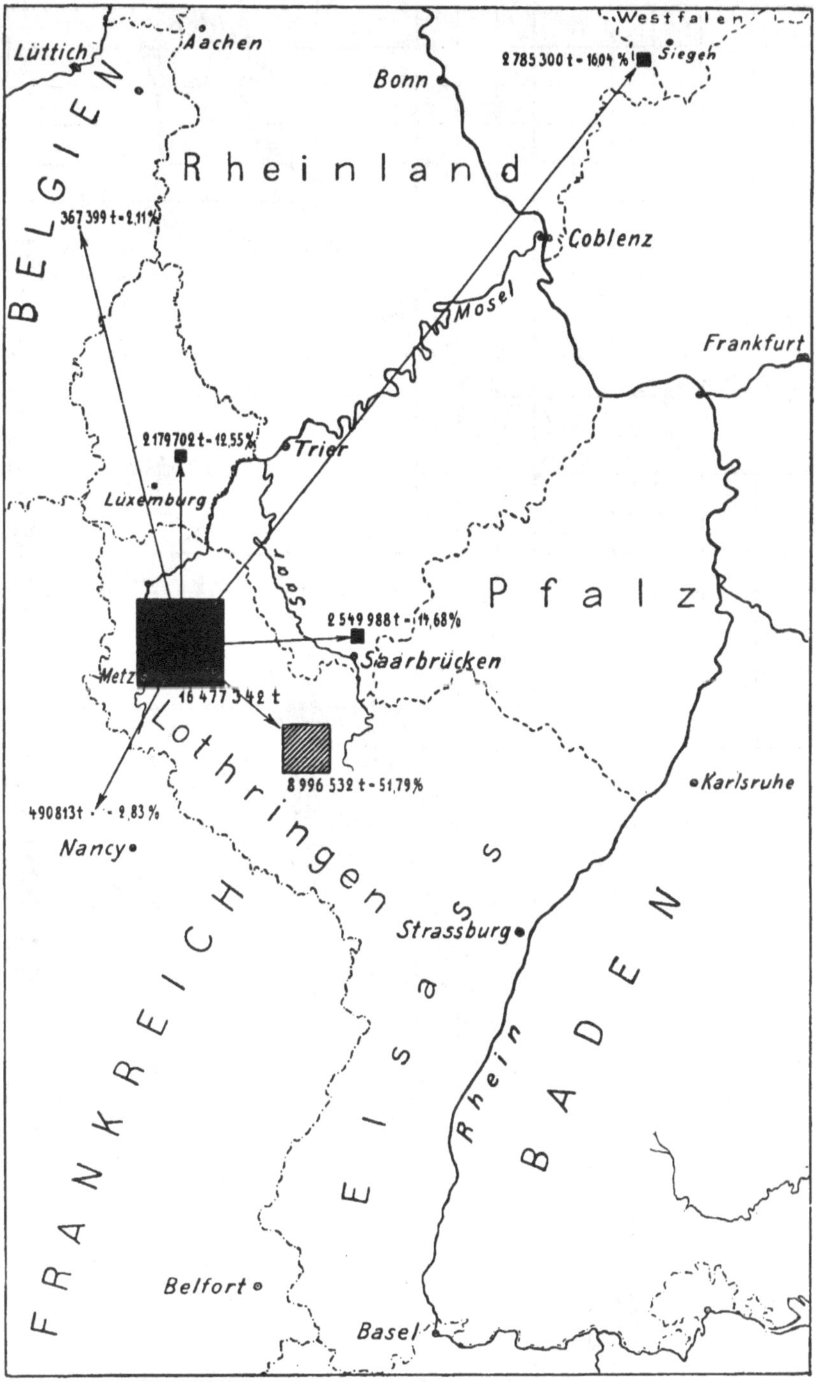

Fig. 3. Die Verteilung der lothringischen Minetteproduktion auf die Verbrauchsdistrikte.

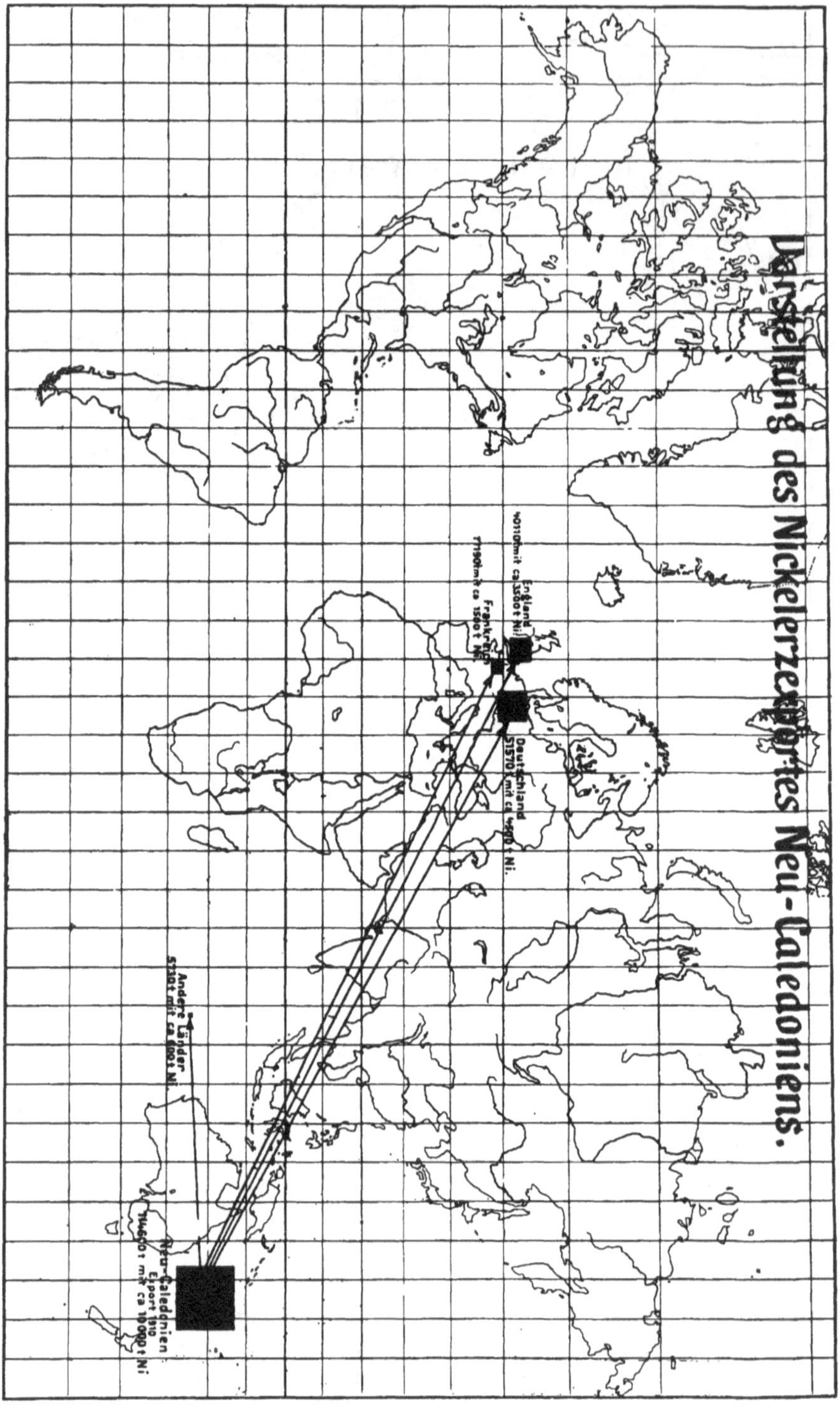

Fig. 4. Der Nickelerzexport Neukaledoniens.

Die Produktion Neukaledoniens (Fig. 4) deckt sich im allgemeinen mit dem Export.

Im Jahre 1910 betrug die Erzproduktion 714600 t mit einem Nickelgehalt von ca. 10000 t. Die Erze wanderten vorzugsweise nach Deutschland, England und Frankreich, und zwar hatte Deutschland einen Import von 51570 t mit ca. 4500 t Nickel, England von 40110 t mit ca. 3500 t Nickel und Frankreich von 17190 t mit ca. 1500 t Nickel. Der Rest von 5730 t mit ca. 600 t Nickel verteilt sich auf andere Länder.

Die Wanderung der Erze der weltberühmten lappländischen Eisenerzlagerstätten ist aus Figur 5 S. 24 zu ersehen.

Die Gesamtproduktion betrug von 1892—1909 25149712 t. Da in Schweden und Norwegen nur kleine Hütten in Frage kommen, wird praktisch genommen die ganze Menge exportiert. Den Hauptanteil an dem Export hat Deutschland mit einer Einfuhr,. die in der genannten Zeit 18610712 t, das sind 74 % der Gesamtproduktion, erreichte. Es folgen dann England mit 4274434 t = 17 % und Belgien und Frankreich mit 1760472 t = 7 %.

Am interessantesten ist aber der sich seit kurzem entwickelnde Export nach den Vereinigten Staaten, der früher für unmöglich gehalten wurde. Er war von 1903—1908 sehr gering, betrug aber 1909 und 1910 bereits 527496 t = ca. 2 % der Gesamtförderung.

Bei denjenigen Erzdistrikten, die ausschließlich auf den Export angewiesen sind, macht sich häufig die Schwierigkeit geltend, die ärmeren, für die Ausfuhr nicht geeigneten Erze unterzubringen. Solange die Preise des betreffenden Schwermetalls sehr hohe sind, können die Gruben meist den Ausfall ertragen; sinkt aber der Preis, so müssen sie die Verwertung der armen Erze anstreben.

In dieser Lage sind gegenwärtig die neukaledonischen Nickelerzgruben, welche gezwungen sind aus dem Fördergut durch Handscheidung höherhaltige Stückerze mit durchschnittlich 7 % für den Export herzustellen, so daß sich eine Menge ärmeren Materials mit durchschnittlich 3—4 % anhäuft. Um diese bedeutenden, vorläufig nicht realisierbaren Werte nutzbar zu machen, geht man damit um, ein Hüttenwerk in Thio zu errichten.

Die Otavigruben in Deutsch-Südwestafrika, die ebenfalls den größten Teil ihrer Förderung in das Ausland führen, haben die Notwendigkeit der Verwertung der armen zurückbleibenden Erze rechtzeitig erkannt und für ihre Verhüttung an Ort und Stelle gesorgt.

Der Erz- und Metallhandel.

A. Der Erzhandel.

1. Der Verkauf der Erze findet in vielen Fällen durch Zwischenhändler oder „Erzfirmen" statt.

Diese Einrichtung bedingt für die Erze verbrauchende Hütte eine Reihe von Vorteilen. Wie bei den speziellen Kapiteln über die einzelnen

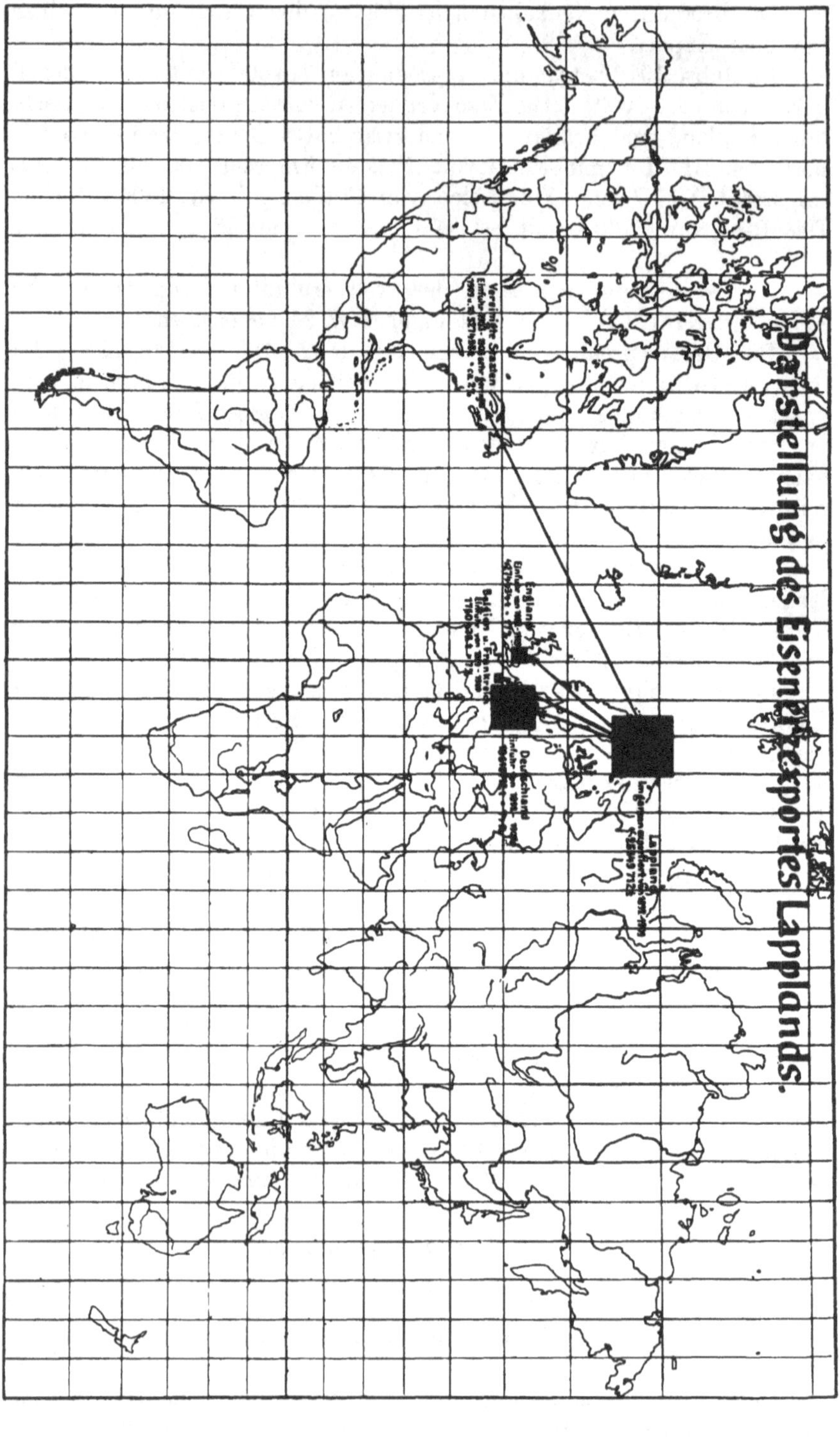

Fig. 5. Der Eisenerzexport Lapplands.

Metalle gezeigt werden wird, kommt es bei der Verwendung vieler Erze nicht nur auf den Gehalt des Hauptmetalls, sondern auch auf akzessorische Beimengungen an.

Die Prozesse der verschiedenen Hütten sind nicht immer gleich, und es bedarf deshalb sorgfältiger Erwägungen, für welche Hütte ein bestimmtes Erz besonders geeignet ist, welche infolgedessen die höchsten Preise zahlen kann.

In dem Kapitel über Montanstatistik wurde bei Eisen darauf hingewiesen, daß auch die Feststellung des Rückstandes (hauptsächlich Kieselsäure) und des Kalkgehaltes der Erze von Wichtigkeit ist. Wenn eine Grube kieselsäurereiche Eisenerze liefert, so wird diejenige Hütte die höchsten Preise zahlen, welche derartige Erze braucht.

Stark arsenhaltige Blei-, Zink- usw. Erze können nur von solchen Hütten verwandt werden, die Arsenkonzession haben und infolgedessen auf die Herstellung von Arsenpräparaten eingerichtet sind. Derartige Hütten liegen z. B. bei Reichenstein in Schlesien und Freiberg in Sachsen.

Schon ein geringer Arsengehalt schadet bei Eisenerzen. Die deutsche Eisenerzlagerstätte von Bieber in Hessen liefert beispielsweise Erze mit einem beträchtlichen Arsengehalt. Da diese Beimengung das Eisen minderwertig macht, sind die Erze unter normalen Verhältnissen schwer zu einem guten Preise unterzubringen. Sie können nur ausreichend von solchen Hüttenanlagen bezahlt werden, welche in der Lage sind, den Arsengehalt genügend zu verdünnen, also sehr bedeutende Mengen von Eisenerzen verschmelzen.

Ähnlich liegen die Verhältnisse bei den sog. Kiesabbränden, d. h. den Rückständen der Schwefelsäurefabrikation aus Schwefelkies. Dieses Erz hat häufig einen geringen Arsengehalt, der auch in den Rückständen zum Ausdruck kommt. Da die Kiesabbrände in der Hauptsache Eisenoxyd sind, stellen sie in bezug auf den Eisengehalt ein hochhaltiges Eisenerz dar, und in den letzten Jahren sind die Mengen der von Eisenhütten verbrauchten Kiesabbrände immer bedeutender geworden. Der Arsengehalt der Kiesabbrände wirkt ebenso schädlich wie der oben erwähnte der Eisenerze; der Absatz arsenreicher Kiesabbrände hat deshalb unter denselben Schwierigkeiten zu leiden.

In dem Abschnitt über Statistik wurde auf den Phosphorgehalt der Eisenerze hingewiesen; es gibt also im allgemeinen phosphorarme Bessemer-Erze und phosphorreiche Thomaserze. Während die phosphorarmen Erze von allen Hütten, also auch von den Thomashütten verwendet werden können — man gibt phosphorreiche Erze in genügender Menge hinzu —, sind die phosphorreichen Erze nur für den Thomasprozeß geeignet. In Gegenden mit ausschließlich Bessemer-Hütten können also Thomaserze nicht untergebracht werden.

Noch strenger sind die an den Phosphorgehalt bei Eisenerzen gestellten Anforderungen, die einen höheren Mangangehalt aufweisen. Manganerze, welche zur Herstellung von Ferro-Silicium und

Ferro-Mangan verwandt werden, dürfen bei 48—50 $^0/_0$ Mangan nicht mehr als 0,2—0,3 $^0/_0$ Phosphor haben, und der Phosphorgehalt muß um so niedriger sein, je geringer der Mangangehalt ist. Haben die Erze beispielsweise nur 30 $^0/_0$ Mangan, so darf der Phosphorgehalt 0,15 $^0/_0$ nicht überschreiten.

Auch bei anderen Erzen sind die Anforderungen, die an die Abwesenheit schädlicher Bestandteile gestellt werden, zum Teil recht hohe. So dürfen beispielsweise Antimonerze in der Regel nicht mehr als 0,25 $^0/_0$ Arsen und nicht mehr als 0,75 $^0/_0$ Blei und Kupfer enthalten; bei höheren Gehalten werden von den Konsumenten bedeutende Abzüge gemacht.

Der Erzhandel setzt also genaue Kenntnis der Anforderungen voraus, welche die Hütten an die von ihnen höchst bezahlten Erze stellen. Es ist nicht immer von der Leitung namentlich kleiner Gruben zu verlangen, daß sie diese Verhältnisse des Erzmarktes beherrscht; hier hilft der Zwischenhändler mit seinen Erfahrungen aus.

Bei dem Erzhandel kommen aber noch eine Reihe anderer Gesichtspunkte in Betracht.

Die Einrichtung der Hütten ist im allgemeinen eine derartige, daß sie auf kontinuierlichen Betrieb angewiesen sind; sie müssen also mit regelmäßigen Lieferungen bestimmter Erzquantitäten und Erzqualitäten rechnen. — Sehr große Gruben sind häufiger in der Lage, dieser Forderung gerecht zu werden. Im allgemeinen liegt es aber in der Natur der Erzlagerstätten, daß die Ausfüllung des Lagerstättenkörpers keine regelmäßige ist, sondern sich mitunter recht plötzlich ändert. Die Grube kann deshalb häufig nicht eine bestimmte Erzmenge mit einem bestimmten Gehalt zu festen Terminen garantieren. — Der Erzhändler dagegen, welcher mit vielen Gruben in Verbindung steht, also auf breiterer Basis arbeitet, kann dieses Risiko leichter übernehmen, da sich bei einer größeren Zahl gleichartiger Gruben die Schwankungen im Laufe der Zeit mehr oder weniger ausgleichen.

Diese Anpassung an die Anforderungen der Erzkonsumenten ist auch noch aus einem anderen Grunde notwendig. Wie die Geschichte der Montanindustrie lehrt, folgen in mehr oder weniger großen Abständen Zeiten des Niederganges auf Zeiten der Hochkonjunktur. In der Hochkonjunktur werden mitunter plötzlich große Erzmengen gebraucht, in Zeiten des Niederganges dagegen findet eine meist recht plötzliche Stockung des Verbrauchs statt.

Die Erzgruben, welche gezwungen sind, mit einem bestimmten Stamm gut eingearbeiteter Leute zu wirtschaften, können sich diesem Wechsel nicht immer anpassen. Entlassen sie eine große Anzahl von Arbeitern in Zeiten des Niederganges, so wandern diese ab und sind schwer wieder herbeizuziehen. Würden die Gruben andererseits in Zeiten der Hochkonjunktur plötzlich große Mengen neuer Arbeiter heranziehen, so müßten sie sich mit minderwertigem Material begnügen, welches im Betriebe Schwierigkeiten bereitet. Die Gruben können ohne Schädigung ihrer Interessen die Förderung also nur langsam wesentlich ändern.

Der Erzhändler dagegen ist über die Gepflogenheiten des Erzmarktes, den er beständig beobachtet, unterrichtet. Häufig genug merkt er an bestimmten, dem Laien kaum auffallenden kleinen Anzeichen das Herannahen der Hochkonjunktur oder des Niederganges. Er hat die Verträge so eingerichtet, daß er in der Regel in der Lage ist, plötzlich wesentlich mehr an die einzelnen Konsumenten zu liefern, und er verfügt in vielen Fällen über die pekuniären Mittel, um in Zeiten des Niederganges größere Erzmengen längere Zeit als Vorrat zu halten.

Die größere Anpassungsfähigkeit der Erzhändler an die Bedürfnisse des Erzmarktes und ihre gewöhnlich größere Kapitalkraft setzen sie in den Stand, die Erze weitgehendst für den Konsumenten geeignet zu machen, und zwar eventuell in eigenen Aufbereitungen oder wenigstens in solchen, die von ihnen mit Kapital unterstützt werden.

Braucht eine Erzgrube in Zeiten des Niederganges Geld, so findet sie nicht selten bei ihrem Erzabnehmer einen pekuniären Rückhalt derart, daß ihr ein Vorschuß auf event. Vorräte bewilligt wird.

Bei einer Reihe von Erzlagerstätten, z. B. bei solchen von Chromeisen, kommen nur höchst selten so bedeutende Konzentrationen vor, daß ein Betrieb große Mengen geeigneten Materials zu liefern in der Lage ist. Die Besitzer dieser kleinen, von ihnen meist selbst bearbeiteten Gruben haben keinen Überblick über den Erzmarkt; für sie ist der Erzhändler unentbehrlich, der seine Agenten von Grube zu Grube schickt, um die kleinen Produktionsmengen aufzukaufen; sie schwellen dann schließlich in einer Zentrale zu bedeutenden Vorräten an, aus denen regelmäßige Lieferungen an größere Konsumenten bestritten werden können. Ein derartiger Zwischenhandel bietet also den Vorteil der Stabilität des Marktes.

Aus diesem Grunde bedienen sich auch große Gruben, ja ganze Bergwerksdistrikte des Zwischenhandels; er vermittelt im allgemeinen die Einheitlichkeit der Qualität und des Preises.

Der Zwischenhandel, welcher seine Aufgabe so auffaßt, wie sie eben geschildert wurde, kann also auf dem Erzmarkt recht segensreich wirken. Daß es aber auch hier Ausnahmen von Erzhändlern gibt, die die Unerfahrenheit von Grubenleitungen benutzten, um diese zu übervorteilen, bedarf kaum der Erwähnung.

2. Verkauf direkt durch Gruben: Je mehr sich die Auffassung Bahn bricht, daß der Bergingenieur nicht nur Bergmann sein soll, sondern bis zu einem gewissen Grade auch Kaufmann sein muß, desto mehr nimmt namentlich auf den großen Gruben der direkte Verkauf der Erze zu. Er ist am leichtesten bei Erzvorkommen mit gleichmäßiger Ausfüllung und Zusammensetzung durchzuführen. Bei ihnen kann sich die Grube auf große Lieferungen bestimmter Qualitäten einlassen. Die Verhältnisse werden aber immer schwieriger,

je komplizierter die Erzlagerstätten sind und je höhere Anforderungen der Markt an die Erze stellt.

Die Grubenleitung hat bei direktem Verkauf den Vorteil, daß sie die pekuniären Vorzüge der Hochkonjunktur voll ausnutzt. Sie ist in der Lage, sich in diesen Zeiten einen Kapitalreservefonds zu schaffen, der ihr über die Perioden des Niederganges hinweghilft. Der Nachteil dieses Systems ist, daß die Grube in den Perioden des Niederganges in große Verlegenheit wegen des plötzlichen Mindererertrages und der Unterbringung der überzähligen Arbeiter kommen kann.

3. Ein drittes System besteht in der Vereinigung des Erzproduzenten mit dem Erzkonsumenten in einer Gesellschaft. Ein derartiger Zusammenschluß kann mehr oder weniger umfassend sein.

Seit langem bestehen solche Vereinigungen zwischen Siegerländer Gruben und Hütten, zwischen Gruben und Hütten des Lahn-Dill- und Lothringisch-Luxemburgischen Bezirkes usw.

Da bei der Verhüttung des Eisens der Koksverbrauch eine wesentliche Rolle spielt, ist man bei der Anlage der Eisenhütte nicht ausschließlich an den Eisenerzdistrikt gebunden, sondern die Rentabilität kann annähernd die gleiche sein, wenn man die Hütte in dem Koksdistrikt errichtet und die Erze heranschafft. Es sind deshalb große Vereinigungen zwischen Eisenhütten im niederrheinisch-westfälischen Industrierevier und Erzgruben zustande gekommen.

Eine ähnliche Wirkung kann durch Pachtverträge dann erzielt werden, wenn Hütten solche Lagerstätten, die geeignete Erze für ihren Prozeß führen, auf längere Zeit pachten. Ein derartiger Vertrag besteht beispielsweise seit langem zwischen der Königs- und Laurahütte in Oberschlesien und dem Eigentümer des Magneteisenerzvorkommens von Schmiedeberg in Niederschlesien.

In einzelnen Fällen haben sich durch Vereinigung von Hütte und Grube in einer Gesellschaft Ringe gebildet, die jeden anderen ausschließen. Hier ist vor allen Dingen der Nickelring Le Nickel mit dem Sitz in Paris zu nennen, der über die silikatischen Nickelerzlagerstätten von Neu-Kaledonien verfügt, so daß ein Außenseiter-Handel der genannten Erze kaum in Frage kommt.

Es ist interessant, zu beobachten, daß bei derartigen Bestrebungen auf dem Erzmarkt die Nationalitätsunterschiede sich immer mehr verwischen. Auf diesem Gebiete arbeiten die Gesellschaften der verschiedensten Nationen also Hand in Hand. Es hat sich bei ihnen die Erkenntnis Bahn gebrochen, daß die wirtschaftlichen Vorteile bedeutender sind, wenn die Grenzschranken nicht beachtet werden.

B. Der Metallhandel.

Die Verhältnisse auf dem Metallmarkt liegen im großen und ganzen ähnlich wie auf dem Erzmarkt.

Auch die Hütten bedienen sich in vielen Fällen beim Verkauf ihrer Produkte der Metallfirmen als Zwischenhändler, und es liegt in der Natur der Sache, daß häufig dieselben Firmen, die sich mit dem Erzhandel beschäftigen, auch den Metallhandel betreiben. Diese Erweiterung ihres Geschäfts birgt einen wesentlichen Sicherheitsfaktor in sich.

Beobachtet man die Dividenden der Gruben und Hütten, so findet man, daß durch einen Preis-Niedergang irgend eines Metalls die Grube bei weitem mehr in Mitleidenschaft gezogen wird als die Hütte. Bei den heute bestehenden Usancen wird der größte Teil des Risikos der Grube aufgebürdet; das liegt hauptsächlich in der Zusammensetzung der Bewertungsformeln, auf Grund deren die Erzverkäufe stattfinden. Während viele Gruben in schlechten Zeiten die bitterste Not leiden, zahlen die das betreffende Schwermetall herstellenden Hütten noch angemessene Dividenden, denn die Hütte verfügt häufig über ein größeres Kapital und kann sich in Zeiten geringerer Erzpreise zu niedrigen Preisen für die Hochkonjunktur eindecken, während die meisten Erzgruben leider von der Hand in den Mund leben.

Die Vorteile des Metallzwischenhandels sind ähnliche, wie diejenigen des Erzzwischenhandels: Die Metallfirmen sind den Metallkonsumenten gegenüber anpassungsfähiger; sie können wegen ihrer größeren Kapitalkraft leichter das Risiko übernehmen, zu bestimmten Terminen bestimmte Qualitäten und Mengen zu liefern.

Die Spezialisierung einzelner Firmen für einzelne Metalle ist auf dem Metallmarkt vielleicht eine noch weitgehendere als auf dem Erzmarkt.

Derartige Firmen gibt es in Deutschland beispielsweise für Kupfer (Aron Hirsch in Halberstadt) und in Europa für Quecksilber (N. M. Rothschild & Sons in London). Einzelne große deutsche Firmen bearbeiten mehr oder weniger den ganzen Metallmarkt, wie z. B. die Metallgesellschaft, die Firma Beer, Sondheimer & Co. in Frankfurt a. M. usw.

Auch auf dem Metallmarkt ist es zu Ringbildungen gekommen, die zum Teil ganz Europa, in seltenen Fällen die ganze Welt beherrschen. So liegt z. B. die Aluminiumindustrie Europas in den Händen der Aluminiumindustrie-Aktiengesellschaft, welche mit ihren Werken in Deutschland, Österreich-Ungarn und der Schweiz so gut wie jede Konkurrenz ausschließt. Der bereits bei Nickelerz in dem Abschnitt „Erz" genannte Nickelring Le Nickel regelt den Nickel- und den Kobaltmarkt. Die Compagnie industrielle du Platine in Paris, die sich vor wenigen Jahren bildete, hat sich die Aufgabe gestellt, den Platinmarkt zu monopolisieren. Die Produzenten von Thoriumnitrat schlossen sich schon vor langen Jahren zur Regelung des Thoriummarktes zusammen.

Sobald außerhalb der Ringe Werke entstehen, welche sich die von den Ringen regulierten Preise zunutze machen, kommt es zum Kampf zwischen dem Ring und den Außenseitern. Zu einem derartigen Kampf entschlossen sich beispielsweise die Thoriuminteressenten im Jahre 1906, als zu viel Außenseiter entstanden, die sie in ihren

Bestrebungen hemmten; sie setzten damals den Thoriumoxydpreis, der anfangs dieses Jahrhunderts noch 53 Mk. betrug, auf 27 Mk. herunter; sie erreichten dadurch wenigstens vorübergehend als kapitalkräftige Vereinigung, daß die kapitalschwächeren Außenseiter in kurzer Zeit den Betrieb einstellen mußten.

Ein ähnlicher Kampf wird gegenwärtig auf dem Kobaltmarkte ausgetragen.

Erweisen sich bei diesen Kämpfen die Außenseiter als zu stark, so muß sich der Ring auflösen oder er wird in erweiterter — die früheren Außenseiter mit umfassender — Form neu begründet.

Eine wichtige Aufgabe der Monopolfirmen und Ringe besteht darin, daß sie die Produktion ihrer Gruben dem jeweiligen Verbrauch anpassen und auf diese Weise regulierend wirken. Die Geschichte des Nickel-, Kobalt- und des Wismutringes zeigt uns, wie wichtig diese Tätigkeit ist.

Solange es keine größeren Kobalterzproduzenten gab, die unabhängig vom Kobaltring waren, kamen nicht mehr Kobalterze auf den Markt, als gebraucht wurden. Da der Verbrauch klein ist, war eine plötzliche erhebliche Steigerung der Förderung der Kobalterzgruben zwecklos. Als der Temiskamingdistrikt in Kanada mit seinen reichen Silber-Kobalterzen entdeckt wurde, trafen die dortigen Bergwerksunternehmer leider keine Vereinbarung mit dem Kobalt-Nickelring, sondern produzierten selbst ohne Rücksicht auf die Marktlage Kobaltoxyd. Die Folge davon war eine zwecklose Überproduktion, die den Kobaltring zwang, den Preis ganz erheblich herabzusetzen; er fiel von ca. 23 Mk. auf 6—7 Mk. per kg Kobaltoxyd. Während früher der wenig umfangreiche Kobalterzbergbau eine annehmbare Rente abwarf, hatte das Vorgehen der Interessenten des neuen Kobalterzdistriktes in Kanada nur den Erfolg, daß Kobalterze heute einen ganz geringen Wert haben; der Kobaltmarkt ist vollkommen gestört.

Ähnlich sorgfältig muß der Wismutmarkt reguliert werden; auch hier ist der Weltverbrauch nur ein sehr geringer. Es gibt aber Lagerstätten, namentlich in Bolivien, welche große Mengen von Wismuterz auf den Markt werfen können. Der Wismutring würde dann mutmaßlich den Preis für Wismutpräparate schleunigst heruntersetzen, so daß niemand einen Vorteil von der Wismuterzproduktionserhöhung hätte.

Da auf dieser regulierenden Tätigkeit der Monopole und Ringe die Existenz ganzer Bergbauzweige beruht, dürften sie auch in der Zukunft nicht zu entbehren sein. Gut geleitete derartige Einrichtungen bilden sowohl für den Produzenten als auch für den Konsumenten eine wesentliche Erleichterung.

Sie können übrigens häufig ihrer Aufgabe nur gerecht werden, wenn das strengste Geheimnis seitens der Eingeweihten gewahrt wird. Es ist nicht zu viel gesagt, wenn man beispielsweise die Behauptung aufstellt, daß die Existenz des Wismutbergbaues und die Regulierung des Wismutmarktes nur auf der Geheimhaltung der erforderlichen Kenntnisse beruht.

Die Schwankungen der Erz- und Metallpreise.

Die Bewertung von Erzgruben bzw. der Wert von Erzen hängt von den Preisen der Metalle ab, die bei einzelnen im Laufe der Jahrzehnte ganz bedeutenden Schwankungen unterworfen sind.

So hatte beispielsweise Zinn von 1880—1911 Preise, welche zwischen 59 £ 9 sh 11 d und 192 £ 7 sh $^3/_4$ d per 1 t schwankten, d. h. der Maximalpreis ist mehr als 3mal so hoch als der Minimalpreis. In diesem Zeitraum wechseln Perioden des Niederganges mit solchen der Hochkonjunktur ab; die Höhepunkte der Hochkonjunkturen wurden im Jahre 1882 mit 102 £ 18 sh 9 d und 1888 mit 117 £ 10 sh, 1906 mit 180 £ 12 sh 11 d und 1911 mit 192 £ 7 sh $^3/_4$ d erreicht.

Bei Standard-Kupfer schwankte der Preis per 1 t in demselben Zeitraum zwischen 40 £ 1 sh 8 d und 87 £ 8 sh 6 d, also auch hier ist das Verhältnis von Maximalpreis zu Minimalpreis höher als 2 zu 1. Es wechseln auch hier Hochkonjunkturen mit Perioden des Niederganges ab. Jahre mit besonders hohen Durchschnittskupferpreisen waren 1882 mit 66 £ 10 sh 5 d, 1888 mit 81 £ 11 sh 3 d, 1899 mit 73 £ 13 sh 9 d und 1906 mit 87 £ 8 sh 6 d.

Man muß also, da der Zukunftspreis schwer zu ermitteln ist, einen Durchschnittspreis berechnen, und es bedarf sorgfältiger Prüfung, welcher Zeitraum hierfür am geeignetsten ist. Nach meinen Erfahrungen glaube ich mit einem 10jährigen Zeitraum das Richtige zu treffen. Man darf hierbei nicht von der Erwägung ausgehen, daß der Durchschnittskupferpreis um so wahrscheinlicher ist, je größer der Zeitraum genommen wird. Es ist vielmehr zu bedenken, daß sich die Kaufkraft des Goldes im Laufe der Jahrzehnte wesentlich geändert hat, und daß eine bestimmte Summe Geldes vor 20 Jahren einen ganz anderen Kaufwert hatte als heute.

Selbstverständlich muß bei der Feststellung des mutmaßlichen Zukunftsdurchschnittspreises eine etwa vorhandene generelle Tendenz in Erwägung gezogen werden, sie ergibt sich bei dem Vergleich einer längeren Reihe von Jahresdurchschnittspreisen. So muß beispielsweise bei Zinn berücksichtigt werden, daß seit dem Jahre 1899, also in den letzten 13 Jahren, der Zinnpreis nicht unter 118 £ 12 sh 8 d gesunken ist. Zinn zeigt also zweifellos steigende Tendenz.

Anders liegen die Verhältnisse bei Kupfer. Hier treffen wir von 1880 bis 1911 immer wieder dieselben Höchst- und Mindestzahlen, und zwar bald höhere, bald niedrigere. Der Kupferpreis zeigt also weder eine steigende, noch eine sinkende Tendenz.

Wie wichtig diese Schwankungen der Metallpreise sind, ergeben die Differenzen der Jahresdurchschnittspreise zweier aufeinander folgenden Jahre. So stieg z. B. Zinn von 1910—1911 um nicht weniger als rund 37 £. Kupfer stieg von 1887—1888 um 35$^1/_2$ £ und fiel dann von 1888 bis 1889 um rund 32 £.

Diese Schwankungen zwischen zwei aufeinander folgenden Jahren können die gesamten Gestehungskosten derartiger Metalle umfassen; sie werden also häufig über die Existenz einer Gruben- und Hüttenanlage entscheiden. So findet man bei Kupfer, daß in Zeiten des Niederganges weniger kapitalkräftige Hütten mit hohen Gestehungskosten gezwungen sind, den Betrieb einzustellen.

Im Gegensatz zu den zahlreichen Schwermetallen, deren Preise bedeutenden Schwankungen unterliegen, steht Gold, dessen Wert als konstant gelten kann. Er beträgt annähernd 2780 Mk. per kg. Diese Festigkeit macht das Edelmetall als Wertmesser besonders geeignet.

Von Interesse sind die Ursachen der Schwankungen der Metallpreise einerseits und der Festigkeit des Goldpreises andererseits.

Die Schwankungen werden entweder durch natürliche oder durch künstliche Ursachen bedingt.

Zu den natürlichen Ursachen gehören zunächst die Schwankungen des Konsums.

Es liegt auf der Hand, daß ein Zurückgehen der Verbrauchsmengen auf den Preis wirken muß, der sich im allgemeinen aus dem Verhältnis von Angebot und Nachfrage ergibt. Im Moment, wo ein billigerer Ersatz für irgendein teureres Schwermetall gefunden wird, hört die Nachfrage nach dem letzteren auf und der Preis wird niedriger. So wird z. B. ein großer Teil der Kupferproduktion von den elektrischen Industrien verbraucht, und jede Änderung in der Konjunktur dieser Industrien wirkt zurück auf die Kupferhütten.

Die Verwendung des Aluminiums beruht ausschließlich auf seiner großen Leichtigkeit. Es wird deshalb hauptsächlich von solchen Industrien verwandt, denen es gerade auf diese Eigenschaft des Metalls ankommt. Die Zahl dieser Industrien ist aber vorläufig noch gering, und jedes Zurückgehen einer dieser Industrien wirkt ungünstig auf den Aluminiummarkt. Es sind deshalb die Aluminiuminteressenten bemüht, den Markt zu erweitern und der Aluminiumindustrie eine breitere Basis zu geben.

Eine andere recht wichtige natürliche Schwankungsursache ist die Neuentdeckung umfangreicher Erzdistrikte. Ich habe oben gezeigt, daß z. B. der Temiskaming-Kobalt-Silberdistrikt in Kanada den Kobaltmarkt ruiniert hat.

Bekannt ist, daß Silber früher einen wesentlich höheren Preis hatte als heute. Von 1835 bis 1872 schwankte er etwa um 60 Pence per oz troy. Die Entdeckung der großen Silbererzlagerstätten Mexikos war eine Hauptursache, daß er von 1873 an bis zum Jahre 1911 fast ständig sank; in den letzten Jahren betrug er $23^3/_4$ bis $24^3/_5$ Cents per Unze.

Als man die Eigenschaft des Thoriumoxyds, hellstrahlendes Licht zu erzeugen, bei den Glühstrümpfen verwandte, ging man von den Thoriumerzen Thorit und Orangit aus, die in winzigen Anhäufungen in den Syenit-Pegmatitgängen des Langesunder Fjords auftrat. Damals kostete 1 kg des Rohmaterials wegen der außerordentlich mühsamen Gewinnung 400—500 skand. Kronen. Der Bergbau war klein, warf aber eine beachtenswerte Rente ab. Plötzlich lernte man die gewaltigen Massen von Monazitsand in Brasilien kennen, deren Gewinnung so gut wie nichts kostete und aus denen man mit geringer Mühe die geeigneten Thoriumpräparate herstellen konnte. Diese Entdeckung bedeutete den Ruin des Thoritbergbaues. Thorit und Orangit verloren sofort ihren Wert und der Monazit, dessen Preis pro Tonne nur selten 1000 Mk. überschreitet, behauptet heute noch den Markt.

Mitunter können gesetzliche Maßnahmen von einschneidender Bedeutung für die Metallpreise werden. So hat z. B. die Einführung der Goldwährung das Fallen des Silberpreises ganz wesentlich mitbewirkt.

Als natürliche Ursache der Preisschwankungen müssen bei Silber auch die Kriege in Ostasien bezeichnet werden. Da die asiatischen Völker am liebsten Silber als Zahlungsmittel verwenden, hat jeder ostasiatische Krieg bisher eine vorübergehende Steigerung des Silberpreises zur Folge gehabt.

Zu den natürlichen Ursachen rechne ich auch die großen Erfindungen auf dem Gebiete des Bergbau- und Hüttenwesens. Ein treffendes Beispiel hierfür ist Aluminium. Zu einer Zeit, als man Aluminium nur im Laboratorium in kleinen Mengen herstellen konnte, war der Preis ein recht hoher; so betrug er beispielsweise im Jahre 1855 1000 Mk. pro kg. Die Fortschritte auf dem Gebiete des Aluminium-Hüttenwesens verringerten seit dieser Zeit die Gestehungskosten in einer auffallenden Weise. Man lernte immer billigeres Rohmaterial kennen und erzeugte große Mengen billigen Aluminiums. Von 1855 bis 1856 fiel der Preis infolgedessen von 1000 auf 300, 1857 auf 240, von 1857 bis 1886 hielt er sich auf 100; es folgte dann wieder eine Etappe des Fallens bis 1901, wo 2 Mk. erreicht wurden.

Die Aluminium-Ringbildung wirkte regulierend. So schwankte der Preis von 1902 bis 1907 zwischen 2,25 und 4 Mk. pro kg; in den letzten Jahren war er — wohl infolge der Uneinigkeit der Interessenten — wieder im Sinken, so daß er im Jahre 1911 mit 1,05 Mk. einen neuen Tiefstand erreichte. Im großen und ganzen haben aber hauptsächlich die Fortschritte auf hüttenmännischem Gebiete das Sinken des Preises von 1000 Mk. im Jahre 1855 bis auf ca. 1 Mk. im Jahre 1911 bewirkt.

Diesen natürlichen Ursachen stelle ich die künstlichen gegenüber. Sie bestehen zum großen Teil in den Preisregulierungen seitens der Monopole und Ringe, auf die ich oben einging.

Während es sich hierbei im allgemeinen um einen künstlichen Eingriff zum besten der Sache handelt, zeigt uns die Geschichte des Kupfers, daß auch künstliche Eingriffe möglich sind, die häufig nur den Zweck haben, der Gewinnsucht eines kleinen eingeweihten Teiles von Interessenten zu dienen.

Lange Jahre hindurch sind die Kupferkontrakte der ganzen Welt auf der Basis von Chilibars abgeschlossen worden; die Produktion des Chilikupfers, die früher eine wesentliche Rolle spielte, beträgt aber gegenwärtig nur noch 25—30000 t jährlich bei einer Welt-Kupferproduktion von ca. 898300 t im Jahre 1911.

Die Standardmarke bildete also nur einen kleinen Bruchteil der Weltproduktion und ein kleiner Kreis Eingeweihter war in der Lage, die aus annähernd 2000—2500 t bestehenden monatlichen Vorräte aufzukaufen und dadurch das dem Markt zur Erfüllung der Verträge notwendige Kupfer zu entziehen. Tatsächlich ist das wiederholt geschehen. Der Preis des Kupfers wurde in dieser Weise vor einigen Jahren auf ca. 120 £ getrieben, bis man die Ursache der Preissteigerung erkannte und gegen den unnatürlich hohen Preis mit energischen Maßnahmen vorging.

Bei den Schwankungen der Metallpreise wirken auch die Metall- und Erzein- und ausfuhrzölle als künstliche Ursachen z. T. erheblich mit.

Erz- und Metall-Ein- und Ausfuhrzölle.

a) Einfuhrzölle.

Die Erz- und Metalleinfuhrzölle dienen der Förderung des einheimischen Bergbaues und der einheimischen Hütten und der Begünstigung des Inlandabsatzes. Wo der einheimische Bergbau des Schutzes bedarf, kann ein Einfuhrzoll auf die entsprechenden ausländischen Rohprodukte ein wirksames Mittel darstellen.

Bei Ländern, die ausschließlich eine entwickelte Bergbauindustrie haben, deren Hüttenindustrie also zurücktritt, liegen die Verhältnisse insofern einfach, als die Regierung lediglich an den Schutz des Bergbaues zu denken hat. — Länder ohne eigenen Bergbau, aber mit entwickelter Hüttenindustrie, bieten ähnlich einfache Verhältnisse, da ausschließlich das Interesse der Hütten maßgebend ist.

Wesentlich komplizierter wird aber die Zollpolitik in solchen Ländern, in denen Bergbau- und Hüttenindustrie in gleicher Weise hoch entwickelt sind, in denen also ein Zoll, der beispielsweise den Hütten zugute kommt, den Bergbau schädigen kann und umgekehrt. Es bedarf da des sorgfältigen Abwägens beider in Frage kommenden Interessen, ehe zur Festsetzung eines Zolles geschritten werden kann. So würde beispielsweise ein Zoll auf Eisenerze eine allgemeine Erhöhung der deutschen Eisenerzpreise mit sich bringen. Diese Erhöhung wäre zweifellos für die deutschen Eisenerzgruben sehr vorteilhaft, da jede derartige Preissteigerung ungeteilt dem Reingewinn zugute kommt; sie ist aber andererseits der Eisenhüttenindustrie lästig, und gegenwärtig ist die Bedeutung der letzteren in Deutschland größer als diejenige des Eisenerzbergbaues.

Auch der Einfuhrzoll auf Metalle kommt nicht nur den Hütten, sondern auch den Gruben zugute. Sowohl die Bergbau- als die Hütteninteressenten sind deshalb in der Regel für Einfuhrzölle auf Metalle.

Ob ein derartiger Zoll angebracht ist, hängt von der Menge der Naturschätze des betreffenden Landes ab. Hat ein Land genug Erze irgendeines Metalles, so daß es in der Lage ist, die eigenen Hütten zu versorgen und können diese wieder den Metallkonsum des betreffenden Landes decken, so ist ein Metalleinfuhrzoll häufig von Vorteil. Wenn aber das betreffende Land auf eine erhebliche Einfuhr des Metalles angewiesen ist, so fördert zwar der Zoll die Bergbau- und Hüttenindustrie, zu deren Erstarkung er beiträgt, schädigt aber andererseits die Konsumenten. Auch hier bedarf es also für den Gesetzgeber des sorgfältigen Abwägens der verschiedenen in Frage kommenden Interessen.

Ab und zu findet man Einfuhrzölle, deren Berechtigung nicht ohne weiteres verständlich ist; so hat beispielsweise Rußland einen hohen Einfuhrzoll auf Gediegen Kupfer, welcher bewirkt, daß der russische Kupferpreis 4—500 Mk. pro t höher ist als der deutsche oder englische. Die russische Regierung hat, obgleich das Land auf Kupfereinfuhr angewiesen ist, das Interesse des Kupfererzbergbaues und der Kupferhüttenindustrie also als höher angesehen, als dasjenige der Konsumenten. Beide Industrien sind in Rußland noch recht beschränkt, sie haben also hier wesentlich günstigere Bedingungen als in den übrigen Ländern.

Deutschland hat im allgemeinen keine Einfuhrzölle auf fremde Erze.

b) Die Ausfuhrzölle.

Sie dienen dem Schutze der inländischen Industrie und bezwecken die Erschwerung der Ausfuhr. Im allgemeinen werden sie also nur in solchen Fällen angebracht sein, wo das Land der betreffenden Rohstoffe oder Metalle selbst bedarf, und wo die Ausfuhr eine Schädigung der einheimischen Verbraucher bedeutet. Es liegt nahe, daß Länder, welche eine gewisse Monopolstellung auf einem bestimmten Erzmarkt einnehmen, wie z. B. Schweden in bezug auf hochprozentige Eisenerze, das Mittel des Ausfuhrzolles benutzen wollen, um einen möglichst hohen Gewinn aus dem Verkauf der Erze zu ziehen. Im allgemeinen ist aber dieser Weg in den Fällen wenig glücklich, wo der Eisenkonsum gering und man auf die Ausfuhr angewiesen ist. Reine Finanzausfuhrzölle sind heute auf dem Erz- und Metallmarkt kaum möglich.

So sind auch die Bemühungen der schwedischen Regierung bisher ohne Erfolg geblieben, weil Schweden selbst nur eine wenig entwickelte einheimische Eisenhüttenindustrie hat und den einheimischen Eisenerzbergbau nur durch eine Vergrößerung der Eisenerzausfuhr fördern kann. Der Vorteil eines Finanzausfuhrzolles würde den Nachteil der Schädigung des einheimischen Eisenerzbergbaues nicht aufheben.

Deutschland hat keine Ausfuhrzölle.

Von Interesse für Deutschland sind folgende, dem Warenverzeichnis zum Zolltarif für die Zeit vom 1. März 1906 ab entnommenen Angaben über Ein- und Ausfuhrzölle:

Name des Produktes	Nummer des Zolltarifs	Zollsatz für 1 dz = 100 kg in Mark
I. Erze.		
Erze, auch aufbereitet (durch Handscheidung, Klauben, Pochen, Schlämmen, Siebsetzen, Rösten, Glühen, Auswittern oder dergleichen), gereinigt oder zur Verhüttung vorbereitet, im allgemeinen	237	frei

Name des Produktes	Nummer des Zolltarifs	Zollsatz für 1 dz = 100 kg in Mark
Erze als Farberden	329	0,50
Alaunerze (natürliche Alaunerde, Alaunstein, Alaunschiefer)	236	frei
Arsenerze (Arsenkies, Arsenikalkies, Arsenglanz, Gediegen Arsen), auch aufbereitet.	237	frei
Arsenige Säure (weißes Arsenik, Arsenikmehl, Giftmehl, Hüttenrauch, Arsenigsäureanhydrit) und Arsensäure	317	frei
Bauxit, ungereinigt	232	frei
als Steine (Bauxitziegel), unglasiert oder glasiert.	724	0,35—0,60
Bleierze (Bleiglanz, Weißbleierz und andere), auch aufbereitet	237	frei
Bohnerz (Brauneisenstein, natürliches Eisenoxyd), auch aufbereitet	237	frei
Brauneisenstein (brauner Glaskopf, Gelbeisenstein, Eisenniere, Bohnerz, Linsenerz, Eisenrogenstein, Minette, Limonit, Raseneisenstein, Sumpferz, Wiesenerz, Seeerz, natürliches Eisenoxyd), auch aufbereitet	237	frei
Braunit (Manganerz), auch aufbereitet	237	frei
Eisenerze (Eisensteine z. B. Magneteisenstein [Magnetstein], Roteisenstein [Eisenglanz, Eisenglimmer, roter Glaskopf, Blutstein, Eisenrahm, Rötel, roter Toneisenstein, roter Ocker, ein natürliches Eisenoxyd], Brauneisenstein [brauner Glaskopf, Gelbeisenstein, Eisenniere, Bohnerz, Linsenerz, Eisenrogenstein, Minette, Limonit, Raseneisenstein, Sumpferz, Wiesenerz, Seeerz, (ein natürliches Eisenoxyd)], Spateisenstein [Eisenspat, Siderit, Sphärosiderit, Flinz, Kohleneisenstein, Toneisenstein]), auch aufbereitet	237	frei
Natürliches Eisenoxyd (Roteisenstein, Brauneisenstein), auch aufbereitet	237	frei
Eisenspat (Spateisenstein), Magneteisenstein (Magnetstein), auch aufbereitet, siehe auch Eisenerze	237	frei
Minette (Brauneisenstein, natürliches Eisenoxyd als Eisenerz), auch aufbereitet.	237	frei
Eisenkies (Schwefelkies), auch aufbereitet	237	frei
Galmei (Zinkspat), auch aufbereitet.	237	frei
Golderze, auch aufbereitet	237	frei
Hausmannit (ein Manganerz), auch aufbereitet . .	237	frei
Kobalterze, z. B. Glanzkobalt, Speiskobalt	237	frei
Kobaltfarben und Kobaltsalze	317, 332, 735	frei bis 3.—
Kryolith (Eisstein, Grönlandspat)		
natürlicher	232	frei
künstlicher (Natrium-Aluminium-Fluorid) . .	298	3.—
Kupfererze (Kupferglanz, Kupferkies, Kupferlasur, Rotkupfererz, gediegen Kupfer und andere), auch aufbereitet	237	frei
Lithiumglimmer	266	frei
Lepidolith	236	frei

Name des Produktes	Nummer des Zolltarifs	Zollsatz für 1 dz=100 kg in Mark
Malachit und Malachitwaren wie Halbedelsteine, d. h.		
rohe Halbedelsteine	235	frei
bearbeitete Halbedelsteine ohne Fassung . .	679	60.—
fertige Waren aus Halbedelsteinen	679	175.—
Manganerze, auch aufbereitet	237	frei
soweit sie als Farberden Verwendung finden.	329	0.50
Molybdänglanz (Molybdänit, Wasserblei), auch aufbereitet	317	frei
Monazitsand, auch gebrannt, geschlämmt, gemahlen oder gereinigt.	236	frei
Nickelerze	237	frei
Psilomelan, siehe Manganerze.		
Pyrolusit, siehe Manganerze.		
Raseneisenstein (Brauneisenstein, natürliches Eisenoxyd, ein Eisenerz), auch aufbereitet	237	frei
Realgar (nur selten noch als Farbe dienend) . . .	317	frei
Roteisenstein (Eisenglanz, Eisenglimmer, roter Glaskopf, Blutstein, Eisenrahm, Rötel, roter Toneisenstein, roter Ocker, natürliches Eisenoxyd, ein Eisenerz), auch aufbereitet	237	frei
Rötel, siehe Roteisenstein.		
Silbererze, auch aufbereitet	237	frei
Spateisenstein (Eisenspat, Siderit, Spärosiderit, Stahlstein, Flinz, Kohleneisenstein, Toneisenstein, ein Eisenerz), auch aufbereitet	237	frei
Sumpferz (Brauneisenstein, natürliches Eisenoxyd, ein Eisenerz), auch aufbereitet	237	frei
Toneisenstein als Eisenerz	237	frei
als Farberde gemahlen, siehe Erdfarben.		
Uranpecherz, sogenannte Pechblende, natürliches Uranoxydoxydul	237	frei
Vitriolerze, auch aufbereitet	237	frei
Wiesenerz (Brauneisenstein, natürliches Eisenoxyd, ein Eisenerz), auch aufbereitet	237	frei
Wismuterze, auch aufbereitet	237	frei
Wolframerze, auch aufbereitet	237	frei
Yttererde und Yttriumsalze	317	frei
Zinkerze (Galmei, Zinkblende, Rotzinkerz und andere), auch aufbereitet	237	frei
als Farberden gemahlen usw.	329	0.20
Zinnerze (Zinnstein und andere)	237	frei
Zinnober, nicht zubereitet, nicht in Aufmachungen für den Kleinverkauf, roter	327	10.—

II. Metalle und Legierungen.

Name des Produktes	Nummer des Zolltarifs	Zollsatz für 1 dz=100 kg in Mark
Eisenabfälle, wie Glühspan (Hammerschlag und Walzzünder), Schliff	224	frei
Abfälle von verzinntem Eisenblech (Weißblech) von nicht mehr als 5 mm Stärke	843	frei
Brucheisen, Alteisen (Schrott), Dreh-, Bohr- und Hobelspäne, Eisenfeilspäne und andere nur zum Eisenschmelzen oder -schweißen verwendbare Abfälle	843	1.—

Name des Produktes	Nummer des Zolltarifs	Zollsatz für 1 dz = 100 kg in Mark
Abfälle von anderen Metallen, lediglich zur Wiedergewinnung der benutzten Metalle verwendbar, werden behandelt wie die rohen Metalle, von denen sie stammen, vom Metallhüttenbetrieb Schlacken oder dergleichen, auch gemahlen (Schlackenmehl)	237	frei
Alkalimetalle (Kalium, Natrium, Lithium, Rubidium, Cäsium)	266	frei
Aluminium und Aluminiumlegierungen:		
1. in rohem Zustand in Blöcken, Barren, Masseln, Körnern, auch in Plattenformen gegossen oder gepulvert	844	frei
2. geschmiedet oder gewalzt, in Stangen, Blechen, Tafeln oder dergleichen, auch Formgußstücke in unbearbeitetem Zustande	845	12.—
3. Aluminiumdraht siehe Draht.		
Dem Aluminium gleich behandelt werden die nach Farbe und sonstiger Beschaffenheit dem Aluminium ähnlichen Legierungen des Aluminiums mit anderen unedlen Metallen.		
Aluminiumbronze (eine Legierung aus Kupfer mit Aluminium) und Aluminiumbronzewaren siehe unter Kupfer usw. sowie Kupferwaren.		
Aluminiumeisen (eine Legierung aus Eisen mit höchstens 40% Aluminium), wie Eisen.		
Aluminiumstahl (eine Legierung aus Eisen mit höchstens 40% Aluminium), wie Eisen		
Blattmetall (Folie):		
1. Blattgold (Goldschaum), echtes	771	600.—
unechtes	886	120.—
Blattmetall aus Platin oder dem sogenannten Platinmetall wird wie Blattgold verzollt.		
2. Blattsilber (Silberschaum), echtes	776	600.—
unechtes	886	120.—
3. Blattaluminium	849	60.—
4. Blattblei	854	24.—
5. Blattkupfer	—	—
Blattmessing	—	—
Blattmetall aus Tombak	878	30.—
6. Blattmetall aus anderen Kupferlegierungen als Messing und Tomback	880	30.—
7. Blattnickel	868	60.—
8. Blattzinn (Stanniol) einschließlich des Blattmetalls von Britanniametall	863	24.—
9. Blattmetall aus vorstehend nicht genannten unedlen Metallen oder Legierungen unedler Metalle	878	30.—
Blech:		
1. aus Gold gehämmert oder gewalzt		
a) aus Feingold	769	frei
b) aus legiertem Gold.	770	250.—
Blech aus Platin und den sogenannten Platinmetallen wird wie Blech aus Gold behandelt.		

Name des Produktes	Nummer des Zolltarifs	Zollsatz für 1 dz=100 kg in Mark
2. aus Silber, gehämmert oder gewalzt:		
a) aus Feinsilber	772	frei
b) aus legiertem Silber oder unlegiertem Silber (Feinsilber), vergoldet oder auf mechanischem Wege mit Gold belegt .	773	100.—
3. aus Aluminium oder Aluminiumlegierungen, geschmiedet oder gewalzt	845	12.—
4. aus Blei gewalzt, auch gerollt, roh, abgeschliffen usw., oder mit anderen unedlen Metallen oder Legierungen unedler Metalle überzogen	851	3.—
5. aus Eisen oder Eisenlegierungen, geschmiedet oder gewalzt	786—790	3.— bis 8.—
6. aus Kupfer, oder Kupferlegierungen geschmiedet oder gewalzt	870	12.—
7. aus Nickel oder Nickellegierungen, geschmiedet oder gewalzt	865	12.—
8. aus Zink oder Zinklegierungen, gestreckt oder gewalzt	856	3.— bis 4.50
9. aus Zinn- oder Zinnlegierungen einschließlich des Britanniametalls, gewalzt . . .	861	3.—
10. aus vorstehend nicht genannten unedlen Metallen oder Legierungen unedler Metalle, geschmiedet oder gewalzt	870	12.—
11. aus unedlen Metallen oder Legierungen unedler Metalle aller Art, vergoldet oder mit Gold belegt (plattiert)	881	100.—
versilbert oder mit Silber belegt (plattiert)	881	60.—
Blei und Bleilegierungen:		
1. roh in Blöcken, Mulden oder dergleichen .	850	frei
2. gewalzt, siehe Blech.		
3. Bleidraht, siehe Draht.		
Bleiabfälle	850	frei
Bruchmetall (Altmetall):		
1. Brucheisen	843	1.—
2. Bruch von anderen Metallen, wie das rohe Metall, von dem er herstammt	—	—
Draht:		
1. aus Gold, und zwar Feingold	769	frei
aus legiertem Gold	770	250.—
aus Platin und dem sogenannten Platinmetallen wird wie Draht aus Gold behandelt.		
2. aus Silber (Feinsilber oder legiertem Silber)	774	100.— bis 250.—
3. aus Aluminium oder Aluminiumlegierungen	846—847	12.— bis 50.—
4. aus Blei oder Bleilegierungen	852	6.—
5. aus Eisen und Eisenlegierungen	791—792	2.50 bis 5.50
6. aus Kupfer oder Kupferlegierungen . . .	871—872	12.— bis 15.—
7. aus Nickel und Nickellegierungen	868	12.— bis 15.—
8. aus Zink oder Zinklegierungen	858	6.—
9. aus Zinn oder Zinnlegierungen einschließlich des Britanniametalls	862	6.—
10. aus vorstehend nicht genannten unedlen Metallen oder Legierungen unedler Metalle	871	12.—

Name des Produktes	Nummer des Zolltarifs	Zollsatz für 1 dz=100 kg in Mark
11. aus unedlen Metallen, mit Gold plattiert	882	150.—
mit Silber plattiert	882	100.—
Eisen und Eisenlegierungen:		
1. Roheisen aller Art	777	1.—
2. Rohluppen, Rohschienen, Blöcke usw.	784	1.50
3. schmiedbares Eisen in Stäben, ferner Bandeisen	785	1.— bis 5.—
4. Eisenblech, siehe Blech.		
5. Eisendraht, siehe Draht.		
6. Eisenplatten, aus nicht schmiedbarem Eisenguß, siehe Eisenwaren.		
aus schmiedbarem Eisen, siehe Blech.		
7. gepulvertes Eisen, auch reduziertes Eisen zum Heilgebrauch	388	40.—
Gold und Goldwaren:		
1. unlegiertes Gold (Feingold), roh oder gegossen, gehämmert oder gewalzt in Stangen, Blech oder Draht	769	frei
2. legiertes Gold, roh oder gegossen, auch in Form von Platten	769	frei
gehämmert oder gewalzt, auch in Form von Blech oder Draht	770	256.—
Waren ganz oder teilweise aus Gold:		
a) Goldmünzen	769	frei
b) andere Waren, soweit sie nicht durch die Verbindung mit anderen Stoffen unter die hohen Zollsätze fallen,		
unpoliert	771	300.—
poliert	771	600.—
Kadmium (Metall)	266	frei
Kobalt (Kobaltmetall), roh	869	frei
Kobaltspeise	237	frei
Kupfer und Kupferlegierungen:		
1. roh Kupfer usw.	869	frei
2. Kupfer und Kupferlegierungen, geschmiedet, gewalzt, gezogen oder gepreßt	870	12.—
siehe auch Blech und Draht	—	—
Kupferabfälle	869	frei
Kupferstein (schwefelhaltiges Kupfer)	237	frei
Waren aus Kupfer und Kupferlegierungen	873—880	18.— bis 60.—
Magnesium, roh oder gepulvert	869	frei
Manganmetall, roh	869	frei
Manganeisen, wie Eisen.		
Zur Herstellung von Metallwaren geeignete unedle Metalle, z. B. Antimon, Kadmium, Kobalt, Magnesium, Mangan, Titan, Wismut, Wolfram in rohem Zustand	869	frei
Molybdäneisen, wie Eisen.		
Nickel und Nickellegierungen,		
im rohen Zustande	864	frei
geschmiedet oder gewalzt, in Stangen oder Blech usw., siehe Nickeldraht	865	12.—
Nickeleisen, wie Eisen.		
Nickelstein	237	frei

Name des Produktes	Nummer des Zolltarifs	Zollsatz für 1 dz = 100 kg in Mark
Platinmetalle (Iridium, Osmium, Palladium, Rhodium, Ruthenium), wie Gold.		
Quecksilber	265	frei
Quecksilberlegierungen (Amalgame)	331 bzw. 365	frei
Schwefel, roh oder gereinigt, auch in Pulverform	270	frei
Schwefeleisen	317	frei
Silber und Silberwaren:		
1. unlegiertes Silber (Feinsilber)	772	frei
vergoldet oder auf mechanischem Wege mit Gold belegt	773	100.—
2. legiertes Silber,		
roh oder gegossen, auch in Form von Platten	772	frei
gehämmert oder gewalzt oder in Formen von Blech	773	100.—
vergoldet oder auf mechanischem Wege mit Gold belegt	773	100.—
Siehe auch Silberdraht.		
Silbermünzen	772	frei
Wismutmetall, aufbereitet	869	frei
Zink und Zinklegierungen:		
1. roh in Blöcken usw.	855	frei
2. gestreckt oder gewalzt, siehe Blech.		
3. Zinkdraht, siehe Draht.		
Zinkabfälle	855	frei
Zinn und Zinnlegierungen, einschließlich des Britanniametalls, roh in Blöcken usw.	860	frei
Zinndraht, siehe Draht.		
Zinnabfälle	860	frei

Die Eisenerz- und Eisen-Ein- und Ausfuhrzölle der wichtigsten Länder.*

Bezeichnung der Ware	Belgien Zolltarif von 1906 für 100 kg in Frcs.	Frankreich Mindesttarif von 1910 für 100 kg in Frcs.	Italien Vertragstarif für 100 kg in Lire	Japan Zolltarif vom 14. April 1910 f. 100 Kin in Yen
Eisenerz und -schlacken	Zollfrei	Zollfrei	Zollfrei Ausfuhrzoll pro Tonne 0,22	Zollfrei
Roheisen	Zollfrei	1,50 bis 3,50	1,00	0,10 bis 0,25
Rohschienen, Blöcke, Platinen, Knüppel usw	0,30 bis 0,60	4,50 bis 6,50	2,75	0,50 bis 0,60
Stabeisen	1,00	5,00 bis 6,50	6,00 bis 9,00	0,60 bis 0,90
Schienen und Schwellen	1,00	6,00	6,00	—
Röhren (roh)	2,00 bis 4,00	4,00 bis 18,00	12,00 bis 17,00	1,00 bis 2,80
Bleche (roh)	1,00	7,00 bis 11,00	7,00 bis 12,00	0,40 bis 1,35

* Nach: Gemeinfaßliche Darstellung des Eisenhüttenwesens, herausgegeben vom Verein Deutscher Eisenhüttenleute in Düsseldorf. 8. Auflage Düsseldorf 1912.

Bezeichnung der Ware	Österreich-Ung. Vertragstarif für 100 kg in Kronen	Rußland Vertragstarif für 1 Pud in Rubel	Schweden Zolltarif v. 25. Febr. 1910 für 100 kg in Kronen	Spanien Vertragstarif für 100 kg in Pesetas	Vereinigte Staaten Zolltarif von 1909 für 1 t oder Pfd. (1 lb) in $ oder Cent (c)
Eisenerz und Schlacken	Zollfrei	Erz 0,10½; Thomasschlacken gemahlen 0,03, ungemahlen frei. Ausfuhr über Polen verboten; dagegen aus polnischen Bergwerken auf Erlaubnisschein gegen Verzollung mit 1½ Kopeken für 1 Pud gestattet	Zollfrei	Einfuhrzoll 1 Tonne 0,25 Ausfuhrzoll für Erz 0,02 Einfuhrzoll für Thomasschlacke 0,05	Eisenerz und -schlacken (t) 15 c.
Roheisen	1,50	0,45	Zollfrei	1,40 bis 3,25	(t) 2,50 $
Rohschienen, Blöcke, Platinen, Knüppel usw.	3,40 bis 4,50	0,75	2,00	4,20 bis 5,60	3/10 bis 6/10 c. f. 1 lb.
Stabeisen	6,00 bis 15,00	0,75	Träger, Eck- und anderes warm gewalztes Eisen im Gewichte von 60 kg oder mehr auf den laufenden Meter zollfrei. unter 60 kg 1,50 bis 2,50	6,40	Stabeisen, Quadrateisen, Rundeisen 3/10 c. für 1 lb, Träger 3/10 bis 4/10 für 1 lb.
Schienen und Schwellen	Schienen 6,00 bis 7,20 Schwellen 14,00	0,90	Zollfrei	4,20 bis 5,60	7/40 c. für 1 lb.
Röhren (roh)	7,20 bis 10,50	2,55	Mit einem inneren Durchmesser von 145 mm oder mehr frei, mit geringerem als 145 mm 1,50	13,00	1/4 bis 2 c. für 1 lb.
Bleche (roh)	9,00 bis 14,00	0,90 bis 1,50	Von geringerer Stärke als 0,3 mm frei, darüber 5,00 bis 3,50	7,20 bis 8,00	5/10 bis 9/10 c. für 1 lb.

Ausfuhrzölle fremder Länder für Edelmetalle, Kupfer, Blei, Zink, Zinn, Aluminium, Nickel usw. und ihre Erze.

Auszug aus der Zusammenstellung der Zolltarife des In- und Auslandes, herausgegeben vom Reichsamt des Innern, Berlin 1910.

Land	Ware und Zollposition	Zollsatz
	I. Edelmetalle und ihre Erze.	
Griechenland ...	Griechische Silber-Scheidemünzen .	12% des Wertes
Portugal	7. Gold unverarbeitet in Barren und Stücken	5000 Reis für 1 kg
	8. Silber unverarbeitet in Barren und Stücken	250 „ „ 1 „
	9. Silber und Gold in Münzen . .	frei
	10. Erzeugnisse d. Landesbergwerke	frei
	Alle übrigen Artikel	1,5% des Wertes
Türkei	Sämtliche Waren	1% des Wertes
Chile......	Silber in Barren mit einem Feingehalte von fünf Zehnteln oder weniger	45% „ „
Columbien ...	Gold, Platin und Silber	1% „ „
	Alle in columbischen Bergwerken gewonnenen Metalle	frei
	Columbische Goldmünzen	Ausfuhr verboten
	Columbische Silbermünzen	„ „
Costa-Rica ...	Alle Waren	0,01 Pesos für 3 kg
Honduras ...	Inländische und fremde Silbermünzen von 900 Feingehalt in größerer Menge als 500 Pesos.	15% des Wertes
	Inländische Scheidemünzen	15% „ „
	Silberpesos über den Hafen der Nordküste Atlantic........	frei
Mexiko.....	Mexikanische Silbermünzen von mehr als 10 Pesos Wert . . .	10% des Wertes
Salvador	Mineralabfälle..........	3% „ „
	Gold u. Silber in Barren, Staub usw.	1% „ „
	Gold und Silber gemünzt	3% „ „
Neu-Seeland . .	Ausfuhrzoll auf Gold auf Grund der Customs Duties Consolidation Act, 1882:	
	Für jede Unze troy von einem Feingehalt von 20 Karat.....	2 sh für die Unze
	Geringeres Gold im Verhältnis. Schmucksachen wie Gold.	
Ägypten	Alle Waren mit Ausnahme von Gold und Silber in Barren oder gemünzt	1% des Wertes
Marokko	Gold- und Silbererze.......	5% „ „
	II. Kupfer und Kupfererze.	
Italien	Kupfererz............	5,50 Lire für die t
Portugal	10. Erzeugnisse d. Landesbergwerke	frei
Rußland	Kupfererze	0,045 Rubel für 1 Pud
Serbien	5. Abfälle............	bis 10 Dinar für 100 kg
Spanien	9. Kupfererz (Erze mit weniger als 2½% Cu sind frei)	0,16 Pesetas für 100 kg
	10. Kupfermatte	2,00 Pesetas für 100 kg

Land	Ware und Zollposition	Zollsatz
Türkei	Alle Waren	1% des Wertes
Bolivien	1. Kupfer in Barren usw., wenn der Preis für diesen beträgt per t	
		für 1 Quintal span. = 46 kg.
	weniger als 50 £	0,70 Bolivianos
	von 51 bis 60 £	0,80 „
	„ 61 „ 70 £	0,90 „
	„ 71 „ 80 £	1,00 „
	„ 81 „ 90 £	1,10 „
	„ 91 „ 100 £	1,20 „
	„ 100 und darüber	1,30 „
	2. Dementsprechend soll der Ausfuhrzoll für Barilla oder konzentrierte Kupfererze 70% des Wertes vom Kupfer in Barren betragen.	
Salvador	3. Mineralabfälle	3% des Wertes
Ägypten	Alle Waren	1% „ „
Marokko	Kupfererze	5 Realen für 1 Ztr.

III. Blei, Zink, Zinn, Aluminium, Nickel usw.

Land	Ware und Zollposition	Zollsatz
Italien	Bleierz auch silberhaltig	2,20 Lire für 100 kg
Portugal	10. Erzeugnisse d. Landesbergwerke	frei
	Alles andere	1,5% des Wertes
Rußland	Bleierze	$0{,}04^1/_2$ Rubel für 1 Pud
Serbien	Abfälle von Metallen	bis 3 Dinar für 100 kg
Spanien	6. Bleiglanz, Bleiglätte usw.	1,5 Peseten für 100 kg
	7. Blei, silberhaltig (mehr als 30 g in 100 kg)	1 Peseta für 100 kg
Türkei	Sämtliche Waren	1% des Wertes
Bolivien	1. Wismut in Barren usw.	
	Wenn der Preis beträgt für die t:	
		für 1 Quintal span. = 46 kg.
	weniger als 160 £	2,00 Bolivianos
	von 161 bis 170 £	2,00 „
	„ 171 „ 180 £	2,60 „
	„ 181 „ 190 £	3,00 „
	„ 191 „ 200 £	3,50 „
	„ 201 „ 210 £	4,00 „
	„ 211 „ 220 £	4,50 „
	„ 221 „ 230 £	5,00 „
	„ 231 „ 240 £	5,50 „
	„ 241 „ 250 £	6,00 „
	„ 251 „ 260 £	6,25 „
	„ 261 „ 270 £	6,50 „
	„ 271 „ 280 £	6,75 „
	„ 281 „ 290 £	7,00 „
	„ 291 „ 300 £	7,25 „
	„ 301 „ 310 £	7,60 „
	„ 311 „ 320 £	7,75 „
	„ 321 „ 330 £	8,00 „
	„ 331 „ 340 £	8,25 „
	„ 341 „ 350 £	8,50 „

Land	Ware und Zollposition	Zollsatz
Bolivien	1. Wismut in Barren usw.	
	Wenn der Preis beträgt für die t:	
		für 1 Quintal span. = 46 kg.
	von 351 bis 400 £	8,75 Bolivianos
	„ 401 „ 450 £	9,01 „
	„ 451 „ 500 £	9,25 „
	„ 501 „ 600 £	9,50 „
	„ 601 „ 700 £	9,75 „
	„ 701 und darüber	10,00 „
	2. Für Barilla und andere konzentrierte Wismuterze	$70^0/_0$ des Wertes der Barren
	3. Nicht konzentrierte und nicht aufbereitete Erze	frei
	Zinnerz:	
	Wenn der Preis für Straits-Zinn beträgt:	
	weniger als 100 £	0,90 Bolivianos
	von 100 bis 110 £	1,00 „
	„ 110 „ 120 £	1,15 „
	„ 120 „ 130 £	1,30 „
	„ 130 „ 140 £	1,45 „
	„ 140 „ 150 £	1,60 „
	„ 150 „ 160 £	1,75 „
	„ 160 „ 170 £	2,00 „
	„ 170 „ 180 £	2,25 „
	„ 180 „ 190 £	2,60 „
	„ 190 „ 200 £	3,00 „
	„ 200 und darüber	3,50 „
	Zinnbarren:	
	Wenn der Preis für Straits-Zinn beträgt:	
	weniger als 100 £	1,50 „
	von 100 bis 110 £	1,60 „
	„ 110 „ 120 £	1,75 „
	„ 120 „ 130 £	1,90 „
	„ 130 „ 140 £	2,10 „
	„ 140 „ 150 £	2,30 „
	„ 150 „ 160 £	2,50 „
	„ 160 „ 170 £	2,80 „
	„ 170 „ 180 £	3,10 „
	„ 180 „ 190 £	3,40 „
	„ 190 „ 200 £	3,80 „
	„ 200 und darüber	4,20 „
Salvador	Mineralabfälle	$3^0/_0$ des Wertes
Französ. Hinterindien	Metalle und Metallwaren	frei
Niederl.-Indien .	Billiton-Zinnerz	2,25 Gulden für 100 kg
	Zinn und andere Zinnerze	3,50 „ „ 100 „
Ägypten	Alle Waren	$1^0/_0$ des Wertes
Marokko	Bleierz ausnahmsweise	frei

Noch intensiver wie Zölle wirken Ein- und Ausfuhrverbote. Sie gehören für Metalle oder Erze zu den größten Seltenheiten; so ist z. B. die Ausfuhr von columbischen Gold- und Silbermünzen und daraus hergestellten Barren aus Columbien verboten, während die in columbischen Bergwerken gewonnenen Metalle frei ausgeführt werden dürfen.

Über Eisenbahn-Ausnahmetarife.

Die deutsche Reichsregierung hat sich von jeher angelegen sein lassen, den Absatz der einheimischen Erzgruben und die Versorgung der einheimischen Hütten mit metallischen Rohstoffen usw. nach Möglichkeit durch Ausnahmetarife zu unterstützen.

Der Laie, der die schlesischen Eisenhütten besucht, ist nicht wenig überrascht, zu hören, daß sie trotz ihrer Abgelegenheit einen guten Teil schwedischer Eisenerze verarbeiten.

Seit langem ist der rege Austausch von Eisenerzen und Kohlen zwischen den Siegerländer- und Nassauischen Eisenerzbergwerksdistrikten und dem Westfälischen Steinkohlenbezirk bekannt.

Da für die Verhüttung einer Tonne Eisenerz in vielen Fällen annähernd eine Tonne Koks gebraucht wird, ist es für die Rentabilität der Hütte ziemlich gleich, ob man die das Eisenerz verarbeitenden Hütten entweder in unmittelbarer Nähe der Erzgruben oder in den großen, Koks produzierenden Kohlendistrikten anlegt.

Im Interesse der Montanindustrie sind deshalb geschaffen: einerseits billige Eisenerztarife von den Bergwerks- nach den Steinkohlendistrikten, in welchen man die Eisenhütten errichtete, und andererseits niedrige Kohlen- und Kokstarife von den Steinkohlengebieten nach den Eisenerzbergwerksdistrikten mit Eisenhütten. Beiden Forderungen hat man für das Siegerländer und Nassauische Gebiet und den Niederrheinisch-Westfälischen Kohlenbezirk in weitgehendem Maße Rechnung getragen.

Bei dem Transport der schwedischen Eisenerze nach Oberschlesien handelt es sich um sehr reiche Rohmaterialien, welche erhebliche Frachtkosten ertragen, sie werden sogar in den letzten Jahren in erheblicher Menge von Schweden nach den Vereinigten Staaten transportiert (S. 24).

Der Siegerländer Rostspat (gerösteter Spateisenstein) ist mit einigen 40% Eisen wesentlich ärmer als die schwedischen Eisenerze mit einigen 60% Eisen. Trotzdem sind seit dem Jahre 1911 große Abschlüsse zwischen den Siegerländer Gruben und den oberschlesischen Hütten zustande gekommen, und zwar auf Grund eines Vorzugstarifs, welcher diesen früher für ganz ausgeschlossen gehaltenen Transport ermöglicht. Derartige Ausnahmetarife setzen voraus, daß regelmäßig große Mengen verfrachtet werden.

Einen Überblick über die für Deutschland geltenden Ausnahmetarife gibt folgende Zusammenstellung (Krusch, Untersuchung und Bewertung von Erzlagerstätten, Ferdinand Enke, Stuttgart, II. Aufl. 1911 S. 153 nach E. Schrödter usw.):

Frachtgegenstand	Geltungsbereich	Ermäßigte Einheitssätze	Regelrechte Einheitssätze
		Streckensatz für das tkm und Abfertigungsgebühr für 100 kg	
		Pf.	Pf.
Eisenerze usw. siehe auch Ziffer 3 Abt. 1 Rohstofftarif S. 191)			
	1.		
Zu 1. Eisenerz; Manganerz (Braunstein); Schwefelkies-, Kupferkiesabbrände (purple ore); Eisenschlacken (Puddel- und Herdfrischschlacken; Luppen-, Schweißofen-, Hammer- u. Walzenschlacken, auch Hammerschlag; eisenhaltige Konverterschlacken)	Im engeren und im Wechselverkehr der westlichen Staatsbahnen, auch mit westlichen Privatbahnen, Süddeutschland, Sachsen, Luxemburg, Niederlande, Belgien, Frankreich (franz. Nordbahn) u. Österreich-Ungarn, sowie von Erzgruben und chemischen Fabriken der mittleren und östlichen Provinzen nach schlesischen, thüringischen und Harzer Hüttenwerken, ferner von sächsischen Stationen nach dem oberschlesischen Hüttenbezirk und zwischen sächsischen und thüringischen Stationen, sowie von Breslau Stadthafen und Pöpelwitz (Umschlag) nach Oberschlesien	Bis 50 km 2,0, darüber Anstoß 1,8 + 8 bis 12, mindestens den Satz von 2,2 für das tkm ohne Abfertigungsgebühr	2,6 bzw. 2,2 + 6 bis 12
	2a).		
Zu 2a) desgl. wie oben; ferner: Abbrände, eisenhaltige v. Arsenerzen; Abfälle, eisenhaltige der chemischen Industrie; Blechgeschirre, alte, verzinnt, verzinkt, verbleit, emailliert oder mit sonstigen Überzügen versehen, Blechwaren, alte und Gebrauchsgegenstände, alte eiserne, wie Kohlenkasten, Küchengeschirre, Gießkannen, Blecheimer usw. und deren Abfälle sämtlich zum zollinländischen Hochofen- und Bleihüttenbetriebe; Blechgeschirre, alte usw. auch zur Entzinnung	Nach Hochofen- und Bleihüttenstationen auch von Belgien und den deutsch-französischen Grenzübergangsstationen bis 100 km .... 101 „ 190 „ (Anstoß) über 190 „ („)	 1,8 1,5 1,0 + 7	desgl.

Frachtgegenstand	Geltungsbereich	Ermäßigte Einheitssätze	Regelrechte Einheitssätze
		Streckensatz für das tkm und Abfertigungsgebühr für 100 kg	
		Pf.	Pf.
	b)		
Zu 2b). Eisenerze zum Hochofenbetriebe	Zwischen deutschen Seehäfen sowie dänischen, schwedischen und norwegischen Stationen einerseits und böhmischen Stationen anderseits	Bis 100 km 2,2, darüber Anstoß 1,5 + 7	desgl.
	c)		
Zu 2c). Eisenerze und Schlacken	Aus Ungarn und Steiermark nach Oberschlesien	wie vorher	2,2 + 6
	3.		
Zu 3. und 4. Eisen- u. Manganerz (Braunstein),[Notstandstarif]	Von Versandstationen an der Lahn, Dill und Sieg und einigen anderen Stationen nach den Hochofenstationen des Ruhr-, Saar- und Aachener Gebietes, nach Luxemburg und Lothringen	1,25 + 6	2,6 bzw. 2,2 + 6 bis 12
	4.		
	Zwischen Stationen des Industriebezirks an der Lahn, Dill, Sieg und im Bezirk Brilon unter sich	1,25 + 6	desgl.
	5.		
Zu 5. und 6. Eisenerz	Nach oberschlesischen Hüttenstationen von:		
	a) Dittersbach	1,52 + 6	Sp.-T. III.
	b) Berggießhübel	1,75 ohne Abfertigungsgebühr	

Am 1. Januar 1912 wurde ein Ausnahmetarif für Eisenerz, Eisenerzagglomerate, Eisenerzbriketts und Manganerz (Braunstein) von Stationen des Sieg-Lahn- und Dillgebietes nach oberschlesischen Hochofenstationen geschaffen, der vorläufig für die Jahre 1912—1914 gilt. Hiernach betragen die Frachtsätze von den Versandstationen im Siegerland nach den Empfangsstationen in Oberschlesien, Beuthen, Bobrek, Borsigwerk, Gleiwitz, Königshütte, Laurahütte, Ludwigsglück, Morgenroth und Schwientochlowitz 90 Mk. für 10 t Eisenerz.

Am 5. Januar 1912 konnte auf Grund des zunächst für 3 Jahre abgeschlossenen Lieferungsvertrages der erste Erzsonderzug nach Oberschlesien abgelassen werden und seitdem gehen jeden Tag, mit Ausnahme von Sonnabend, 500 t Rostspat aus dem Siegerlande nach Oberschlesien.

Dieser Ausnahmetarif steht in der ganzen Geschichte der preußischen Eisenbahntarifpolitik einzig da. Er ermöglicht den Versand von Eisensteinen auf 1000 km Länge. Man rechnet mit einem Versand von 110000 t aus dem Siegerland nach Oberschlesien, das ergibt eine Frachtersparnis von rund einer Viertelmillion Mark jährlich. (Handelskammerbericht Siegen 1911.)

Frachtgegenstand	Geltungsbereich	Ermäßigte Einheitssätze	Regelrechte Einheitssätze
		Streckensatz für das tkm und Abfertigungsgebühr für 100 kg	
		Pf.	Pf.
	6. Von Eisenerz (K. K. Ö. Stb.) nach Oberschlesien	1,6 bis 1,3 + 2,5	2,2 + 6
Zu 7. Eisenerz.	7. Von Kirchlengern nach Georgsmarienhütte	1,25 + 6	2,2 + 6
Zu 8. Überseeische Eisenerze und Eisenschlacken (Puddel- u. Herdfrischschlacken; Luppen-, Schweißofen-, Hammer- und Walzenschlacken, sowie eisenhaltige Konverterschlacken).	8. Von Stettin, Swinemünde, Danzig und Neufahrwasser nach dem schlesischen Hüttenbezirk, von den Elb- und Weserhäfen sowie Lübeck nach Vienenburg	Frühere Steinkohlenausfuhrtarife in umgekehrter Richtung	
Zu 9. Schwefelkies	9. Von Grevenbrück und Steinefrenz nach verschiedenen Stationen des In- und Auslandes und von Iserlohn nach Deutzerfeld und Neumühl	Bis 100 km 1,8, darüber Anstoß 1,6 + 6	2,6 bzw. 2,2 + 6 bis 12
Zu 10. Erze, rohe und eisenhalt. Schlacken zur Verhüttung	10. a) Zwischen Bayern und Frankfurt a. M., Gustavsburg, Mainz, Mannheim	2,2 ohne Abfertigungsgebühr	2,2 + 6
	b) Zwischen preußisch-sächsischen Wettbewerbsstationen und bayrischen Stationen	1,83 + 6 bis 1,5 + 3	desgl.
Zu 11. Puddel- und Schweißofenschlacken	11. Von Wasseralfingen (Württemberg) nach Frankfurt a. M., Gustavsburg, Mainz, Mannheim	2,0 + 3	desgl.
Zu 12. Erze, auch Nickelerze, mit Ausnahme der Erze von Edelmetallen, Erzbriketts (vgl. Ausnahmetarif 2 B, S. 264)	12. Von deutschen und niederländischen Stationen nach Rußland (ausschließlich Polen) im deutsch- und niederländisch - russischen Verbands- und Grenzverkehr	Vergl. Ausnahmetarif 2 B	
Zu 13. Schlacken zum Hochofenbetrieb	13. Von böhmischen Stationen sowie von österreichischen Stationen südlich der Donau nach Oberschlesien	Etwa 1,6—1,3 + 2,5 ($^1/_2$ Abfertigungsgebühr)	2,2 + 6

Frachtgegenstand	Geltungsbereich	Ermäßigte Einheitssätze	Regelrechte Einheitssätze
		Streckensatz für das tkm und Abfertigungsgebühr für 100 kg	
		Pf.	Pf.
	14.		
Zu 14. Schwefelkiesabbrände zur Entzinkung	Nach Merzdorf und Saarau a) von Holoubkau	Zu a): 1,74 bzw 1,55 + 2,5 (1/2 Abfertigungsgebühr)	2,2 + 6
	b) von Breslau Stadthafen, Finkenherd, Hartlieb und Pöpelwitz Umschlag	Zu b) und c): Bis 100 km 1,8, 101 bis 190 km Anstoß 1,5, darüber Anstoß 1,0 + 7	Sp.-T. III.
	c) nach Duisburg-Hochfeld-Nord, Fürfurt, Homberg a. Rh. und Schöningen von verschiedenen Stationen		desgl.
	15.		
Zu 15. Zinkerze	Von Kärnten und Steiermark nach oberschlesischen und rheinisch-westfälischen Zinkhüttenstationen	Bis 100 km 2,2, darüber Anstoß 1,5 + 3,5	2,6 bzw. 2,2 + 6
	16.		
Zu 16. Antimonerz	Von deutschen Stationen nach Polen im direkten Verkehr	Bis 350 km 2,2, darüber Anstoß 1,4 + 7	3,5 + 6
Eisenerze. Vergünstigung seit 1905	Von Österreich nach Oberschlesien	1,3 bis 1,6 + 2,5	

Zweiter Teil.

Allgemeine Begriffe der Erzlagerstättenlehre und Geologie.

Über die Begriffe Erz, Erzlagerstätte, Bauwürdigkeit und Unbauwürdigkeit, Gang- und Lagerart.

Erze: Sie sind der wichtigste Teil des Erzlagerstätteninhalts. Eine erschöpfende Definition des Begriffs Erz ist nicht leicht. Im Sinne der Erzlagerstättenlehre von Beyschlag-Krusch-Vogt (siehe Literatur) bezeichne ich als Erze diejenigen metallhaltigen Massen, aus welchen man nach dem jeweiligen Stande der Bergbau-, Aufbereitungs- und Hüttenkunde im großen und mit Vorteil gewisse Metalle oder Metallverbindungen herstellen kann.

Während der Mineraloge nur schwermetallhaltige Mineralien kennt und als Erze bezeichnet, muß der Lagerstättenforscher den Begriff weiter fassen. Er begnügt sich mit einem Mineralgemenge, welches um so weniger Erz im Sinne des Mineralogen enthalten kann, je teurer das betreffende Schwermetall ist. Für den Mineralogen ist z. B. goldhaltiger Schwefelkies ein Golderz; in der Lagerstättenlehre dagegen sind es auch Quarzmassen mit goldhaltigem Schwefelkies in solcher Menge, daß eine vorteilhafte Gewinnung des Edelmetalls möglich ist. Nur der geringste Teil der Substanz ist in diesen Fällen nutzbar, trotzdem heißt die ganze goldhaltige Masse Erz.

Die obige Definition verlangt weiter, daß nach dem jeweiligen Stande der Hüttenkunde, eine Erzeugung von Metallen usw. aus dem Material an und für sich überhaupt möglich ist.

Ein Mineral oder Mineralgemenge mit 12% Eisen kann z. B. in noch so großen Mengen angehäuft sein, es darf nicht als Erz bezeichnet werden, weil es nach dem heutigen Stand der Hüttenkunde unmöglich ist, mit Hilfe irgendeines Prozesses mit Vorteil aus diesem Material allein Eisen zu gewinnen.

Das schließt nicht aus, daß man einem „Kalk mit 12% Eisen“ kieseligen Eisenerzen zusetzt und dabei einen erheblichen Teil des Eisengehalts des Kalkes gewinnt. Das Material wird dann als eisenhaltiger Zuschlag aber nicht als Erz bezeichnet.

Im Gegensatz hierzu muß eine Masse mit 60% Eisen als Erz aufgefaßt werden, auch wenn sie nur in ganz beschränkter Menge vorkommt, weil durch hüttenmännische Prozesse die Gewinnung von Eisen aus einem derartigen Material mit Vorteil möglich ist.

Wenn man von den Erzen verlangt, daß man aus ihnen im großen und mit Vorteil gewisse Metalle und Metallverbindungen herstellen kann, so müssen Metallgehaltsgrenzen vorhanden sein. Die untere Grenze eines Eisenerzes liegt heute in Deutschland ungefähr bei 23—25% Eisen. Sie ist für jeden Distrikt verschieden und wird im allgemeinen durch die durchschnittliche Höhe der Verhüttungskosten eines Bezirks bestimmt. Wenn z. B. in einem Hüttendistrikt im Durchschnitt 25% Eisen die gesamten Unkosten decken, so bezeichnen 25% die untere Grenze des Eisenerzes, denn eisenärmere Massen können hier nicht im großen und mit Vorteil auf Eisen verarbeitet werden.

Je teurer das betreffende Material ist, desto niedriger ist die untere Grenze des Metallgehalts des Erzes. So kann man in Deutschland eine Masse mit 5 g Gold als Golderz bezeichnen, da es unter günstigen wirtschaftlichen Bedingungen möglich ist, Gold daraus zu gewinnen. Unter Umständen genügt sogar bei Golderzen, die in Seifen auftreten, ein Bruchteil eines Gramms Edelmetall in der Tonne.

Aus den Anforderungen, welche an das Erz gestellt werden, ergibt sich, daß der Begriff nach dem jeweiligen Stande der Hütten- und Bergbaukunde veränderlich ist. Solange man nicht verstand, die Zinkblende zur Herstellung von Zink zu benutzen, war sie kein Erz im Sinne der Lagerstättenkunde; heute ist sie eines der gesuchtesten Zinkerze. Solange die Nickel- und Kobalterze nicht zur Fabrikation von Nickel- bzw. Kobaltverbindungen im großen verwandt werden konnten, waren die nickel- und kobalthaltigen Massen keine Erze im Sinne der Erzlagerstättenlehre; heute gehören sie zu den wertvolleren. Die Spottnamen Blende, Nickel und Kobalt enthalten die Kritik des Bergmanns aus der Zeit, wo die Materialien nicht verwendbar waren; sie täuschten ihn wegen ihrer Ähnlichkeit mit anderen brauchbaren Erzen.

Im allgemeinen zeigt die Geschichte der Montanindustrie, daß die Fortschritte auf dem Gebiete der Bergbau- und Hüttenkunde die Anforderungen, die man an den Begriff Erz stellt, immer mehr und mehr verringern.

Als man im Jahre 1871 auf Veranlassung des damaligen Direktors der geologischen Landesanstalt und Bergakademie, des Geheimrat Hauchecorne, das Verbreitungsgebiet der Minette wenigstens zum großen Teil Deutschland einverleibte, war das eisenarme Material noch nicht im großen verwendbar. Heute gehört es infolge der Fortschritte der Hüttenkunde trotz seines geringen Eisengehalts von durchschnittlich 28 bis 30% und nicht zum geringen Teil wegen seines früher hinderlichen hohen Phosphorgehalts zu den wertvollsten deutschen Eisenerzen.

Die obige Definition beschränkt sich nicht auf den Ausdruck Schwermetall, der nicht mehr angebracht ist, seitdem wir einzelne Leichtmetalle hüttenmännisch im großen darstellen.

Bauxit und Kryolith, von denen die Aluminiumverhüttung ausgeht, sind infolgedessen wichtige Aluminiumerze. Ebenso sind Monazit und Thorit in dem Moment, wo man im großen und mit Vorteil aus ihnen Thoriumverbindungen herstellen konnte, in die Gruppe der Erze eingerückt.

Auch die Zahl der Erze ist also schwankend und hängt namentlich von den Fortschritten der Hüttenkunde ab. Eine scharfe Grenze zwischen Erzen und Nichterzen gibt es also nicht.

Nach der obigen Definition ist es auch nicht notwendig, daß man aus dem betreffenden Erz die Metalle selbst herstellt. Es gibt eine Reihe von Fällen, wo man so gut wie keine Verwendung für das Element (Metall) hat und sich mit der Fabrikation gewisser Metallverbindungen begnügt. Hier sind z. B. die Kobalt- und Thoriumerze zu erwähnen. Aus den Kobalterzen stellt man eine verschwindend geringe Menge von Gediegen Kobalt her; die Hauptmasse wird dagegen als Kobaltoxyd usw. gewonnen; aus den Thoriumerzen wird nicht Thorium erzeugt, sondern salpetersaure Thorerde. Die natürlichen Ausgangprodukte für diese Kobaltoxyd- bzw. Thoriumnitratfabrikate müssen trotzdem zu den Erzen gerechnet werden.

Vollkommen aus dem Rahmen der obigen Definition fallen die sogenannten Schwefel-, Alaun- und Vitriolerze.

Schwefelerze sind diejenigen schwefelhaltigen Massen, aus denen man im großen und mit Vorteil entweder Gediegen Schwefel oder Schwefelsäure herstellt. Es gehören hierher namentlich Gediegen Schwefel, Schwefelkies oder Markasit und mehr oder weniger mit diesen imprägnierte Gesteine.

Die Alaunerze dienten namentlich früher zur Herstellung des Alauns, also des schwefelsauren wasserhaltigen Doppelsalzes von Tonerde und Alkalien. Enthält z. B. ein Schiefer (beispielsweise Alaunschiefer) oder ein Ton, in welchem genügend Alkali vorhanden ist, ein gewisses Mindestquantum Schwefelkies oder Markasit in feiner Verteilung, so können sich bei der Verwitterung schwefelsaure Tonerde und schwefelsaure Alkalien bilden, die mit Wasser ausgelaugt — ev. nach geeigneten Zusätzen — Alaune auskristallisieren lassen.

Als Vitriolerze faßt man solche Massen auf, aus welchen es gelingt, mit einfachen Hilfsmitteln Schwefelsäure (sogen. Vitriolöl) oder Eisenvitriol herzustellen. Hierher gehören z. B. Torf mit Schwefelsäure, Torf mit erheblicheren Gehalten an Schwefelkies oder Markasit und mit diesen beiden Erzen imprägnierte Gesteinsschichten, aus denen sich nach vorangegangener Verwitterung Eisenvitriol auslaugen läßt. Derartige Erze haben in Deutschland heute nur noch ein historisches Interesse.

Die Alaun- und Vitriolerze dürften in der Zukunft kaum noch eine Rolle spielen.

Bei bergrechtlichen Entscheidungen darüber, ob ein Mineral oder Mineralgemenge als Erz anzusehen ist oder nicht, wird man aus praktischen Rücksichten noch unter die jeweilige gegenwärtige Metallgehaltsgrenze für das betreffende Erz in der Annahme gehen, daß nutzbare Lagerstätten nicht nur für die Gegenwart da sind, sondern auch in ferner Zukunft für den Bergbau in Frage kommen können (siehe das Minettebeispiel).

Erzlagerstätten: Man bezeichnet so natürliche Konzentrationen von Erzen. Sie müssen also zwei Bedingungen erfüllen: 1. Erze im obenerwähnten Sinne und 2. natürliche Konzentrationen sein. Die Erzlagerstätte steht demnach im Gegensatz zu künstlichen Anhäufungen von Erzen, wie sie beispielsweise durch den Bergbau in Form von Halden erzeugt werden.

Bauwürdigkeit: Der Begriff der „Erzlagerstätte" schließt nicht ohne weiteres die Bauwürdigkeit ein, welche Voraussetzung einer nutzbringenden Ausbeutung ist. Man unterscheidet vielmehr bauwürdige und unbauwürdige Erzlagerstätten. Beide enthalten Erze im Sinne des Lagerstättenforschers auf natürlicher Lagerstätte. Bei den bauwürdigen wird aber außerdem verlangt, daß das Erz in ausreichender Menge vorhanden ist und daß die geographische Lage des Erzvorkommens und seine Stellung innerhalb der Gruppe gleichartiger Lagerstätten eine solche ist, daß an einen vorteilhaften Abbau gedacht werden kann.

Die Geschichte einzelner Gruben zeigt, daß jedes bauwürdige Erzvorkommen nach einer gewissen kürzeren oder längeren Betriebsperiode durch Verminderung der „bauwürdigen Erzvorräte" unbauwürdig wird und zum Erliegen kommt. Nach einer längeren Zeit werden dann derartige Erzlagerstätten häufig wieder in Angriff genommen, weil der inzwischen erfolgte Fortschritt der Bergbau- und Hüttenkunde oder die Verbesserung der Verkehrsverhältnisse annehmen lassen, daß ein erneuter Bergbauversuch auf den Lagerstätten jetzt wieder Erfolg haben kann. Bei umfangreicheren Erzlagerstätten wechseln deshalb Perioden des Betriebes mit solchen der Ruhe ab. Die Bauwürdigkeit ist also ein relativer Begriff und hängt aufs engste mit den Fortschritten der Bergbau- und Hüttenkunde zusammen.

Nach dem preußischen allgemeinen Berggesetz muß — abgesehen von Ausnahmen — eine Erzlagerstätte, ehe sie ausgebeutet werden darf, den Interessenten verliehen werden. Die durch die Bergbehörde ausgesprochene Verleihung ist aber nicht etwa identisch mit der behördlichen Erklärung der Bauwürdigkeit. § 15 des Preußischen allgemeinen Berggesetzes Absatz I verlangt nur, daß das Erz „bei der amtlichen Untersuchung in solcher Menge und Beschaffenheit nachgewiesen wird, daß eine zur wirtschaftlichen Verwertung führende bergmännische Gewinnung des Minerals möglich erscheint". Der betreffende Satz eines Mutungsprotokolls hat beispielsweise folgende Fassung: „Der Revierbeamte ist der Auffassung, daß ein im Sinne des Gesetzes verleihungsfähiger Fund auf natürlicher Ablagerung nachgewiesen ist." Auch das Preußische Berggesetz verlangt also nur bei der Verleihung die „natürliche Ablagerung" und im übrigen nur die „Möglichkeit der Bauwürdigkeit".

Weder die Lagerstättenlehre noch das Preußische Berggesetz kümmern sich demnach bei dem Begriff der Erzlagerstätte um Verkehrsverhältnisse. Die Menge wird von der Lagerstättenlehre vollkommen vernachlässigt und vom Berggesetz nur indirekt berücksichtigt.

Die Bauwürdigkeit einer Erzlagerstätte ist nur dann vorhanden, wenn die Erze sowohl in der nötigen Menge, als auch unter solchen bergwirtschaftlichen Bedingungen vorkommen, daß eine Rentabilität gesichert erscheint.

Ein 2 cm mächtiger Bleiglanzgang in Deutschland ist ohne Frage eine Erzlagerstätte im Sinne der Lagerstättenkunde, weil es nach dem heutigen Stande der Hüttenkunde möglich ist, aus Bleiglanz mit Vorteil und im großen Blei herzustellen, und weil eine natürliche Konzentration vorliegt. Diese Bleierzlagerstätte ist aber nicht bauwürdig, weil die Erzmenge zu gering ist, als daß sie mit unseren heutigen bergmännischen Hilfsmitteln — selbst unter den günstigsten deutschen Verkehrsverhältnissen — eine vorteilhafte Gewinnung ermöglichte.

Eine Roteisenerzlagerstätte im Innern einer unserer Kolonien enthält zweifellos Erz im Sinne des Lagerstättenforschers, weil die Verhüttung von Roteisen im großen und mit Vorteil überhaupt möglich ist. Aber selbst wenn diese Erze in größten Massen auftreten, erfüllt das Vorkommen doch nicht die Bedingungen der Bauwürdigkeit, weil es nach seiner geographischen Lage schlechterdings unmöglich ist, das Erz mit Vorteil an eine Hütte abzusetzen.

Unter den Erzlagerstätten sind also nur diejenigen bauwürdig, bei denen das Erz in solchen Mengen und unter solchen wirtschaftlichen Bedingungen vorkommt, daß eine Ausbeutung möglich ist.

Gang- und Lagerarten: Die Ausfüllung der Erzlagerstätten besteht nicht nur aus Erzen, sondern auch aus anderen Mineralien und Gesteinen, die in der Regel nicht nutzbar sind und die man als Gang- oder Lagerarten bzw. Gang- oder Lagergesteine bezeichnet (Fig. 6). Der Unterschied zwischen „Gang" und „Lager" (s. S. 58) ist hierbei nicht streng wissenschaftlich, da man den Ausdruck Lager nicht nur auf die Erzlager beschränkt, sondern bei allen nicht gangförmigen Lagerstätten anwendet.

Der Unterschied zwischen „Lagerart" und „Lagergestein" besteht darin, daß die erstere ein Mineral, letzteres dagegen ein Gemenge von Mineralien also ein Gestein darstellt.

Die gewöhnlichsten Gang- und Lagerarten bestehen aus Kieselsäure, und zwar hauptsächlich aus Quarz und Chalcedon, während Opal seltener ist. Neben der Kieselsäure findet man als Gang- bzw. Lagerarten Karbonate, und zwar vorzugsweise von Kalk, Magnesia, Eisen und Mangan. Diese chemischen Verbindungen treten nicht immer rein für sich auf, sondern bilden häufig Gemenge derart, daß fast alle Übergänge zwischen den drei genannten Karbonaten vorkommen können.

An dritter Stelle sind Schwerspat und Flußspat zu nennen. Obgleich beide Mineralien selbständige Lagerstätten in solchem Umfange bilden können, daß eine Gewinnung angängig ist, sind sie auf den Erzlagerstätten meist nur in kleinen Mengen vorhanden; sie kommen aber häufig vor.

Fig. 6. Erz, Gangart (Quarz), Ganggestein (Nebengesteinsbruchstücke), am Rande rechts Nebengestein.
Gangstück von Freiberg, die Ausfüllung eines Erzganges, bestehend aus Erz, Gangart und Ganggestein zeigend.

Eine besondere Rolle spielt unter den Gang- und Lagerarten der Spateisenstein, der bald zu den Erzen und bald zu den Gangarten gerechnet wird. Als Erz faßt man ihn bei Eisenerzlagerstätten und in all den Fällen auf, wo er Hauptgegenstand des Bergbaues bildet oder mit anderen Erzen auftretend; nebenbei als Eisenerz ausgenutzt wird. Tritt dagegen Spateisenstein untergeordnet auf Erzlagerstätten bei welchen ausschließlich die Erze anderer Metalle gewonnen werden, derart auf, daß er keine Verwendung findet, so ist er kein Eisenerz, sondern Gangart.

Die Gang- oder Lagerarten können nach ihrer Nützlichkeit oder Schädlichkeit bei der Verhüttung unterschieden werden. Im allgemeinen wird der Berg- und Hüttenmann die Beseitigung der Gang- und Lagerarten durch die Aufbereitungsprozesse (s. S. 77) gern sehen, weil hierdurch der Metallgehalt des verwertbaren Produktes erhöht wird.

Gang- und Lagerarten, welche der Verhüttung hinderlich sind, zwingen zu Abzügen beim Erzverkauf; dagegen nehmen die Hütten andere, die ihnen bei ihren Prozessen Vorteil bringen können, gern hin.

Größere Mengen von Kieselsäure werden kaum jemals gern gesehen. Die Karbonate dagegen sind häufig von Vorteil, da ein großer Teil der uns zur Verfügung stehenden Eisenerze Kieselsäure enthält, die so wie so mit Hilfe von Kalk verschlackt werden muß. Während Schwerspat in der Regel nur ungern gesehen wird — eine Ausnahme bildet er vielleicht bei der Verhüttung oxydischer Kupfererze —, kann Flußspat von Vorteil sein, weil er als Flußmittel den Hüttenprozeß befördert.

Die Gang- bzw. Lagergesteine stellen Teile des Nebengesteins dar, welche auf die verschiedenste Weise in die Erzlagerstätte gelangt sein können und mehr oder weniger durch die Minerallösungen umgewandelt sind. So enthalten Hohlraumausfüllungen meist aus dem Hangenden stammende hereingebrochene Teile des Nebengesteins; durch das Meer gebildete Erzlager können fremde Gesteinsbruchstücke umschließen, die mit Sand und Schlamm durch Wassertätigkeit in die Erzmasse gelangt sind; durch Umwandlung von Kalken entstandene metasomatische Erzvorkommen enthalten oft Gesteinsbruchstücke, die nicht umgewandelte Reste des Kalkes darstellen; durch vulkanische Tätigkeit gebildete Erzvorkommen umschließen häufig durch das glutflüssige Magma vom Nebengestein abgebrochene und eingehüllte Gesteinsfragmente. Derartige Teile des Nebengesteins bezeichnet man bei den Gängen als Gangarten und bei allen übrigen Lagerstättengruppen als Lagerarten.

Eine besondere Stellung nimmt der Gangtonschiefer ein, welcher oft die Hauptmasse der Ausfüllung der in Schiefergebirgen auftretenden Erzgänge ausmacht. Die Gänge bestehen in diesem Falle in der Hauptsache aus zum Teil intensivst umgewandeltem Schiefertonmaterial des Nebengesteins; die verworren liegenden Schiefertonmassen werden größtenteils von Quetschlinsen gebildet und von einer Unmenge kleiner Mineralgänge durchzogen. Es kann aber andrerseits auch Tonschlamm in die Gangspalten eingeschlemmt worden sein, der dann im verhärteten Zustande, namentlich infolge der Einwirkung von Gebirgsdruck schieferähnlich wird und ebenfalls Gangtonschiefer darstellt.

Die Entstehung der Erzlagerstätten, ihre Form und ihre Eigenschaften.

Alle Forscher unterscheiden nach dem heutigen Stande der Erzlagerstättenlehre magmatische Ausscheidungen, Kontaktlagerstätten, Gänge, metasomatische Lagerstätten und Erzlager einschließlich der Seifen und Imprägnationszonen.

Magmatische Ausscheidungen (Fig. 7). Man versteht darunter Erzvorkommen, welche einer Spaltung des eruptiven Magmas, einer sogenannten Differentiation, ihr Dasein verdanken. Wie sich in einem Granitmagma — Granit besteht aus Quarz, Feldspat und Glimmer — in einzelnen Fällen größere Mengen von Quarz, Feldspat oder Glimmer ausscheiden können, so gibt es größere Aussonderungen von Erzen, z. B. Magneteisen und Magnetkies bei den Eruptivgesteinen, welche normalerweise die genannten Erze als akzessorische, d. h. untergeordnete Bestandteile führen.

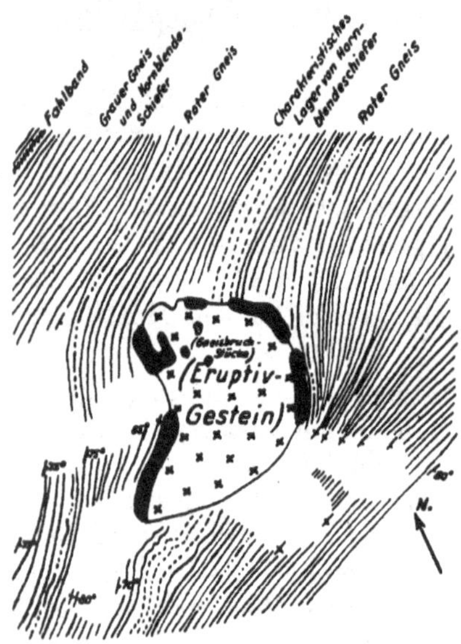

Fig. 7. Grundriß des Meinkjär Grubenfeldes (Bamle) (nach J. H. L. Vogt, Z. f. pr. Geol. 1893 S. 132). Der Norit stellt das Eruptivgestein dar, welches von Gneis und Hornblendeschiefer umgeben wird. Die Erzlagerstätten finden sich hier am Rande des Eruptivgesteins.

Während also normaler Weise die Erze fein und ziemlich regelmäßig verteilt in der Eruptivgesteinsmasse liegen, gibt es Ausnahmefälle, wo es zu einer größeren Anhäufung von Erzen an gewissen Stellen infolge der Spaltung des eruptiven Magmas kommt.

Die Erze der magmatischen Ausscheidungen sind in der Hauptsache zum Teil oxydisch, zum Teil sulfidisch; sie finden sich bald am Rande, bald in der Mitte des Eruptivgesteins.

Infolge ihrer Entstehung haben die Erzkörper eine unregelmäßige Form, und da es in der Regel hierbei keine Gesetzmäßigkeit gibt, ist der Bergingenieur gezwungen, die Erzlagerstätten nach allen Richtungen zu untersuchen, ehe eine Massenberechnung möglich ist. Häufig genug erweist sich ein an der Oberfläche ausgedehnter Erzkörper im Stollen oder beim Abbohren nur als eine wenig mächtige Schale. Man muß deshalb sehr vorsichtig bei der Feststellung des Erzvorrats vorgehen, ehe man die Größe des Unternehmens und damit das Anlagekapital bestimmt.

Aus der Entstehung geht außerdem hervor, daß die magmatischen Ausscheidungen nur innerhalb des Eruptivgesteins auftreten können. Die Erfahrung lehrt weiter, daß die magmatischen Ausscheidungen nur selten vereinzelt, meist dagegen in Schwärmen oder Gruppen auftreten.

In bezug auf die Erzmenge gibt es nur ganz vereinzelte Riesenvorkommen, wie beispielsweise die für Deutschland so wichtige Magneteisenerzlagerstätte von Kiruna in Lappland; Lagerstätten mittlerer Dimension sind zahlreicher, zu ihnen gehören die nickelhaltigen Magnetkiesvorkommen des Sudburydistriktes; die meisten magmatischen Ausscheidungen bestehen aber nur aus kleineren Erzkonzentrationen, die bei den gediegenen Metallen, wie z. B. Platin, derart minimal sind, daß bei den bisher bekannten nicht an einen Bergbau gedacht werden kann. Einige Erze haben die charakteristische Eigenschaft, ausschließlich als magmatische Ausscheidungen aufzutreten; zu ihnen gehören titanhaltiges Magneteisen, nickelhaltiger Magnetkies, Chromeisen und Platin.

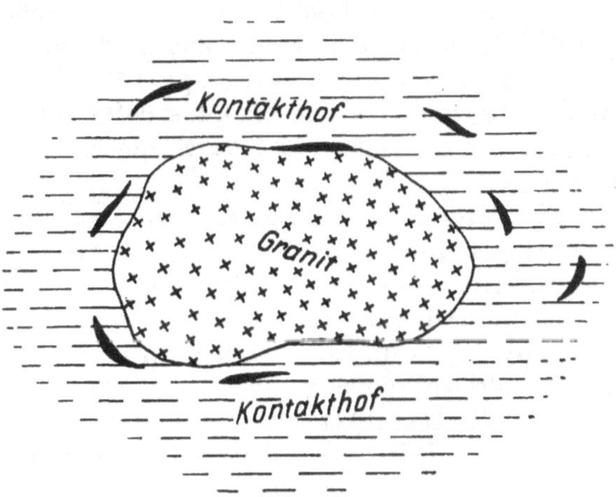

Fig. 8. Schematische Darstellung der Kontaktlagerstätten im Kontakthof eines Granites.

Kontaktlagerstätten (Fig. 8). Während man früher als Kontaktlagerstätten auch Erzvorkommen bezeichnete, die an der Grenze (Kontakt) zweier verschiedener Gesteine liegen, beschränkt die moderne Erzlagerstättenforschung den Namen auf solche Vorkommen, die ihre Entstehung den kontaktmetamorphen Einwirkungen eines eruptiven Magmas verdanken. Die Erzlagerstätten liegen entweder an der Grenze des Eruptivgesteins oder in mehr oder weniger großer Entfernung von ihm, aber stets innerhalb des Kontaktgürtels, d. h. der kontaktmetamorphen Einwirkungszone der Eruptivgesteine. Man bezeichnet sie im ersten Falle als unmittelbare, im letzteren als mittelbare Kontaktlagerstätten.

Die Vorkommen sind meist an Kalke gebunden, die durch die kontaktmetamorphe Einwirkung zu kristallenem Marmor umgewandelt wurden. Die auf den Lagerstätten auftretenden Erze werden von recht charakteristischen Mineralien begleitet (Granat, Epidot, hellgefärbte Pyroxene, Augite, Vesuvian usw.), die man als Kontaktmineralien bezeichnet.

Wenn auch die Kontakterze hauptsächlich an Kalk gebunden sind, so gibt es doch auch eine kontaktmetamorphe Einwirkung der

Eruptivgesteine auf Schiefer. Sie kennzeichnet sich vor allen Dingen durch das Auftreten von Andulasit und Chiastolith.

Die hauptsächlichsten kontaktmetamorphen Erze sind gediegene Metalle, oxydische und sulfidische Erze. Von gediegenem Metall findet man beispielsweise Gold. An oxydischen Erzen kommen die Eisenerze Roteisen, Eisenglanz, Magneteisen und die Manganerze Braunit, Hausmannit, an sulfidischen Bleiglanz, Schwefelkies, Zinkblende, Kupferkies usw. vor.

Die Form der Kontaktlagerstätte ist die einer Linse oder eines unregelmäßigen Erzstockes. Da in der Regel der Kalk nur unvollkommen metasomatisch verdrängt wurde, ist die Form meist unregelmäßig, und es ist notwendig den Erzkörper, sei es durch Treiben von Strecken oder durch Bohrungen nach allen Richtungen, zu durchfahren, ehe die Erzberechnung vorgenommen werden kann. Seltener finden sich kontaktmetamorphe Spaltenfüllungen, wenn derartige Hohlräume innerhalb des Kontakthofes während der Kontaktmetamorphose offen standen und durch die Kontaktminerallösungen gefüllt wurden.

Über die Größe der Lagerstätten ergeben sich folgende allgemeine Erfahrungssätze: Die gediegenen Metalle spielen bei den Kontaktlagerstätten keine wesentliche Rolle. Unter den oxydischen Erzanhäufungen sind nur Eisenerzvorkommen von größerer Ausdehnung (z. B. auf Elba) vorhanden. Die sulfidischen sind meist klein, indessen kommen vereinzelt riesenhafte Anhäufungen vor, wie z. B. die Bleizinklagerstätten von Broken Hill in Neu-Süd-Wales.

Gänge, Höhlenfüllung und metasomatische Lagerstätten: Unter Gängen versteht man Ausfüllungen von häufig zu Zügen oder Schwärmen angeordneten Spalten, die von mehr oder weniger bemerkenswerten Imprägnationszonen begleitet sein können (Fig. 9). Die Spalten haben Plattenform, sind also ziemlich regelmäßig. Zeigen die Hohlräume eine unregelmäßige Gestalt, so bezeichnet man die durch ihre Ausfüllung entstandenen Erzlagerstätten kurzweg als Höhlenfüllungen.

Metasomatisch (Fig. 10) nennt man diejenigen Erzvorkommen, bei denen durch Minerallösungen eine Verdrängung eines umwandelbaren Gesteins — in der Regel des Kalkes oder Dolomites — derart stattgefunden hat, daß ein winzig kleines Partikelchen, z. B. des Kalkes, aufgelöst wurde und an Stelle desselben ein Partikel Erz zur Ablagerung kam. Bei diesem Vorgang bildeten sich also keine größeren Hohlräume, die später mit Erz ausgefüllt wurden, sondern es fand eine ganz allmähliche Verdrängung des auflöslichen Gesteins statt, derart, daß häufig die Form des letzteren von dem Erz nachgeahmt wurde (Pseudomorphose).

Da die Minerallösungen auch hier meist in Spalten in der Erdrinde zirkulieren und die Ausfüllungen derartiger Spalten die Erzgänge darstellen, stehen die metasomatischen Lagerstätten in innigster Verbindung mit den Erzgängen.

Infolge der engen Beziehung zwischen Gängen und metasomatischen Lagerstätten empfiehlt es sich in der Praxis, beide Gruppen zusammenzufassen, denn in derselben Bruchzone können in nicht auflösbaren Gesteinen einfache Erzgänge, in Kalkkomplexen dagegen, welche mit den ersteren wechsellagern, metasomatische Lagerstätten auftreten.

Bei der Entstehung der Gänge und metasomatischen Lagerstätten bedarf die Herkunftsrichtung der Lösungen, welchen diese Vorkommen ihr Dasein verdanken, einer kurzen Schilderung.

Die Deszensionstheorie nimmt an, daß die Lösungen von oben eindrangen. Wo diese Theorie bei Gängen zutrifft, muß sie naturgemäß auch auf die mit diesen verbundenen metasomatischen Lager-

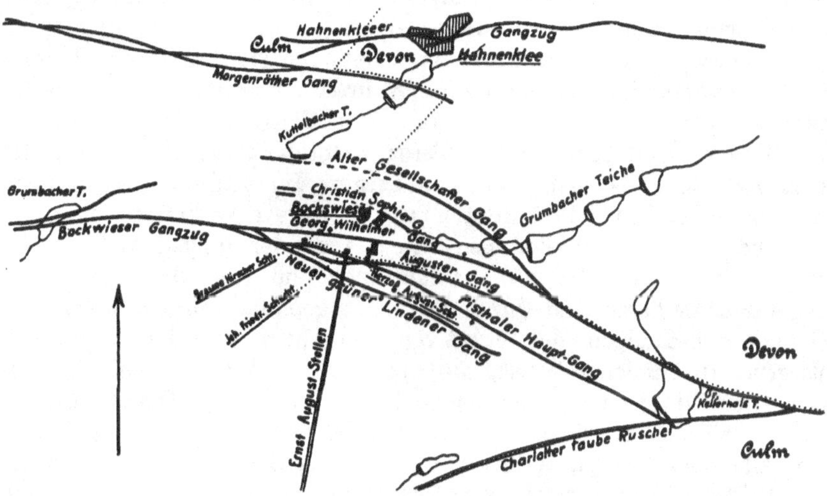

Fig. 9. Der Bockswieser Gangzug (Meier, Z. f. p. Geol. 1901, S. 195). Gangzüge bildende Spaltenfüllungen vom Oberharzer Plateau.

stätten ausgedehnt werden. Die Deszensionstheorie kommt nur bei solchen Gangfüllungen in Frage, bei denen keinerlei Beziehung zu einem Eruptivgestein nachzuweisen ist, die also mehr oder weniger Oberflächenbildungen darstellen.

Auf diese Weise entstanden z. B. kleine Eisenerzlagerstätten auf Kalkplateaus, welche meist nur geringe Tiefe im Kalk haben; dieser ragt dann in sie klippenförmig hinein. — Bekannt ist bei Goldseifen (goldhaltige Kiese und Sande), daß das liegende Gestein, dem die Goldseifen aufgelagert sind (sogen. Bedrock), häufig erheblich goldführend ist, der Gehalt stammt von kleinen, sich nach der Tiefe bald auskeilenden Gängchen und Spältchen, die von oben her infiltriertes Gold enthalten; es wurde aus der Seife durch das Wasser ausgelaugt.

Bei nachträglichen Verschiebungen des ursprünglichen Metallgehalts irgend einer Lagerstätte (sekundäre Teufenunterschiede S. 70) findet man häufig unter der eigentlichen Zementationszone (s. S. 73) gangförmig auftretende reichere Erze in den primären Erzkörpern, welche sich nach der Tiefe bald auskeilen; auch diese Gänge erhielten von oben her ihren Metallgehalt.

Die Aszensionstheorie. Das Material, welches Spalten ausfüllte und Imprägnationszonen oder metasomatische Lagerstätten erzeugte, stammt im Gegensatz zur Deszensionstheorie aus der Tiefe. Der aszendierende Vorgang ist nicht nur auf wässerige Lösungen beschränkt, sondern wird auch bei Gasen und Dämpfen und bei eruptivem Magma beobachtet.

Wird eine Erzlagerstätte vorzugsweise durch Gase und Dämpfe gebildet, welche einem eruptiven Magma entströmen, so nennt man das Vorkommen „pneumatolytisch“. Wird von einem eruptiven Magma aus glutflüssiges Erz in eine Spalte des Nebengesteins gepreßt, so liegt ebenfalls eine Gangbildung durch Aszension vor; man spricht von einem Injektionsgange.

Die Einwirkung von Gasen und Dämpfen (Pneumatolyse) kommt in der Hauptsache nur bei Zinn-, Wolfram-, Schwefel- und vielleicht auch Graphitvorkommen in Frage. Injektionsgänge kennt man nur bei Kiesen. Von bedeutend größerer Wichtigkeit für die Bildung der Erzgänge sind dagegen die wässerigen Lösungen. Sie können inniger oder loser mit dem Eruptivgestein verknüpft sein.

Die Quecksilbervorkommen, die Gänge der jungen Gold-Silbergruppe, diejenigen der alten Goldgruppe und viele der sulfidischen Blei-Silber-Zinkerze sind durch Lösungen gebildet worden, welche als Gefolgeerscheinungen des eruptiven Vorganges aus der Tiefe aufstiegen. In ähnlicher Weise, wie wir heute im Anschluß an den Ausbruch des Vesuvs neu entstandene kohlensäurehaltige Quellen finden, haben sich also in früherer Zeit häufig Schwermetalllösungen gebildet. Auf alle derartige Lagerstätten ist die Aszensionstheorie anwendbar.

Bei der Deszensions- und Aszensionstheorie gibt es folgende Etappen der Gangbildung:

1. Entstehung der Spalten,
2. Bildung der Minerallösung,
3. Zirkulation der Minerallösung auf der Spalte,
4. Ausscheidung der verschiedenen Gangmineralien aus den Lösungen.

Die Lateralsekretionstheorie. Ihr Wesen besteht darin, daß das Material, welches heute auf der nutzbaren Lagerstätte konzentriert ist, ursprünglich in feiner Verteilung, und zwar meist in Form von Silikaten im unmittelbaren Nebengestein enthalten war. Durch Auslaugungsprozesse wurde der Schwermetallgehalt den primären Vorkommen entzogen und auf Spalten wieder ausgefällt. Während man früher die Lateralsekretionstheorie häufig anwandte, ist man jetzt sehr vorsichtig und beschränkt sie nur auf ein einwandfreies Beispiel, nämlich die Entstehung der Garnierit- und Asbolangänge.

Garnierit ist ein Nickelerz und Asbolan ein Kobalterz. Nickel gehört zu denjenigen Elementen, welche an basische Eruptivgesteine geknüpft sind. Innerhalb dieser Gesteine bevorzugt es aber vor allen Dingen eine bestimmte Art derselben, nämlich die Peridotite und innerhalb dieser wieder ein Mineral, den Olivin. Diese höchste, durch magmatische Differentiation (Spaltung des Magmas) entstandene Konzentrierung des Nickelgehaltes ist aber bei weitem nicht so groß, daß eine Ausbeutung des Schwermetalls im primären Gestein lohnt.

An einigen besonders geeigneten Stellen dagegen hat durch den Einfluß der Oberflächenwässer eine Auslaugung des Nickel- und Kobaltgehaltes stattgefunden. Es entstanden nickel- oder kobalthaltige Lösungen, die ihren Schwermetallgehalt in den vorhandenen Spalten absetzten.

Hier stammt also die Spaltenfüllung aus dem unmittelbaren Nebengestein. Die Etappen der Erzlagerstättenbildung lassen sich also hier wie folgt feststellen:

1. Die Konzentration des Nickelgehaltes im basischen Eruptivgestein, und zwar vorzugsweise in den Peridotiten,
2. Die Konzentration des Nickelgehaltes der Peridotite in den Olivinen,
3. Die Bildung der Spalten,
4. Die Auslaugung des Nickelgehaltes der Olivine,
5. Der Absatz der wasserhaltenden Nickel-Magnesia-Silikate auf Spalten.

Bei den Gängen, welche von den verschiedensten Erzen ausgefüllt sein können, war die Ausscheidung der Mineralien in den verschiedenen Tiefen der Spalten, namentlich infolge des Schwankens des Druckes und der Temperatur häufig eine ungleiche. Man bezeichnet diese Verschiedenheiten als primäre Teufenunterschiede.

Welche Rolle diese Unterschiede bei den einzelnen Erzlagerstätten spielen, wird S. 70 erörtert.

Beachtenswert ist weiter das Wiederaufreißen der Gangspalten, durch welches sich zu verschiedenen Zeiten verschiedene Erze und Gangarten auf demselben Gange ausscheiden können. Bei diesem Vorgang finden häufig ausgedehnte Verdrängungs- (metasomatische) Prozesse statt, durch welche die ältere Gangfüllung durch jüngere Mineralien ersetzt wird (innere Gangmetasomatose).

Die Form der Gänge ist mehr oder weniger die einer Platte; es sind hierbei die einfachen von den zusammengesetzten zu unterscheiden.

Einfache Gänge stellen die Ausfüllung einer Spalte, also eines mehr oder weniger offen stehenden Hohlraumes dar.

Die zusammengesetzten Gänge sind im Gegensatz hierzu 1. dadurch entstanden, daß nach dem Aufreißen einer Spalte die Schichten im Hangenden hereinbrechen und auf diese Weise eine breite Störungszone entsteht, die im Liegenden häufig mit einer scharfen Grenze (Salband) gegen das Nebengestein[1]) abgegrenzt ist, während im Hangenden ein allmählicher Übergang in die ungestörten Schichten besteht.

---

[1]) Der Bergmann bezeichnet das nichtnutzbare Gestein, in welchem eine Erzlagerstätte auftritt, als Nebengestein (Fig. 6). Der Teil unter der Erzlagerstätte wird Liegendes, der Teil über ihr Hangendes genannt.

Die Minerallösungen haben die Hohlräume zwischen den Nebengesteinschollen ausgefüllt, und es wechseln deshalb mehr oder weniger mächtige Erztrümer (gangartige Erzmasse) mit Nebengesteinsbruchstücken oder größeren Schollen ab.

Eine zweite Gruppe zusammengesetzter Gänge in meinem Sinne besteht aus einem System wenig mächtiger Spalten, zwischen denen das Nebengestein mehr oder weniger mit Erzen imprägniert und durch Gangarten metasomatisch ersetzt worden ist. Es ist häufig zweifelhaft, ob derartige Störungszonen bei den metasomatischen Vorgängen durch Auseinanderzerrung oder Zusammenpressung der Gesteinsschichten entstanden sind. In allen Fällen sind es aber in der Hauptsache Mineralisierungszonen, bei denen die Spaltenausfüllung die geringere Rolle spielt. Die Hauptmasse der Erze gehört den Imprägnationszonen an, in welchen die metasomatischen Vorgänge häufig eine größere Rolle spielen. Das zwischen den Gangspalten liegende Nebengestein ist mitunter derartig vollkommen verquarzt, daß größere einheitliche Quarzkörper entstehen.

Die Mächtigkeit der einfachen Gänge, d. i. die senkrechte Entfernung der beiden Grenzen gegen das Nebengestein (die sogenannten Salbänder) beträgt meist nur bis 1 m. Bei den zusammengesetzten Gängen macht der allmähliche Übergang einer Imprägnationszone in das normale Gestein häufig bei der Angabe der Mächtigkeit Schwierigkeit; sie ist meist recht bedeutend und erreicht nicht selten bis 100 m.

Die Längsrichtung eines Ganges bezeichnet der Bergmann als Streichen. Es wird bestimmt durch den Winkel, den der Gang mit der Nord-Süd-Linie bildet. In der Regel weicht es von demjenigen der Nebengesteinsschichten nicht unwesentlich ab und man unterscheidet danach die Quergänge von den Lagergängen. Die ersteren durchsetzen die Gesteinsschichten unter mehr oder weniger großen Winkeln, während die letzteren mit dem Streichen der Gesteinsschichten im großen Ganzen übereinstimmen. Die größte Zahl der Gänge gehört zur erstgenannten Gruppe.

Über die streichende Erstreckung (Länge der Gänge) gibt es ebensowenig wie über die Fortsetzung nach der Tiefe eine Regel. Indessen kann als allgemein gültig angesehen werden, daß zu einer großen streichenden Erstreckung einer Gangspalte auch in der Regel eine größere Erstreckung in die Tiefe gehört.

Über das Alter der Erzgänge ist folgendes bemerkenswert. Wie ich bereits oben auseinandersetzte, kann die Ausfüllung, wie sie heute vorliegt, infolge des Wiederaufreißens der Gangspalten das verschiedenste Alter haben. Da außerdem die Zeit der Spaltenbildung und der ersten Gangfüllung von derjenigen der definitiven Füllung sehr verschieden sein kann, ist die häufig gestellte Frage nach dem Alter eines Erzganges nur mit der größten Vorsicht zu beantworten. In den meisten Fällen sind tektonische und chemisch geologische Vorgänge mehrerer geologischer Epochen an der Bildung des Erzganges beteiligt.

Die Gänge können Erze der verschiedensten Schwermetalle enthalten; sie sind in dieser Beziehung die abwechslungsreichste Lagerstättengruppe.

Metasomatische Lagerstätten sind nur möglich, wenn das Nebengestein leicht auflösbar ist; man findet sie deshalb meist in Kalken und Dolomiten.

Die Art der metasomatischen Erze: Wir finden nur selten gediegene Metalle, dagegen sowohl oxydische und karbonatische, als sulfidische Erze. Die Karbonate und Oxyde von Eisen und Mangan, ferner Bleiglanz, Zinkblende, Schwefelkies und Kupferkies usw. sind besonders bemerkenswert.

Die Form dieser Erzlagerstätten wird nach der Genesis meist eine unregelmäßige sein. In der Regel treten eine Fülle von kleineren und größeren Erzkörpern auf, welche scheinbar ganz gesetzlos in dem Kalk verteilt sind. Vor allen Dingen prägen sich zwei Gruppen von metasomatischen Lagerstätten durch ihre Form aus, nämlich die Eisen- und die Blei-Zinkerz-Vorkommen.

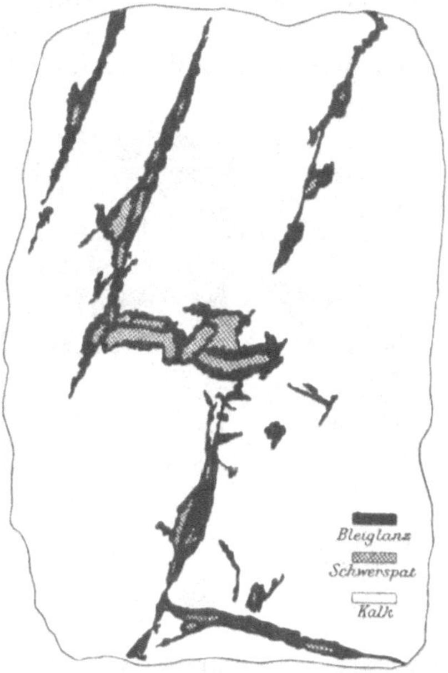

Fig. 10. Metasomatische Bleiglanzstätten von Bleiberg in Kärnten. Es ergeben sich zwei Richtungen, von denen eine den Kluft-, die zweite den Schichtflächen entspricht. Ortsbild vom Wettertürverhau am Friedrichstollen von Bleiberg in Kärnten (Hupfeld, Z. f. p. Geol. 1897, S. 240).

Bei den Eisenerzen sind die Kalke und Dolomite meist in ihrer ganzen Mächtigkeit verdrängt, so daß die metasomatischen Lagerstätten die Form der verdrängten Gesteinsschichten haben und erzlagerähnlich werden (Fig. 11). Bei den Blei-Zinkerz-Vorkommen dagegen handelt es sich um eine meist unvollkommene Verdrängung des Kalkes oder Dolomites von Spalten aus, die den Schicht- und Kluftflächen des Gesteins folgt (Fig. 10).

Bedeutendere Erzanhäufungen finden sich dann oft an der Kreuzung zweier Kluftsysteme oder an den Schnittlinien von Klüften mit Schichtflächen. Bilden Schiefer das Liegende von Kalken, so werden die Kreuzungsstellen der Spalten mit der Schiefer-Kalkgrenze bei der Erzbildung besonders bevorzugt (z. B. Blei-Zinkerz-Lagerstätte von Aachen), da undurchlässige Schiefer das Tiefersinken der Minerallösungen verhindern.

Für die Untersuchungen über die Verbreitung der Bleizinkerze sind deshalb zwei Momente besonders wichtig, nämlich die Feststellung der Verbreitung des Kalkes und die Festlegung der Störungszonen.

Erzlager: Sie stellen durch ihren größeren Erzgehalt charakterisierte Schichten in der Erdrinde dar und gehorchen deshalb den gleichen Gesetzen, wie irgend eine Gestèinsschicht (Fig. 11 von Kamsdorf mit dem dort angegebenen Kupferschieferlager). Wie diese sind sie entweder durch chemische Ausscheidung oder mechanischen Absatz entstanden. Durch chemische Ausscheidung kann sich beispielsweise ein Eisenoxydulkarbonat(Spateisen-)lager bilden. Auf mechanische Weise entsteht dagegen ein Eisenerzlager, wenn ältere eisenerzhaltige Gesteinsschichten durch die Atmosphärilien zerstört, von den

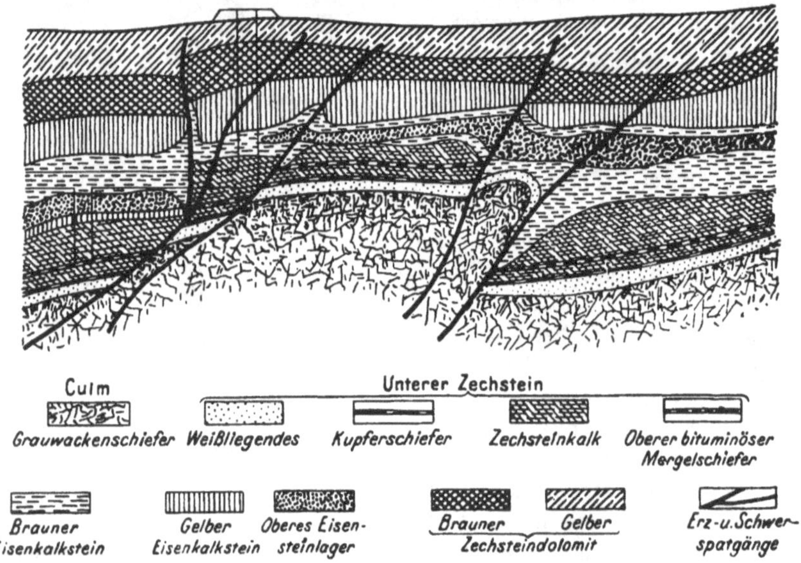

Fig. 11. Metasomatische Eisenerzlagerstätten von Kamsdorf; Umwandlung des Zechsteinkalkes von Spalten aus; durch fast vollkommene Umwandlung der Schichten lagerähnlich (nach Beyschlag).

Flüssen in das Meer transportiert und hier als neue Gesteinsschichten abgelagert werden, die dann aus Erzbruchstücken mit irgend einem Bindemittel bestehen.

Eine wichtige Rolle spielen heute die oolithischen Eisenerzlager. Sie bestehen aus einzelnen Körnern, die sich durch den konzentrisch-schaligen, meist um ein Zentrum gruppierten Aufbau auszeichnen. In der Mitte findet man gewöhnlich ein Quarzkörnchen oder einen kleinen Kristall. Ein derartiger Aufbau setzt also voraus, daß die Erzbildung im bewegten Wasser stattfand, denn die Zentren können nicht den Boden berührt haben, sonst wäre ein konzentrisch-schaliger Aufbau unmöglich. Haben die einzelnen Kügelchen geringe Dimensionen und sind sie verkittet, so bezeichnet man sie als Minetten. Sie haben meist mesozoisches Alter (siehe den Abschnitt über den Aufbau der Erdrinde S. 83). In der Tertiärformation (siehe Formationstabelle S. 86) gibt es häufiger größere, noch lose in Ton eingebettete Erzkugeln mit konzentrisch schaligem Aufbau, die man Bohnerze nennt.

Besteht ein Erz, welches, wie oben kurz geschildert, auf mechanischem Wege gebildet wurde, aus Fragmenten älterer Schichten, so nennt man es ein Trümmererzlager.

Inhalt der Erzlager. Am häufigsten sind Eisen- und Manganerze, während Kupfererze, Schwefelkies, Golderze, Antimon-, Blei- und Zinkerze zurücktreten.

Die Lager bieten, ähnlich wie die einfachen Gänge, in bezug auf die Form wenig Schwierigkeiten. Während die Gänge Höhlenfüllungen darstellen, welche in der Regel das Nebengestein unter beliebigen Winkeln durchsetzen, ist das Lager konkordant den Gesteinsschichten eingeschaltet und bei normaler Lagerung jünger als das Liegende und älter als das Hangende. Es hat im allgemeinen eine flachlinsenförmige Gestalt, d. h. es spitzt sich nach allen Richtungen allmählich zu (sogenanntes Auskeilen).

Wenn ein Gang zufälligerweise im Streichen und Fallen mit dem Nebengestein übereinstimmt, d. h. einen Lagergang darstellt, so ähnelt er einem Erzlager. Er unterscheidet sich aber von ihm im Altersverhältnis zum Liegenden und Hangenden, denn als Spaltenfüllung ist er jünger als beide, während das Lager älter als das Hangende ist.

Über die Ausdehnung der Erzlager gibt es kein allgemein giltiges Gesetz. Man kennt riesenhafte Vorkommen, welche sich über größere Verwaltungsbezirke erstrecken und andererseits solche, die man als Nester bezeichnet. Der Vorteil des ursprünglich horizontal abgelagerten, aber später häufig aufgerichteten Lagers ist unstreitig der, daß man auf größere Ausdehnung im Streichen und Fallen rechnen kann. Auch in der Zusammensetzung wechseln sie bei weitem nicht so schnell, wie die übrigen Lagerstättengruppen. Die Folge davon ist, daß Erzlager verhältnismäßig leicht zu beurteilen sind, und die Vorratsberechnungen gewöhnlich keine größeren Schwierigkeiten bieten, häufig sogar lediglich auf Grund von Tiefbohraufschlüssen ausgeführt werden können.

Die Seifen. In genetischer Beziehung gehören sie zu den Erzlagern, und zwar zu den Trümmerlagerstätten, von denen sie einen speziellen Fall darstellen. Sie haben stets junges, höchstens tertiäres Alter und bilden meist lose Massen. Von einer gewöhnlichen Sand-, Kies-usw.-Schicht unterscheiden sie sich nur durch den nutzbaren Metallgehalt, der wegen der häufig geringen Ausbeutungsunkosten in den meisten Fällen recht niedrig sein kann.

Man unterscheidet eluviale, fluviatile, marine und glaziale Seifen. Alle entstanden infolge der Zertrümmerung einer primären Lagerstätte durch die Atmosphärilien. Die eluvialen Seifen sind solche, bei denen nach der Zertrümmerung des Gesteins in regenarmen Gebieten nach und nach die leichteren, nicht nutzbaren Bestandteile durch gelegentliche Niederschläge forttransportiert wurden, so daß die schwereren Erze sich an Ort und Stelle allmählich zu einer nutzbaren Lagerstätte konzentrierten. Man kann diesen Vorgang z. B. bei Chromerz, Eisenerz und Zinnerz beobachten.

Bei der Bildung der fluviatilen und marinen Seifen bemächtigt sich das Wasser der Zertrümmerungsprodukte der primären Lagerstätte derart, daß es das ganze Material die Berggehänge abwärts in die Flußläufe bzw. das Meer transportiert. Das Wasser trennt die einzelnen Bestandteile nach dem spez. Gew., und es bilden sich auf diese Weise infolge der natürlichen Trennung je nach der Stromgeschwindigkeit Geröll-, Sand-, Lehm- oder Tonschichten, welche infolge ihres Gehaltes an nutzbaren Mineralien abbauwürdig sein können. Wird diese

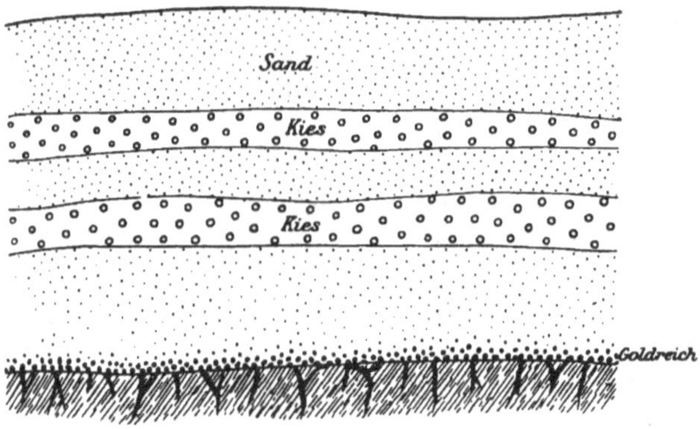

Fig. 12. Schematisches Profil einer Goldseife.
Goldgehalt am Liegenden am reichsten; hier kleine Goldgängchen im anstehenden Gestein.

Aufbereitung nur durch die Flüsse vorgenommen, so spricht man von fluviatilen Seifen. Gelangen sie aber schließlich im Meer zur Ablagerung, so nennt man die Trümmerlagerstätte eine marine.

Die fluviatilen Seifen unterscheidet man nach dem geologischen Alter in alluviale, diluviale oder tertiäre (s. S. 86). Sie erstrecken sich stets entlang den Flußläufen. Während die alluvialen im Niveau des heutigen Wasserspiegels auftreten, können die diluvialen oder tertiären als Produkte der Ablagerung eines früheren Stadiums des Taleinschnittes hoch über dem heutigen Wasserspiegel und deshalb trocken liegen.

Glaziale Seifen entstehen durch die Tätigkeit eines Gletschers oder seiner Schmelzwasser. Die Einwirkung eines Gletschers auf die Gesteinsunterlage ist sehr energisch. Geht er über nutzbare Lagerstätten hinweg, so bricht er Trümmer von ihnen ab, die er zunächst in die an seiner Basis befindliche Grundmoräne einknetet. Aber auch seine Schmelzwasser können Anhäufungen derartiger Erztrümmer erzeugen. In beiden Fällen spricht man von glazialen Seifen.

Wir kennen sie goldführend im Klondikedistrikt an der Grenze von Alaska und Canada und zinnführend am Mount Bischoff in Tasmanien.

Bei allen Seifen kann man im Querprofil eine Wechsellagerung vieler, durch das Material oder durch die Korngröße unterschiedener Schichten feststellen. Nicht alle brauchen einen bauwürdigen Metallgehalt zu haben. Es kommt häufig vor, daß die unterste, also unmittelbar auf dem anstehenden festen Gestein liegende, häufig wenig mächtige Schicht am reichsten ist, während eine bis mehrere Meter mächtige Decke so gut wie kein Edelmetall enthält.

Es ist auch nicht notwendig, daß die Seifen durchweg aus losen Massen bestehen. Man findet vielmehr mitunter eine Verkittung der verschiedenen Bestandteile durch ein Bindemittel, welches seine Entstehung der Zirkulation der Tagewässer, d. h. also schwachen Minerallösungen verdankt. Wie die Seifen, welche heute praktisch nur bei Gold, Platin, Zinn und Chrom eine Rolle spielen, im einzelnen zusammengesetzt sind, ergibt sich aus dem betreffenden Abschnitt des speziellen Teiles.

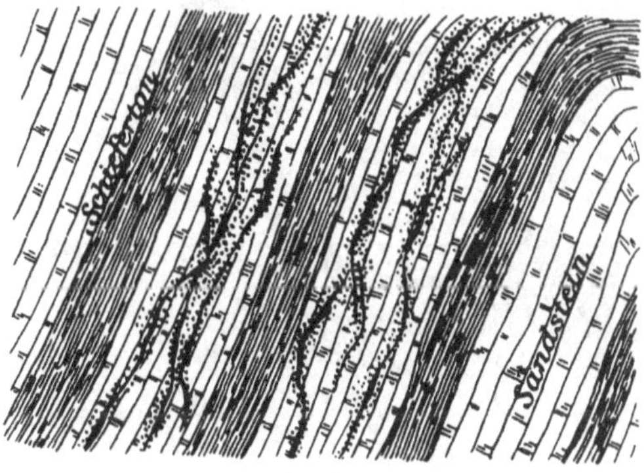

Fig. 13. Kupferimprägnationszonen (Malachit) an Gängen in miozänen (?) Sandsteinen des Kupfererzgebietes von Los Arcos und Mues in Nordspanien (nach Beyschlag, Krusch, Vogt, Erzlagerstättenlehre Bd. I, S. 44).

Imprägnationszonen. Die Natur der Imprägnationszone ist nicht immer leicht festzustellen. Man bezeichnet damit die Lagerstätte, die einem Erzlager sehr ähnlich ist und im allgemeinen aus einer Gesteinsschicht besteht, in welcher sich größere oder kleinere Nester eines Erzes befinden.

Zum Teil kann bei derartigen Lagerstätten das Erz gleichaltrig mit dem Gesteinsmaterial sein. Wenn sich z. B. ein Tonschlamm auf dem Boden des Meeres oder eines Sees verfestigt und in ziemlich gleichmäßiger Verteilung eine Lösung eines Schwermetalls enthält, so kann eine Konzentration gewisser Erze an geeigneten Stellen stattfinden und dadurch eine Schicht gebildet werden, welche mit einer Imprägnationszone große Ähnlichkeit hat.

In bei weitem den meisten Fällen ist aber die Erzzufuhr eine jüngere, d. h. eine bereits verfestigte Gesteinsschicht wird von einer Schwermetalllösung durchtränkt, so daß sich jüngere Erznester in dem Gestein bilden (Fig. 13).

Diese Einteilung der Erzlagerstätten in magmatische Ausscheidungen, Kontaktlagerstätten, Gänge, metasomatische Vorkommen und Erzlager zeigt, daß die Verknüpfung der Erzvorkommen mit den Eruptivgesteinen eine mehr oder weniger enge ist, und daß sich alle Vorkommen zu einer Reihe gruppieren lassen, an derem einen Ende die Lagerstätten mit den engsten eruptiven Beziehungen stehen (magmatische Ausscheidungen), während das andere Ende von solchen Vorkommen gebildet wird, die keinerlei Beziehung zu Eruptivgesteinen zeigen (Erzlager).

Die primären und sekundären Teufenunterschiede, und ihre berg- und volkswirtschaftliche Bedeutung.

Die primären Teufenunterschiede stellen Änderungen in der Ausfüllung der Lagerstätten dar, welche sich ursprünglich — also bei der ersten Entstehung des Vorkommens — bildeten; sie beziehen sich sowohl auf die Erze als auf die Gangarten und hängen mit der vertikalen Tiefe zusammen. Da als Ursache der Verschiedenheit dieser Ausfüllung die Schwankungen der Temperatur und des Druckes in Frage kommen, können sie nur bei solchen Lagerstätten vorkommen, die bei ihrer Bildung eine bedeutendere Tiefenerstreckung hatten.

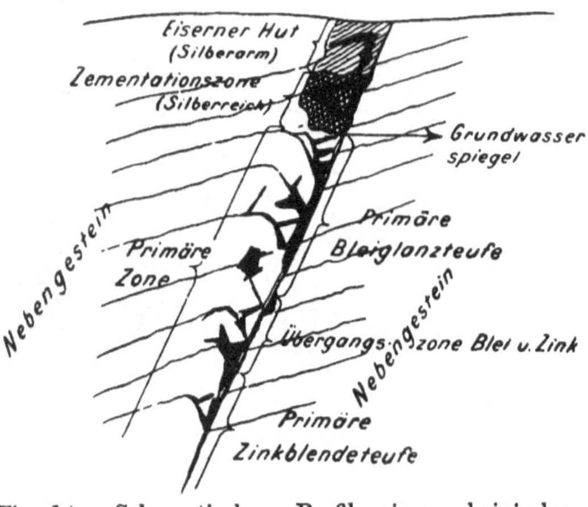

Fig. 14. Schematisches Profil eines rheinischen Erzganges, den Übergang der Bleiglanzzone in die Zinkblendezone zeigend.

Der Vorgang läßt sich am besten in folgender Weise erklären: Eine Minerallösung oder ein Silikatschmelzfluß enthält die verschiedensten chemischen Verbindungen. Hat der Hohlraum, der mit der Lösung gefüllt ist, eine größere Erstreckung in die Tiefe, so stehen in Anbetracht dessen, daß Temperatur und Druck nach der Tiefe zunehmen, die Teile der Lösung, die sich in größerer Tiefe befinden, unter höherer Temperatur und größerem Druck als diejenigen in den oberen Partien des Hohlraumes. Infolgedessen ist das Sättigungsverhältnis in den verschiedenen Höhen an den verschiedenen Verbindungen ein sehr wechselndes. So wird sich beispielsweise kohlensaurer Kalk, der nur mit Hilfe von freier Kohlensäure in erheblicher Menge gelöst wird, nicht in der Tiefe, wo viel Kohlensäure vorhanden ist, abscheiden, sondern erst in höheren Regionen, wo ein erheblicher Teil der Kohlensäure wegen des geringeren Druckes entweichen kann.

Von den Schwermetallen werden sich die leicht löslichen, z. B. Quecksilber, nicht in bedeutenden Tiefen absetzen, sondern erst in der Nähe der Tagesoberfläche.

Ich will hier nur folgende Beispiele anführen.

Die Cornwaller Zinnstein-Kupfererzgänge führen in den oberen Teufen — mit hauptsächlich Schiefer als Nebengestein — Kupfererze, in größerer Tiefe innerhalb des Granits Zinnerze.

In der Gegend von Seifen im erzgebirgischen Gneisgebiet gehen viele Zinnerzgänge nach der Tiefe in silberhaltige Kupfererzgänge über.

Im Clausthaler Ganggebiet nimmt nach der Tiefe die Zinkblende auf Kosten des in den oberen Teufen vorherrschenden Bleiglanzes zu. Die Grenze beider Gangteufen ist nicht scharf. Das eine Erz verdrängt vielmehr ganz allmählich das andere.

Eine ähnliche Erfahrung macht man auf den Gängen des rheinischen Schiefergebirges. Während auch dort die meisten Gruben in früherer Zeit hauptsächlich Bleierze und nur wenig Zinkblende förderten, hat sich das Verhältnis mit der Vertiefung der Gruben zugunsten des letztgenannten Erzes auffällig verschoben. Bei einigen Gruben desselben Distriktes wird die Zinkblende in noch größerer Tiefe durch Spateisenstein abgelöst.

Die Spateisensteingänge des Siegerlandes führen zum Teil in größerer Menge Schwermetallsulfide, und zwar hauptsächlich Bleiglanz, Zinkblende und Kupferkies. Diese Erze sind vorzugsweise an die oberen Teufen gebunden, während sich in der Tiefe reinerer Spateisenstein einstellt.

Im Freiberger Gangrevier beobachtet man bei einzelnen Gängen einen sogenannten zinnernen Hut, d. h. die oberste Teufe hat einen auffallenden Zinngehalt, der nach der Tiefe zu aufhört.

Die für Deutschlands Schwefelkiesversorgung wichtigen Rio-Tinto-Lagerstätten Süd-Spaniens zeigen auch unterhalb der Einwirkungszone der Atmosphärilien eine langsame Abnahme des Kupfergehaltes.

Die primären Teufenunterschiede machen sich aber nicht nur bei den Erzen, sondern auch bei den Gangarten geltend. So findet man auf einigen Gangdistrikten in den oberen Teufen Kalkspat, in größerer Tiefe dagegen Quarz.

In vielen Fällen geht die Erzführung der Spalten, welche in oberen Teufen vorhanden ist, in größerer Tiefe lediglich in Gangart über. So werden die Kamsdorfer Kupfer- und Kobalterzgänge regelmäßig erzarm, sobald sie in der Tiefe aus der Zechsteinformation in ältere Gesteine eintreten.

Nicht jede Veränderung der Gangausfüllung nach der Tiefe darf als ein primärer Teufenunterschied aufgefaßt werden. Wenn eine mit Erzen ausgefüllte Gangspalte in späterer Zeit wieder aufreißt und neue Minerallösungen eindringen, kann die alte Ausfüllung zum Teil verdrängt werden. So gehen beispielsweise einzelne Spateisensteine des Siegerlandes in der Tiefe in Quarzgänge über. Hier handelt es sich aber nicht um einen primären Teufenunterschied, sondern um eine nachträgliche Verdrängung von Spateisen durch Quarz.

Echte primäre Teufenunterschiede lassen sich nicht nur bei Erzgängen, sondern auch bei magmatischen Ausscheidungen beobachten, sobald diese eine größere Erstreckung in die Tiefe haben. Diese Erscheinungen beruhen auf der Tatsache, daß Silikatschmelzflüsse nichts anderes darstellen als glutflüssige Auflösungen verschiedener Verbindungen ineinander, die denselben Gesetzen gehorchen wie wässerige Lösungen. Bei derartigen magmatischen Ausscheidungen findet man beispielsweise in oberen Teufen Kupfererze, während in größeren Tiefen Schwefelkies vorkommt.

Die Veränderungen der Ausfüllung, welche auf primären Teufenunterschieden beruhen, sind deshalb von größerer wirtschaftlicher Bedeutung, weil jeder Wechsel der Erzführung in der Tiefe eine Änderung des Reingewinns bedeutet.

Wenn wir auch eine größere Anzahl von Beispielen für primäre Teufenunterschiede kennen, so sind unsere Erfahrungen im großen und ganzen deshalb gering, weil die Tiefen, die unsere Erzgruben erreicht haben, im allgemeinen beschränkte sind. Tiefen von $1^1/_4$ bis $1^1/_2$ km unter der jetzigen Oberfläche sind nur in ganz seltenen Fällen erreicht worden, denn bei weitem die meisten Aufschlüsse auf Erzgängen gehen nur bis zu Tiefen von höchstens 1 km, die in geologischer Beziehung nicht als bedeutende zu bezeichnen sind.

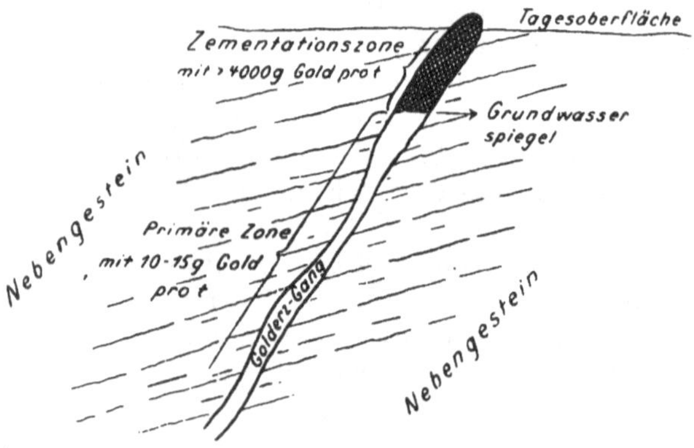

Fig. 15. Schematische Darstellung eines Golderzganges in Deutsch-Ost-Afrika auf dem Irambaplateau, die sekundären Teufenunterschiede zeigend.

Sekundäre Teufenunterschiede. Es sind von dem ersten Entstehungsvorgang unabhängige, durch nachträgliche Umbildung der Lagerstättensubstanz bewirkte Verschiedenheiten der Erze in den Zonen in der Nähe der Erdoberfläche. Sie beruhen auf der chemischen Umbildung des Ausgehenden der Erzlagerstätte in der Oxydations- und Zementationszone (Fig. 15).

Wo eine Lagerstätte beliebiger Entstehung an die Tagesoberfläche kommt, wird sie von den Verwitterungsvorgängen, die allenthalben an der Erdoberfläche tätig sind, ergriffen und umgewandelt. Namentlich der Sauerstoff- und der Kohlensäuregehalt der Luft und des meteorischen Wassers, welches außerdem noch Salze und Säuren enthält, bilden wirksame Zersetzungsmittel. — Wir können in dieser Beziehung fast unzersetzbare Erze von weniger widerstandsfähigen unterscheiden. So sind Magneteisen, Eisenglanz, Zinnstein usw. sehr widerstandsfähig. Andere dagegen und zwar namentlich die geschwefelten Erze der Schwermetalle und der Spateisenstein verwittern dagegen leicht. Gerade die Umbildungen der letztgenannten Verbindungen sind auf den Lagerstätten am bemerkenswertesten.

Die durch die Atmosphärilien erzeugte obere Zersetzungszone bezeichnet der Lagerstättenforscher als die Oxydationszone und der Bergmann bei uns als den eisernen Hut. In ihr findet vor allen Dingen eine Auslaugung der ursprünglichen Bestandteile statt. Eine Anreicherung erfährt bei diesem Prozeß in der Regel nur der primäre Eisengehalt, da die Verbindungen des Eisens meist nicht weit transportierbar sind und deshalb eine relative Anhäufung erfahren. Von dem Eisenreichtum der obersten Zone stammt der Name „eiserner Hut".

In den meisten Fällen erstreckt sich aber die Einwirkung der Atmosphärilien in noch größere Tiefen. Sie wird dann dadurch bewirkt, daß die hinunter sickernden Lösungen einen oben ausgelaugten Metallgehalt in größerer Tiefe wieder absetzen. Man findet deshalb häufig unter der Auslaugungszone eine Metallanreicherungszone, die als Zementationszone bezeichnet wird.

Die Tiefe der Einwirkung der Atmosphärilien hängt nicht nur von der bald größeren, bald geringeren chemischen Widerstandsfähigkeit der Erzlagerstätte, sondern auch erheblich von der Orographie des Gebietes und vor allen Dingen von dem Klima und der Tiefe des Grundwassers ab. Oberhalb des Grundwasserspiegels findet ein andauernder Verkehr von Luft und atmosphärischem Wasser statt, so daß hier die Verwitterung am stärksten ist.

Die Produkte der Lagerstättenverwitterung brauchen nicht immer und überall erhalten zu sein, da die allgemeine Abtragung der orographisch höheren Gebiete der Erdoberfläche beständig nivellierend einwirkt. Überwiegen die Wirkungen der Abtragung diejenigen der zersetzenden Tätigkeit, so werden die Verwitterungsprodukte sofort zerstört und das Erzvorkommen tritt in seiner primären unveränderten Gestalt an die Tagesoberfläche. Wirkt die Abtragung dagegen langsamer als die Verwitterung, so ist jedenfalls bei allen relativ leicht angreifbaren Lagerstätten eine größere Ganghöhe zu einer Oxydations- bzw. Zementationszone umgebildet. Auf der skandinavischen Halbinsel haben die Magneteisen- und Eisenglanzvorkommen nur eine Verwitterungsrinde von Zoll- oder Meterstärke, da während der diluvialen Eiszeit die Oberfläche vom Inlandeise abgeschliffen wurde.

Im Gegensatz hierzu zeigen die Kiesvorkommen von Südspanien einen eisernen Hut, der bis 40 m unter die Oberfläche niedersetzt; unter ihm folgt eine erheblichere Zementationszone. Im Siegerlande zeigen die Spateisengänge Zersetzungserscheinungen bis zu mehreren hundert Meter Tiefe. Noch viel bedeutendere Umlagerungen findet man in den Kupfererzdistrikten von Butte in Montana, Chile, Arizona usw.

Die wirtschaftliche Bedeutung des Erkennens der Zementationszone geht aus folgendem Beispiel hervor:

Auf den Golderzlagerstätten zeigt sich das Edelmetall in der Oxydationszone zum größten Teil ausgelaugt. Es wurde von den atmosphärischen Wässern in größere Tiefen geführt, wo es unter der Oxydationszone eine Zementationszone bildete, die sich durch bedeutenden Goldgehalt auszeichnet. Hier kann in einer beschränkten Lagerstättenhöhe eine Edelmetallmenge konzentriert worden sein, die ursprünglich in Hunderten von Metern — mehr oder weniger unregelmäßig verteilt — enthalten war. Der Goldgehalt der Oxydationszone kann beispielsweise wenige Gramm pro Tonne betragen, derjenige der Zementationszone dagegen über 4000 g, während die unter der Zementationszone folgende primäre Zone d. i. also der ursprüngliche, nur 10—15 g führt.

In vielen Fällen ist bei Goldlagerstätten die Oxydationszone zerstört, so daß, wie z. B. in Deutsch-Ostafrika die außergewöhnlich reiche Zementationszone zutage ansteht. Der Prospektor oder der Bergmann findet dann zunächst und mit leichter Mühe die abnorm reichen Erze. Wenn er nicht erkennt, daß es sich um die Zementationszone handelt die stets nur bis zu einer beschränkten Tiefe reicht, glaubt er zu dem Schluß berechtigt zu sein daß sich der abnorme Goldreichtum bis zu einer bedeutenden Tiefe erstreckt. Dieser Trugschluß war die Ursache zahlreicher Übergründungen von Goldlagerstätten, man kann wohl sagen, daß das Nichterkennen der Zementationszone ganze Goldgangdistrikte in Mißkredit gebracht hat.

Ähnliche Verhältnisse finden wir bei silberhaltigen Bleierzlagerstätten. Ein normaler deutscher Bleiglanz hat im primären Zustande einen Silbergehalt zwischen 100 bis ca. 600 g. Bei der Einwirkung der Atmosphärilien wird namentlich der Silbergehalt beeinflußt und in der unter dem eisernen Hut folgenden Zementationszone konzentriert. Hier findet man die reichen Silbererze mit einem Edelmetallgehalt von vielen kg pro t, welche beispielsweise im Mittelalter den Ruf einzelner deutscher Silber-Gangdistrikte begründeten. Der Bergmann rechnete damals auf das Anhalten dieser Silbererzführung bis zu bedeutender Tiefe, fand aber zu seiner Überraschung, daß mit dem Eintritt der Wasserschwierigkeiten der Silbergehalt plötzlich abnahm. In den Grubenakten findet man dann regelmäßig, daß der Bergbau infolge der Wasserschwierigkeit eingestellt wurde. In Wirklichkeit handelte es sich aber vor allen Dingen um das Aufhören der Zementationszone am Grundwasserspiegel. Die abnorm reichen Silbererze wurden hier von normalem Bleiglanz mit seinem verhältnismäßig geringeren Edelmetallgehalt abgelöst.

Ein drittes wichtiges Beispiel bieten die meisten Kupfererzlagerstätten. Kupfer bildet leichtlösliche Verbindungen. Infolgedessen ist die Oxydationszone von zutage ausgehenden Kupfererzlagerstätten häufig durch den Einfluß der Atmosphärilien fast vollständig entkupfert, so daß man — da hierbei Eisen konzentriert wurde — eine Eisenerzlagerstätte vor sich zu haben glaubt. Unter dem eisernen Hut folgt aber häufig eine Kupfererzzone, die in reichlicher Menge Kupferglanz, Buntkupfererz und Fahlerz führt.

Der durchschnittliche Kupfergehalt kann dann 16 und mehr Prozent betragen.

Da aber die genannten Erze typisch für die Zementationszone sind, ist es nicht gestattet, diesen Kupfergehalt auf große Teufen zu übertragen, sondern man muß damit rechnen, daß spätestens am Grundwasserspiegel die primären Erze folgen, welche auch auf reicheren Lagerstätten in der Regel nur einen Kupfergehalt bis höchstens 3% haben.

Aus diesem Beispiel dürfte die Bedeutung der sekundären Teufenunterschiede für den Berg- oder Finanzmann deutlich hervorgehen.

Es ist unmöglich, ein Erzvorkommen richtig zu beurteilen, ohne die charakteristische Eigenschaft der Oxydations- und Zementationszone zu erkennen.

Die Störungen der Erzlagerstätte.

Da die Erzlagerstätten nur in den seltensten Fällen in ihrer ursprünglichen Lage und Form vorkommen, muß auf ihre Störungen hier mit wenigen Worten eingegangen werden.

Es kommen hauptsächlich in Frage die Faltung, die Überschiebung, die Spaltenverwerfung, die vertikale Verschiebung, die horizontale Verschiebung und die Gangablenkung.

Die Faltung. Sie entsteht durch einen horizontalen Schub, der die Schichten zu Sätteln und Mulden umformt, die im Profil bald sanft gerundet, bald bei höherer Faltungsintensität zickzackförmig sind (Fig. 16).

Fig. 16.

Fig. 17.

Fig. 18.

Die Überschiebung. Geht der Faltungsprozeß weiter, so kann durch äußerste Überkippung der Mittelschenkel ausgequetscht werden (Fig. 17). Es wird dann der hangende Gebirgsteil auf den liegenden überschoben, so daß ältere Schichten auf jüngere zu liegen kommen.

Derartige Überschiebungen brauchen aber nicht als letztes Faltungsergebnis aufzutreten, sondern sie können bereits während des Faltungsprozesses entstehen; sie treten dann namentlich auf der Druckseite auf.

Der Aufbau der Überschiebungsfläche oder Zone ist dadurch charakterisiert, daß fast nie eine einfache Spalte vorliegt, sondern meist eine mehr oder weniger mächtige Störungszone, die mehrere 100 m erreichen kann und gewöhnlich einer intensivst gefalteten, verquetschten oder verruschelten Zone entspricht, die sich im allgemeinen im Gegensatz zu den Verwerfungen (siehe unten) als wasserabschließend erweist.

Die Spaltenverwerfungen (Fig. 18). Im Hangenden einer Spalte sinkt der Schichtenkomplex — der Schwerkraft folgend — in die

Tiefe, häufig mit einer Umbiegung in der Fallrichtung am Verwerfer (sogenannte Schleppung). Die Form der Verwerfung, die den abgesunkenen Gebirgsteil von dem stehen gebliebenen trennt, ist in der Regel die einer Spalte, welche in der verschiedensten Weise gefüllt sein kann und ev. einen Erzgang darstellt. Es ist also in der Regel ein wesentlicher Unterschied zwischen der Zusammensetzung der Verwerfung und derjenigen einer Überschiebung.

Im ganzen bietet die Verwerfung das Bild eines von einem Riß durchsetzten gespannten Tuches, welches auf der einen Seite des Risses beschwert wurde. Da, wo sich der abgesunkene Teil von dem stehengebliebenen trennt, findet man im Gestein häufig Querbrüche, sie sind aber nicht unbedingt notwendig. Der Verwerfer ist jünger als die Schichten und älter als die Schichtenbewegung.

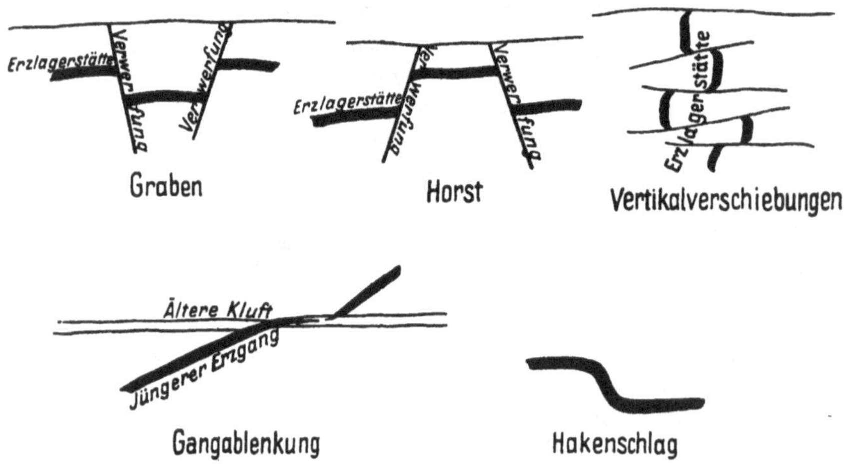

Fig. 19.

Fallen zwei Verwerfungen aufeinander zu, so ist der zwischen ihnen liegende Gebirgskeil eingesunken, d. i. ein Graben (Fig. 19). Fallen dagegen die Verwerfungen voneinander ab, so entsteht ein Horst (Fig. 19), zu dessen beiden Seiten das Gebirge abgesunken ist.

Vertikale Verschiebungen. Sie beruhen auf meist flach einfallenden, d. h. annähernd horizontal liegenden Klüften, welche steilstehendere Erzlagerstätten in der Richtung des Einfallens, also nach der Tiefe zu zerstückeln. Die Störungen werden in manchen Distrikten als Deckelklüfte bezeichnet. Der Störungsvorgang ist so zu erklären, daß die Lagerstätten durch einen in der horizontalen Richtung wirkenden Druck an den flach einfallenden Klüften in einzelne gegeneinander verschobene Stücke zerlegt wurden (Fig. 19). Meist sind die Enden der Erzlagerstättenteile in der Bewegungsrichtung umgebogen.

Horizontale Seitenverschiebungen. Sie beeinflußen die Erzvorkommen in der Streichrichtung und entstehen dadurch, daß eine von Klüften durchsetzte Erzlagerstätte durch einen Horizontaldruck derart beeinflußt wird, daß die einzelnen Stücke je nach dem Widerstand, den sie bieten, verschieden weit fortgeschoben werden. Die Störungsform hat also im Horizontalschnitt viel Ähnlichkeit mit der Querverwerfung. Während aber die Verschiebungsrichtung bei dieser eine gesetzmäßige ist, erscheint sie bei der horizontalen Seitenverschiebung willkürlich. Je nachdem der Widerstand ein größerer oder geringerer war, wurden die einzelnen Lagerstättenteile mehr oder weniger weit aus ihrer ursprünglichen Ruhelage gedrängt.

Ein anderer Unterschied zwischen Verwerfung und horizontaler Seitenverschiebung besteht in der Streifung der „Rutschflächen". Bei der Bewegung eines Gebirgsteiles auf einer Fläche (Rutschfläche) werden auf der letzteren Riefen erzeugt; sie verlaufen bei den Verwerfungen entsprechend dem Vertikalabsinken in der Regel mehr oder weniger vertikal, während sie bei den horizontalen Seitenverschiebungen mehr oder weniger horizontal gehen. Meist finden sich innerhalb der Störung zwischen den getrennten Lagerstättenteilen Bruchstücke der zerrissenen Erzvorkommen.

Gangablenkung (Fig. 19). Sie findet sich nur bei Erzgängen und setzt ein älteres Hindernis, vielleicht in Form einer Spalte oder einer härteren oder weicheren Gesteinsschicht oder einer auffallend ausgeprägten Schichtfläche voraus. Sobald die Gangspalte beim Aufreißen an das Hindernis kommt, lenkt sie hinein und folgt ihm ein Stück, bis sie an einer geeigneten Stelle auf der anderen Seite wieder in das Nebengestein eintritt und hier in der Regel die alte Streichrichtung wieder aufnimmt.

Von den vorerwähnten Störungen unterscheidet sich also die Gangablenkung dadurch, daß die Fläche, welche die Störung veranlaßt, bei der Gangablenkung älter ist als die Lagerstätte, während sie bei allen übrigen Störungsformen ein jüngeres Alter hat.

Der Erwähnung bedarf noch das Hakenschlagen der Gänge (Fig. 19). Mit der Gangablenkung haben die Ganghaken gleiche Form. Der wesentliche Unterschied beider besteht darin, daß bei der Gangablenkung das Hindernis in die Augen fällt, während das Hakenschlagen ohne scheinbare äußere Veranlassung erfolgt und mutmaßlich durch eine Änderung der Kraftwirkung veranlaßt wird.

Weder bei der Gangablenkung noch beim Hakenschlagen findet ein Zerreißen der Lagerstätte statt.

Über Roherze und ihre Aufbereitung, Konzentrate und Aufbereitungsverluste.

Das von dem Bergmann in der Grube gewonnene Erz wird als Roherz bezeichnet. Es hat in den meisten Fällen nur einen verhältnismäßig geringen Metallgehalt. Da der Bergbau den Zweck hat, verkaufs- oder verhüttungsfähige Produkte herzustellen, erfüllen die Roherze meist diese Bedingungen nicht.

Die Verkaufs- und Verhüttungsfähigkeit hängt von den Anforderungen ab, welche die Hüttenkunde und die chemische Technologie an die Produkte stellen. In vielen Fällen können die in der Natur auftretenden Erze direkt verarbeitet werden, wie beispielsweise häufig die Minette, der Spateisenstein, das Magneteisen usw. — Auch gewisse Metallgemenge, wie Silber, Blei und Gold, können ohne vorherige Trennung zusammen verhüttet und mit Vorteil gewonnen werden. In der Regel gilt aber der Satz, daß die Verhüttung um so kostspieliger wird, je mehr Bestandteile das betreffende Ausgangsprodukt hat. Das ist namentlich der Fall, wenn es sich um solche Metalle handelt, die gemeinsam nicht verhüttet werden können, wie Blei und Zink; sie müssen vorher in möglichst reine Blei- und möglichst reine Zinkerze getrennt werden.

Nicht nur die Erze, sondern auch Gang- und Lagerarten spielen bei der Verhüttung eine Rolle (s. S. 56). Während beispielsweise beim basischen Thomasprozeß der saure Quarz im Eisenerz hinderlich ist, schadet er beim sauren Bessemerprozeß nichts; das umgekehrte Verhältnis gilt, wenn das Eisenerz viel Kalk oder Phosphor enthält.

Im allgemeinen erschweren Gang- und Lagerarten den Verhüttungsprozeß und sind deshalb vorher von den Erzen zu trennen.

Es ist außerdem zu berücksichtigen, daß in der Regel ärmere Erze im Verhältnis bedeutend schlechter bezahlt werden, als reiche; in manchen Fällen gelten beim Verkauf drei Formeln: 1. für reiche, 2. für mittlere und 3. für arme Erze (z. B. bei Kupfer).

Da bei großen Massen außerdem die Fracht der wertlosen Gang- und Lagerart ganz erheblich in die Wagschale fällt, liegt es im Interesse eines jeden Grubenbesitzers, möglichst reiche und reine Erze zu liefern.

Man bezeichnet den Trennungsprozeß, welchem das Roherz in der Regel unterworfen werden muß, als Aufbereitung. Bei der Aufbereitung fallen erstens Erze, die einen höheren Metallgehalt als das Roherz haben, und zweitens Berge oder Abgänge, die möglichst metallfrei sein sollen.

Da aber bei der Aufbereitung die Verluste unvermeidlich sind und meist um so größer werden, je höher man die Konzentration treibt, ist die Herstellung einer hochprozentigen Produktion nicht immer wirtschaftlich, und es bedarf sorgfältiger Versuche und Berechnungen, um dasjenige Verhältnis zwischen Grad der Konzentration und Metallgehalt der Abgänge ausfindig zu machen, welches den größten Reingewinn ergibt.

Der Trennung des Haltigen vom Unhaltigen muß meist eine Zerkleinerung vorangehen. Häufig ist es möglich, sie mit der Hand vorzunehmen und schon bei diesem Prozeß die Erze von den Bergen zu trennen. Man bezeichnet dann diese Art der Aufbereitung als Handscheidung. Gewöhnlich gewinnt man hierbei neben der weiterer Bearbeitung bedürfenden Hauptmasse einen kleinen Prozentsatz reicher verhüttungsfähiger Erze und eine kleine Menge unhaltigen Materials.

Grad der Zerkleinerung und Umfang der Handscheidung sind von großer Wichtigkeit für die Rentabilität eines Unternehmens. Bei dem Silberbergwerk Kongsberg im südlichen Norwegen hatte man infolge zu weitgehender Handscheidung noch 200 g Silber in den Bergen. Hier führte eine weitergehende Zerkleinerung zu einem guten Resultat. Bei einer anderen Grube mit einbrechendenKupfererzen dagegen, wo keine wesentliche Handscheidung vorhanden war, ergaben die Abgänge der Aufbereitung nicht weniger als 40% Verluste; nach Einführung einer sorgfältigen Handscheidung sanken die Verluste auf annähernd die Hälfte.

Auf die Handscheidung folgen in der Regel die übrigen Aufbereitungsprozesse. Das Ziel dieser Arbeiten ist die Trennung der nach Korngröße oder chemischer Zusammensetzung verschiedenartigen und die Vereinigung der gleichartigen Massen. Bei der Aufbereitung handelt es sich also sowohl um eine Separation, als um eine Konzentration. Beide werden in der Regel mit Hilfe des Wassers vorgenommen. Die Art und Weise der Aufbereitung richtet sich nach der Verwachsung der Erze und Gang- bzw. Lagerarten und -gesteine. Die Zerkleinerung muß um so weitgehender vorgenommen werden, je feiner verteilt das nutzbare Material auftritt. Die Apparate können um so teurer sein, je höher das betreffende Metall im Werte steht.

Bei diesen Vorgängen spielen die Unterschiede im spez. Gew. eine große Rolle, denn das Prinzip der Aufbereitung ist folgendes:

Die gleichkörnige Masse, die man bei verschiedenen Siebgrößen gewonnen hat, werden in den verschiedensten Apparaten aufgerührt, so daß sie zum Schweben kommen; sie setzen sich dann beim Niederfallen nach dem spez. Gew. ab. Es konzentrieren sich also in den Aufbereitungsapparaten in der Regel zu unterst die schweren, darüber die leichteren Erze und schließlich zu oberst die Berge oder das Unhaltige, welches vom fließenden Wasser fortwährend weggeführt wird.

Da zwischen den spezifischen Gewichten der meisten Erze Unterschiede bestehen, können auch die meisten Erze voneinander getrennt werden.

Ein Gemenge von Bleiglanz, Zinkblende und Quarz wird in der Aufbereitung getrennt in 1. Bleiglanz, 2. Zinkblende und 3. Quarz.

Wo man mit Wasser nicht zum Ziel kommt, wendet man die Wind- oder die elektromagnetische Separation oder auch kompliziertere Öl- und Säureprozesse an.

Die Windseparation beruht darauf, daß der Wind die leichteren Bestandteile fein pulverisierter Massen wegführt. Es gilt dabei also das Prinzip, nach welchem der Müller in der Mühle arbeitet.

Die magnetische Separation beruht auf dem Magnetismus der Mineralien. Stärker magnetische Massen werden schneller vom Magneten angezogen als schwächer magnetische.

Das Prinzip des Ölprozesses besteht darin, daß ein dünner Erz- und Gesteinsbrei hinzugesetztes Öl nicht gleichmäßig annimmt.

Dies überzieht vielmehr nur bestimmte Erze usw., die dann an die Oberfläche der Trübe steigen. Beim Säureprozeß arbeitet man mit sehr verdünnten Säuren. Es findet hierbei eine Gasentwicklung statt, die Gasbläschen haften nicht gleichmäßig an den verschiedenen Erzen usw., sondern ganz besonders an gewissen, in jedem Fall durch Versuch festzustellenden; die mit Bläschen behafteten Partikelchen steigen dann an die Oberfläche unter Aufschäumen der ganzen Masse.

Zweck und Wirkung derartiger Aufbereitungsprozesse gehen am besten aus folgendem Beispiel hervor:

Im Jahre 1910 wurden im Deutschen Reiche in 84 Betrieben 2979860 t Blei-Silber-Roherz gefördert. Die Massen hatten einen durchschnittlichen Metallgehalt von 10,6% Zink und 3,4% Blei. Von dieser gewonnenen Roherzmenge konnten ohne Aufbereitung oder mit Handaufbereitung abgesetzt werden: 816 t edle Silbererze mit 0,36% Silber, 5566 t Galmei mit 16,9% Zink, 5300 t Zinkblende mit 40,4% Zink und 49430 t Bleiglanz mit 8,8% Blei. Von fast 3000000 t Roherzförderung waren also nur ca. 56000 t direkt verwertbar.

Die größte Menge, nämlich 2913567 t kam in die Aufbereitungsanstalt und wurde dort weiter verarbeitet. Man gewann hier 117883 t silberhaltigen Bleiglanz mit 67,2% Blei, 521546 t Zinkblende mit 40,7% Zink und 112620 t Galmei mit 14,4% Zink.

Aus dem zum größten Teil unverwertbaren Roherz sind demnach hochhaltige Konzentrate erzeugt worden, und die in dem Roherz eng verwachsenen Blei- und Zinkerze wurden in der Aufbereitungsanstalt zum bei weitem größten Teil getrennt.

Von der richtigen Lösung der Aufbereitungsfrage hängt also die Rentabilität des Bergbaues in vielen Fällen wesentlich ab.

Eine wichtige Rolle spielen bei den Aufbereitungsprozessen die Aufbereitungsverluste. Sie werden leider auf den Gruben noch häufig genug zu wenig beachtet, und es gibt mehr als einen Werksleiter, der nicht über ihre Höhe orientiert ist, da keine regelmäßigen Analysen der Roherze und der Aufbereitungsprodukte ausgeführt werden. Über die Höhe dieser Verluste mögen folgende mir von den Aufbereitungsfirmen Krupp-Grusonwerk in Magdeburg-Buckau und Humboldt in Kalk überlassene Angaben orientieren: Bei Golderzen schwanken die Verluste zwischen wenigen und 30% oder vielleicht noch mehr, bei Silber zwischen 15 bis 40%, bei Kupfer betragen sie im allgemeinen 10 bis 25%. Eisenerze können, wie oben angegeben wurde, vielfach ohne oder nur nach Handaufbereitung verhüttet werden; muß man zur Aufbereitung schreiten, so sind die Verluste mitunter erhebliche; sie betragen bis 20 oder 25%. Ähnlich liegen die Verhältnisse bei Manganerzen, wo man mit denselben Grenzen rechnen kann.

Chromeisenerz-Aufbereitungsverluste können 16% Cr_2O_3 erreichen. Bei Silber-Blei-Zinkerzen, die, wie wir oben gesehen haben, meist zusammen vorkommen und wenigstens, was Blei und Zink anbelangt, getrennt werden müssen, erreichen die Verluste bis je 30% Blei, Zink und Silber.

Bei der Jahresförderung Deutschlands im Jahre 1910 betrug der Metallgehalt der Rohförderung 316384 t Zink und 110884 t Blei. Es wurden gewonnen durch Handscheidung und Aufbereitung Verkaufsprodukte mit 231350 t Zink und 33532 t Blei. Da eine geringe Menge ausländischer Erze, die mit aufbereitet wurde, nicht berücksichtigt zu werden braucht, beträgt der Verlust an Zink ca. 27% und der an Blei ca. 18%. — Die Verluste bei Nickel- und Kobalterzen können ebenfalls mehr als 25% betragen. Quecksilbererze ergaben bei der Aufbereitung Verluste von 18 bis über 30%. Zinnerze lassen sich, da Zinnstein mit hohem spez. Gew. am häufigsten ist, verhältnismäßig leicht aufbereiten, die Verluste sind meist unter 10%. Bei Wismuterzen betragen die Aufbereitungsverluste bis 30, bei Antimonerzen bis 25, bei Wolframerzen bis 15 und bei Schwefelkies bis 30%.

Berechnung der Metallgehalte auf der Lagerstätte und im Roherz, Bergbau- und Hüttenverluste.

Die Rentabilität eines Erzvorkommens beruht in erster Linie auf der Metallmenge, welche auf der Lagerstätte durch die natürlichen Prozesse konzentriert wurde. Sie kann durch sorgfältige Probenahme über die ganze Mächtigkeit der Lagerstätte an möglichst vielen Punkten festgestellt werden. Durch Kombination sämtlicher Proben bekommt man einen durchschnittlichen Metallgehalt, und unter Berücksichtigung der Menge, also Tonnenzahl, kann man die gesamte Konzentration, d. i. die Metallmenge, berechnen.

Der Bergmann gewinnt zunächst, wie wir gesehen haben, Roherz. Wenn er von möglichst vielen roherzhaltigen Förderwagen Proben nimmt, so kann er einen durchschnittlichen Metallgehalt des Roherzes feststellen und — unter Berücksichtigung der Roherzmenge — die im Roherz enthaltene Metallmenge berechnen. Dieses anscheinend durchaus logische Verfahren führt, wie die Praxis lehrt, zu viel zu hohen Zahlen. Das ergibt sich aus folgender Erwägung:

Die Ausfüllung der Lagerstätte sowohl wie das Roherz hat einen erheblichen Nässegehalt, während der Chemiker die Gehalte an meist bei 100° getrocknetem Material feststellt. Der gesamte Metallgehalt kann also nur richtig berechnet werden, wenn der Feuchtigkeitsgehalt der Massen bekannt ist. Dieser richtet sich vor allen Dingen nach der Porosität des Gesteins. Feste massige Erze haben einen geringeren Nässegehalt als poröse, das dichte Magneteisen z. B. einen wesentlich geringeren als das löcherige Brauneisen. Der Nässegehalt der Erze unterliegt nun zwar je nach dem Umstande bedeutenden Schwankungen, kann aber nach den mir zur Verfügung gestellten Unterlagen bis 40% und mehr betragen. Die Nichtberücksichtigung des Nässegehaltes führt also zu event. viel zu hohen Metallgehalten im Roherz.

Ermittelt man unter Vermeidung dieses Fehlers einerseits den gesamten Metallgehalt der Erzlagerstätte und andererseits denjenigen der Roherzförderung vom Beginn der Inbetriebsetzung einer Grube bis zu ihrem vollendeten Abbau, so erhält man keineswegs dieselben Zahlen, sondern der Metallgehalt des Roherzes ist geringer als derjenige der Lagerstätte. Diese Differenz, welche in vielen Fällen annähernd 10% beträgt, liegt in der Unvollkommenheit des Bergbaues. Auch bei dem besten Willen und der größten Sorgfalt ist der Bergmann nicht in der Lage, das ganze Erz zu fördern, sondern er hat auch beim Abbau mit Verlusten zu rechnen und dieser Abbauverlust muß bei jeder Rentabilitätsberechnung in Rücksicht gezogen werden.

Die von der Grube gelieferten Verkaufsprodukte — also verkaufsfähigen Roherze, durch Handscheidung gewonnenen Verkaufserze und Konzentrate der Aufbereitung — gelangen zur Hütte und werden dort zur Gewinnung der Metalle den Hüttenprozessen unterworfen. Es liegt in der Natur der Sache, daß auch diese Prozesse nicht vollkommen arbeiten, und daß es unmöglich ist, die ganze in den Verkaufsprodukten enthaltene Metallmenge zu gewinnen. Der Hüttenprozeß bedingt vielmehr die Hüttenverluste, welche auch bei gut geleiteten Hütten kaum weniger als 10—15% betragen.

Aus den Ausführungen über den Abbau-, den Aufbereitungs- und den Hüttenverlust ergibt sich, daß bei weitem nicht die ganze Metallmenge einer Erzlagerstätte nutzbar gemacht werden kann. Es muß vielmehr damit gerechnet werden, daß auch beim vollkommensten Betrieb bis 30 und mehr Prozent des ursprünglichen Metallgehaltes durch die Gewinnung des Roherzes usw. bis zur Fertigstellung der reinen Metalle verloren gehen.

Erzinventuren ganzer Länder.

Die amtlichen statistischen Publikationen geben über die Förderung der Erzgruben eines Landes Auskunft, die bei verständiger Leitung den vorhandenen Erzvorräten angepaßt ist. Im allgemeinen wird man der Amortisation des Objektes wegen nicht mehr als höchstens $^1/_{20}$ des vorhandenen Vorrates und $^1/_5$ der jeweiligen, fertig zum Abbau aufgeschlossenen Erzmasse fördern. Da es aber einerseits eine größere Anzahl von Gruben gibt, die nur mit größter Anstrengung die zur Verzinsung erforderliche Förderung aufbringen, weil sie nur mühsam neue Erzkörper finden, aus denen sie ihre Förderung decken können, und andererseits sehr bedeutende Lagerstätten vorhanden sind, von denen man aus volkswirtschaftlichen Gründen nur einen minimalen Teil jährlich ausbeutet, lassen diese Erzproduktionszahlen keinen unmittelbaren Schluß auf die gesamten Vorräte eines Landes zu.

Zur Feststellung der Naturschätze bedarf es deshalb der Erzinventuren, auf deren Bedeutung zuerst von Professor Krahmann hingewiesen wurde. Derartige Aufnahmen stoßen auf erhebliche Hindernisse. Es genügt nicht, daß man Fragebogen an die einzelnen Werke schickt, die nach bestimmten Vorschriften von den Gruben selbst ausgefüllt werden; denn es ist naheliegend, daß viele Werksverwaltungen das Bestreben haben, ihre Vorräte so groß wie möglich hinzustellen. Infolgedessen kann nur eine solche Inventur zu einem befriedigenden Ergebnis führen, bei welcher von einer Zentrale aus durch besondere Vertrauensleute, die auf die einzelnen Gruben geschickt und mit ihrer Untersuchung betraut werden, die Zahlen nach einheitlichen Prinzipien zu berechnen sind.

Gelegentlich des Internationalen Geologenkongresses in Stockholm 1910 wurde eine derartige Eisenerzinventur der Welt angeregt, an welcher sich auch Deutschland beteiligte. Bei dieser Inventur ging jedes Land selbständig vor, so daß die Leitung des Kongresses auf das Resultat keinerlei Einfluß hatte.

Die einzelnen Länder haben hierbei ihre Vorräte von so verschiedenen Gesichtspunkten aus kalkuliert, daß die Zahlen nicht ohne weiteres miteinander verglichen werden können; die Inventur soll deshalb noch einmal wiederholt werden, und zwar diesmal von einer Zentralstelle aus, die dafür sorgt, daß nach einheitlichen Grundsätzen verfahren wird und naheliegende Übertreibungen vermieden werden.

Auch Deutschland hat sich an dieser Eisenerzinventur beteiligt und, wie man bei objektiver Beurteilung zugeben muß, Zahlen gewonnen, welche der Wirklichkeit entsprechen dürften. Das Resultat dieser Eisenerzinventur ergibt die Abhängigkeit Deutschlands auf dem Eisenerzmarkte vom Auslande, denn auch bei der äußersten Anstrengung der eigenen Gruben ist Deutschland nicht in der Lage, den Bedürfnissen seiner Eisenhütten zu genügen.

Die Bedeutung derartiger Erzinventuren ist also nicht zu verkennen.

Über die Zusammensetzung der Erdrinde.

Wie aus dem Abschnitt über die Entstehung der Erzlagerstätten hervorgeht, sind diese entweder bestimmte Erscheinungsformen der Eruptivgesteine (magmatische Ausscheidungen) oder der Kontaktzonen derselben (Kontaktlagerstätten), oder sie stellen gewisse Formen von Spalten- und Hohlraumfüllungen (Gänge und Höhlenfüllungen) oder bestimmte Umwandlungen von Kalken und Dolomiten (metasomatische Lagerstätten) dar, oder sie bilden schließlich besondere Erscheinungsweisen von Gesteinsschichten (Erzlager). In allen Fällen handelt es sich also um abnorme Fälle in der Zusammensetzung unserer Erdrinde, und es ist deshalb notwendig, kurz auf die Zusammensetzung der letzteren einzugehen.

Die Erdrinde besteht aus Gesteinen, die zum großen Teil verfestigt sind und nur in selteneren Fällen lockere Massen (z. B. Seifen) darstellen. Ein jedes Gestein wird aus Mineralkörnern aufgebaut. So besteht z. B. das Gestein Granit aus einem Gemenge der drei Mineralien Quarz, Feldspat und Glimmer. Nur in den seltensten Fällen tritt nur ein einziges Mineral gesteinsbildend auf, wie z. B. bei dem Marmor, der lediglich aus Kalkspat oder Dolomit. und bei den Gipslagern, die lediglich aus dem Mineral Gips bestehen.

Die Mineralien bestehen aus einer oder mehreren chemischen Verbindungen. Die zu den Mineralien gehörigen gediegenen Metalle usw. stellen sogar ausschließlich ein Element dar.

Während sich die Chemie mit den Elementen und den chemischen Verbindungen beschäftigt, sind die Mineralien Gegenstand der Mineralogie und die Gesteine Gegenstand der Petrographie oder Gesteinskunde. Diese drei Wissenschaften sind also wichtige Hilfswissenschaften der Geologie.

Bei den Gesteinen sind die Eruptivgesteine von den Sedimenten zu unterscheiden.

Als Eruptivgesteine bezeichnet man diejenigen, welche auf feuerflüssige Weise gebildet wurden, also das Erstarrungsprodukt eines eruptiven Magmas darstellen. Viele dieser Gesteine enthalten in geringer Menge Erze als unwesentliche Bestandteile. In den Fällen, wo es zu einer solchen Spaltung des Magmas kommt, daß sich Erzanreicherungen im Eruptivgestein bilden, entsteht eine eruptive Erzlagerstätte (magmatische Ausscheidung S. 58). Die magmatische Ausscheidung ist also nur ein besonderer Fall des Eruptivgesteins.

Je nachdem das eruptive Magma in Hohlräumen im Innern der Erde erstarrte, oder wie bei unseren heutigen Vulkanen an die Tagesoberfläche drang und dort Decken und Kuppen bildete, unterscheidet man intrusive und effusive Eruptivgesteine. Die ersteren neigen zur Bildung von Kontakthöfen und Kontaktlagerstätten.

Die Sedimentgesteine entstanden in der Hauptsache durch die Tätigkeit des Wassers (Meer, See, Fluß und Atmosphärilien) oder des Windes. Im ersteren Falle liegt entweder ein auf mechanischem oder auf chemischem Wege gebildetes Gestein vor. Mechanisch entsteht beispielsweise ein Gestein dadurch, daß seine Bestandteile durch die Tätigkeit der Atmosphärilien an der Tagesoberfläche von den anstehenden älteren Gesteinen abgebrochen, in die Flußläufe transportiert und in den Seen oder im Meere als neues Gestein abgelagert werden. Diesen Gesteinsbildungsprozeß, welcher noch heute vor sich geht, kann man am Meeresstrand beobachten, wo beispielsweise die Ablagerung einer neuen Sandschicht stattfindet, deren Material aus irgendwelchen Festlandsgegenden stammt. Bei dem Wassertransport tritt eine nasse Aufbereitung (S. 77) der einzelnen Bestandteile des ursprünglichen Gesteins, hauptsächlich auf Grund der Verschiedenheiten der spezifischen Gewichte ein. So kann beispielsweise der Meeressand nur aus Quarzkörnern bestehen, während das zerstörte Gestein ein Granit war, der ein Gemenge von Quarz, Feldspat und Glimmer darstellt. Auf dem Transport wurden die drei Bestandteile voneinander getrennt, so daß sich eine Schicht reinen Quarzes bilden konnte.

In ähnlicher Weise können reine tonige Massen an anderen Stellen des Meeres z. B. in der Tiefsee oder in einem großen Alpensee zur Ablagerung gelangen. In ihnen wird also der tonige Bestandteil, der auf dem Wassertransport von den übrigen Gemengteilen des Gesteins getrennt wurde, konzentriert.

Eine chemische Ablagerung findet im Meere da statt, wo beispielsweise kohlensaurer Kalk oder Steinsalz oder Gips, die vorher im Meere gelöst waren, in größeren Mengen durch irgendwelche Einflüsse zur Auskristallisation kommen.

Eine ähnliche mechanische Separation wie das Wasser kann der Wind vornehmen. Auch er ist in der Lage, spezifisch leichtere Materialien von spezifisch schwereren zu trennen, nachdem die Atmosphärilien die anstehenden Gesteine zerstört haben. Der Wind trägt dann die leichteren fort und häuft sie zu neuen Schichten auf, ein Vorgang, den wir heute bei der Dünenbildung beobachten.

Die hauptsächlichsten Sedimente, welche unsere Erdrinde zusammensetzen, sind die drei in ihrer Entstehung kurz geschilderten: Sandstein, Schieferton oder Tonschiefer und Kalk.

Eine besondere Stellung nehmen die ältesten Schichten unserer Erde ein, soweit sie nicht eruptiv sind. Sie bestehen aus sogenannten kristallinen Schiefern (Gneis, Glimmerschiefer usw.) und sind wahrscheinlich durch Umwandlung anderer Sedimente entstanden.

Die Lagerungsverhältnisse der Sedimentgesteine und der Eruptivgesteine sind derart, daß die Eruptivgesteine die Sedimente durchbrechen und in bzw. auf ihnen Gänge, unregelmäßige Massen, Decken und Kuppen bilden.

Die mannigfache Wechsellagerung von Sandstein, Schieferton und Kalk ist nicht an allen Stellen lückenlos, weil nicht überall auf der Erdrinde zu ein und derselben Zeit eine Neubildung von Schichten stattgefunden hat. So entstehen beispielsweise heute neue Sedimente nur in den Meeren, in den Seen und in den Flußläufen, während das jetzige trockene Festland fast keine neue Sedimentbildung aufweist.

Die heutige Bildungszeit der Sedimente ist ebenso wie die der meisten früheren charakterisiert durch das Auftreten einer bestimmten Tier- und Pflanzenwelt, sowohl im Meere als auch auf dem Lande. Auch heute werden Reste der Lebewesen in die rezenten Ablagerungen eingehüllt, wo sie nach und nach versteinern (d. i. fossil werden). Die besonders charakteristischen Formen, welche auf wenig mächtige Gesteinskomplexe beschränkt sind, bilden dann die Leitfossilien dieser Schichten. In ähnlicher Weise sind die früheren geologischen Epochen durch bestimmte Leitfossilien ausgezeichnet. Diese Tierreste (Leitfossilien) ermöglichen dem Geologen die Gruppierung der Schichten zu Formationen.

Im allgemeinen unterscheidet der Geologe in der Erdrinde vom ältesten zum jüngsten die Urzeit der Erde, das ist die archäische Formationsgruppe; darüber liegt das Altertum der Erde, das ist die paläozoische Formationsgruppe; sie wird überlagert vom Mittelalter der Erde, das ist die mesozoische Formationsgruppe; den jüngsten Abschnitt bezeichnet die Neuzeit oder känozoische Formationsgruppe.

Die archäische Formationsgruppe kann man in eine untere Urgneisformation und eine obere kristalline Schieferformation einteilen. Sie ist frei von erkennbaren Tier- und Pflanzenresten.

Die ersten Lebewesen treten in der paläozoischen Formationsgruppe auf, bei welcher man die präcambrische, cambrische, silurische, devonische, karbonische oder Steinkohlenformation mit ihren Steinkohlenflözen und die permische Formation (Dyas) mit ihren für Deutschland so wichtigen Steinsalz- und Kalisalzlagern unterscheidet.

Die mesozoische Formationsgruppe gliedert man in die Triasformation, die Juraformation und die Kreideformation, und die känozoische Formationsgruppe wird eingeteilt in die Tertiärformation mit ihren wichtigen Braunkohlenflözen und die Quartärformation.

Die weitere Gliederung und eine kurze Charakteristik der einzelnen Stufen geht aus folgender Formationstabelle hervor, die ich dem Geologenkalender für die Jahre **1909** und **1910** entnehme und in mancher Beziehung ergänze und berichtige. (Verlag von Max Weg, herausgegeben von Dr. Menzel):

Übersicht sämtlicher Formationen.

Die Neuzeit der Erde (Känozoische Formationsgruppe)	Quartärformation	Alluvium (Jungquartär)	In den Kulturländern vom Menschen beeinflußte Flora und Fauna. Alluviale Flora und Fauna in natürlicher Entwicklung. Prähistorischer Mensch (neolithisch und jünger).
		Diluvium (Altquartär)	Durch die Eiszeiten beeinflußte Flora und Fauna. Arktische Pflanzen und Tiere finden sich zeitweise in gemäßigten und südlichen Ländern. In der alten Welt das Mammut und andere Elephanten, Rhinozeros, Hippopotamen, Wildpferd, Hirsch, Elch, Auerochs, Hyäne, Wolf, Bär usw. Mensch der älteren Steinzeit.
	Tertiär- (Braunkohlen-) formation	Pliocän, Miocän } Jungtertiär	Subtropische Flora bis in arktische Regionen. Fauna: Rehe, Rüsseltiere, Mastodonten, Dinotherien, Hipparien, Hirsche, Affen. Spuren des Menschen in Gestalt von Steinwerkzeugen (Eolithe).
		Oligocän, Eöcän } Alttertiär	Tropische Flora. An Tieren die ersten Plazentalier, große Huftiere, Paläotherium, Xiphodonten, Dinoceraten, Nummuliten.
Das Mittelalter der Erde (Mesozoische Formationsgruppe)	Kreideformation	Obere: Senon, Turon, Cenoman Untere: Gault, Neocom mit Wealden	Pflanzen: Die ersten Laubhölzer. Daneben Nadelhölzer. Cycadeen, Kryptogamen. Tiere: Schwämme, Foraminiferen, Brachiopoden, Inoceramus, Hippurites. Nebenformen der Ammoniten (Hamites, Scaphites, Turrilites, Baculites). Dinosaurier (Iguanodon), Mosasaurus. Hippuriten, Ammoniten und Belemniten sterben aus.

Zeitalter	Formation	Abteilung	Leitfossilien
Das Mittelalter der Erde (Mesozoische Formationsgruppe)	Juraformation	Malm (Oberer oder Weißer Jura) Dogger (Mittlerer oder Brauner Jura) Lias (Unterer oder Schwarzer Jura)	Pflanzen: Kryptogamen, Cycadeen, Nadelhölzer. Tiere: Korallen und Spongien, Zweischaler, Schnecken, Ammoniten, Schildkröten, Krokodile, Meersaurier (Ichtyosaurus, Plesiosaurus), Flugsaurier (Pterodactylus), Dinosaurier; erste Knochenfische; erste Vögel (Archäopteryx), Beuteltiere.
	Triasformation	Keuper Muschelkalk Buntsandstein	Pflanzen: Equiseten (Schachtelhalme), Cycadeen, Nadelhölzer. Tiere: älteste Säugetiere, erste echte Ammoniten (Ceratites), Encrinus; erste langgeschwänzte Krebse (Pemphyx), Labyrinthodonten (Saurier).
Das Altertum der Erde (Paläozoische Formationsgruppe)	Permische Formation (Dyas)	Zechstein Rotliegendes	Pflanzen: Ähnlich dem Karbon; ferner Koniferen, Cycadeen. Tiere: Productus, Spirifer, Schizodus und Bellerophon, erste echte Ammoniten. Fische: Paläoniscus. Erste Reptilien: Rhynchocephalen und Pteromorphen.
	Karbonische oder Steinkohlen-Formation	Produktives Karbon Kulm	Pflanzen: Üppige Entwicklung der Landpflanzen, besonders der Kryptogamen (Farne, Calamites, Lepidodendron, Sigillarien, Cordaiten. Tiere: Zum ersten Mal Foraminiferen. Hoch entwickelt: Crinoiden, sodann Brachiopoden (Productus), Lamellibranchiaten, Gastropoden, Cephalopoden. Trilobiten sterben aus. Spinnen und Insekten, Landschnecken, Landwirbeltiere (Stegocephalen) beginnen. Fische (Selachier u. Ganoiden) hoch entwickelt.
	Devonische Formation		Pflanzen: Tange. Landpflanzen kulmähnlich, sehr verbreitet Psilophyton. Tiere: Korallen (Cyathophyllum u. Cystiphyllum, Favosites), Crinoiden, Brachiopoden, Zweischaler, Cephalopoden, Goniatiten, Clymenien. Trilobiten in Abnahme. Eurypteriden, Fische (Cephalaspiden u. Pteraspiden, Crossopterygier, Panzerganoiden).
	Silurische Formation		Pflanzen: Kalkalgen, Landpflanzen (Bothrodendraceen, Sigillarien, Lepidodendron). Tiere: Trilobiten, Brachiopoden, Cephalopoden, Korallen, Graptolithen und Crinoiden, Fische (Selachier, Cephalaspiden und Pteraspiden), Eurypteriden, Arachniden, Korallen.
	Cambrische Formation		Pflanzen: Marine Algen, Phycodes. Tiere: Trilobiten, Brachiopoden, Korallen; Scolithus.

(Eo- oder archäozoische Formationsgruppe)	Präcambrische Formation	Die ältesten erkennbaren Fossilien: Lingula, Trilobiten, Wurmspuren.
Die Urzeit der Erde (Archäische Formationsgruppe)	Kristalline Schieferformation Urgneisformation	Ohne erkennbare Tier- und Pflanzenreste. Mit Graphiteinlagerungen, die mitunter organischen (pflanzlichen) Ursprungs sind.

Die obige Tabelle enthält also Gruppen von Gesteinsschichten. Da die Erzlager nur eine gleichsam pathologische Form derartiger Gesteinsschichten darstellen, können sie in jeder der genannten Formationen auftreten.

So finden wir beispielsweise wertvolle Eisenerzlager in der archäischen Formationsgruppe und im Devon Deutschlands; heute allerdings unbauwürdige, derartige Vorkommen treffen wir in engster Verbindung mit den Steinkohlenflözen der karbonischen Formation.

Das für Deutschland so wichtige Kupferschieferflöz, welchem wir zum größten Teil die deutsche Kupferproduktion verdanken, tritt in einem ganz bestimmten Horizont der permischen Formation, und zwar des Zechsteins auf (Fig. 20 S. 110).

Die für Deutschland so außergewöhnlich wichtigen Minetten von Lothringen (s. S. 131) sind an den unteren Dogger (Juraformation) gebunden. Sie stellen oolithische Eisenerze dar und sind in dieser Beziehung in bezug auf die Struktur eng verwandt mit den sogenannten Bohnerzen, welche auf die Tertiärformation beschränkt sind (s. S. 86).

Die außerordentlich wichtigen Gold- und Platinseifen gehören der Quartärformation, und zwar hauptsächlich dem Alluvium an.

Ein wichtiges Beispiel für die lagerähnlichen Imprägnationslagerstätten sind die Bleiglanzvorkommen von Mechernich (Knottenerze), welche in der Triasformation, und zwar in Buntsandstein auftreten.

Die Gruppen der Kontaktlagerstätten, der Gänge und der metasomatischen Vorkommen sind dagegen, wie ich oben auseinandersetzte, nicht an bestimmte Formationen gebunden. Die Kontaktlagerstätten treten im Kontakthof (randliche Umwandlungszone) der Eruptivgesteine auf; sie finden sich also da, wo das Eruptivgestein, und zwar das intrusive, die von ihm durchbrochenen Sedimente in Form eines Kontakthofes umgewandelt hat.

Die Gänge erkannten wir als Spaltenfüllungen. Sie durchsetzen willkürlich die verschiedenen geologischen Formationen und kümmern sich im allgemeinen nicht um ihr Alter. Die mit den Gängen eng verknüpften metasomatischen Lagerstätten, welche umgewandelte Kalke und Dolomite darstellen, verdanken ihre Entstehung einer bestimmten chemisch-geologischen Beschaffenheit dieser Gesteine, die in allen Formationen vorhanden sein kann. Wir finden sie deshalb mitunter innerhalb ein und desselben Gebietes in den Kalken verschiedensten geologischen Alters.

Die Bedingungen für die Entstehung von Gängen waren nicht in allen geologischen Epochen gleich günstige.

Ein größerer Teil der Gänge verdankt seine Ausfüllung Minerallösungen, die als Gefolgeerscheinungen irgend eines eruptiven Magmas auftraten.

Die Geschichte der Erdrinde zeigt uns, daß es nur verhältnismäßig wenige geologische Perioden gibt, in denen derartige Gangbildungen häufig sind; sie stellen also zu gleicher Zeit die Perioden der Eruptivgesteinsbildung dar. Gebirgs-, Eruptivgesteins- und Erzgangbildung sind aufs innigste miteinander vergesellschaftet. Die Gebirge verdanken ihre Entstehung tektonischen Vorgängen, welche in der Regel eine Fülle von Spalten erzeugten. Es wurde hierbei häufig den in der Erdrinde eingeschlossenen Magmaherden der Weg in höhere Teile der Erdrinde geöffnet, derart, daß ein Teil der Spalten und Hohlräume dabei mit dem Eruptivgestein ausgefüllt wurde. Als Gefolgeerscheinung dieser eruptiven Tätigkeit traten Minerallösungen auf, welche auf den offenen Spalten zirkulierten und hier Erzlagerstätten bildeten.

Im Kontakthof der Eruptivgesteine war die Gelegenheit zur Entstehung von Kontaktlagerstätten gegeben, und da, wo die Spalten, auf denen Minerallösungen zirkulieren, Kalke und Dolomite durchsetzten, bildeten sich durch die Umwandlungen dieser Gesteine metasomatische Lagerstätten.

Wegen dieser genetischen Verknüpfung der Gebirge, der Eruptivgesteine und der Erzlagerstätten finden wir die letzteren nicht regelmäßig über die Erdrinde verteilt, sondern, soweit die genannten Erzlagerstättengruppen in Frage kommen, an die Gebirgszüge gebunden, in denen sie gewöhnlich in beträchtlicher Häufung auftreten.

Dritter Teil.

Die Versorgung Deutschlands mit Erzen und Metallen.

I. Die Versorgung Deutschlands mit Golderzen bzw. Gold.

a) Deutschlands Stellung auf dem Golderz- bzw. Goldmarkte.

Die Stellung Deutschlands ergibt sich aus der folgenden Übersicht (S. 91), in welcher die untergeordneten Goldgehalte der Blei-Zinkerze usw. keine Berücksichtigung finden konnten. Die Eigenproduktion an Golderz betrug im Jahre 1910 4462 t; sie bestand hauptsächlich aus Arsenikalkies, welcher einen Goldgehalt von 5,2—34,8 g hatte. Bei dieser Erzmenge, die in der Hauptsache von Reichenstein i. Schl. geliefert wurde, handelt es sich bereits um Konzentrate; die Roherzmenge ist wesentlich höher, nämlich ca. 12000 t. Diese Erze werden vorzugsweise auf Arsenpräparate verarbeitet, so daß der Goldgehalt erst in zweiter Linie in Erscheinung tritt.

Nach der deutschen Statistik wurden im Jahre 1910 142,43 t Golderz eingeführt. Die Einfuhr besteht aus sehr reichen Konzentraten, da der Goldgehalt zu 10808000 Mk. Wert angegeben wird.

Die Ausfuhr an Golderzen aus Deutschland ist sehr schwankend, im ganzen aber gering; sie beträgt dem Wert nach 100—700000 Mk.

Man kann also annehmen, daß das im Inland bleibende Erz einen Wert von ca. 10000000 Mk. repräsentiert. Hiervon kommt der bei weitem größte Teil auf eingeführtes Material.

Die Goldproduktion Deutschlands betrug im Jahre 1910 4,625 t im Werte von ca. 12908885 Mk. Sie stammt nur zum Teil aus Erzen, zum Teil wird sie aus eingeführtem Rohgold, das sind Legierungen von Gold und Silber, gewonnen. Derartige Gold-Silber-Trennungs-(sogenannte Scheide-) Anstalten sind in Frankfurt a. M. (Deutsche Gold- und Silberscheideanstalt) und in Hamburg (Norddeutsche Affinerie).

Die Einfuhr an Gold, und zwar in Form von Feingold, Bruchgold usw. hatte im Jahre 1910 einen Wert von 243 Millionen Mark, während die Ausfuhr nur annähernd 38 Millionen Mark betrug. Die Einfuhr erreicht also das Vielfache der Ausfuhr.

Aus diesen Zahlen ergibt sich ein Goldkonsum Deutschlands im Werte von ca. 220 Millionen Mark. Von dieser Summe wird nur ein ganz verschwindender Teil durch einheimische Erze und nur $^1/_{22}$ durch importierte Erze gedeckt, während die Hauptversorgung, nämlich $^{21}/_{22}$, durch Einfuhr von Gold erfolgt. Deutschland ist also in bezug auf Gold im höchsten Grade vom Auslande abhängig.

Produktion, Ein- und Ausfuhr Deutschlands an Golderz und Gold.

I. Golderz.

A. Produktion in metr. t	B. Einfuhr in metr. t (zusammen mit Platin)	C. Ausfuhr in metr. t
1909: 4386 · 1910: 4462	1909: 180,93 t im Werte von 10261000 Mk. · 1910: 142,43 t im Werte von 10808000 Mk.	Sehr schwankend (z. B. zwischen 100000 u. 700000 Mark jährlich) aber stets unbedeutend.
Goldgehalt 5,2—34,8 g und Silbergehalt bis 50 g pro t; ohne größere Bedeutung.		

Im Inland bleibendes Erz: Wert ca. 10000000 Mk. hauptsächlich durch Einfuhr.

II. Gold.

A. Produktion (Reinmetall) in metr. t	B. Einfuhr in metr. t (Feingold u. Bruchgold in Barren usw.)	C. Ausfuhr (Feingold u. Bruchgold in Barren usw.)
1909: 5,064 t im Werte von ca. 14145000 Mk. · 1910: 4,625 t im Werte von 12908885 Mk.	1910: Für ca. 243 Millionen Mk. Davon: England . . 179 Mill. Mk.; Südafrika . . 22 „ „; Rußland . . 11 „ „	1910: Für ca. 38 Millionen Mk.

Goldkonsum Deutschlands 1910: Wert ca. 220 Millionen Mark, von denen nur ein verschwindender Teil durch einheimische Erze und nur ca. $^1/_{22}$ durch importierte Erze mit häufig geringen Edelmetallmengen gedeckt wird; die Hauptdeckung nämlich $^{21}/_{22}$ erfolgt durch eingeführtes Edelmetall (England, Afrika, Rußland s. S. 2).

b) Goldlagerstätten Deutschlands.

Viele Orts- und Flußnamen (Goldberg usw.) deuten auf ehemaligen Goldbergbau hin, der aber niemals eine größere Bedeutung erlangt haben dürfte. Spuren von Gold kann man beispielsweise im Sande einer großen Anzahl von Flüssen finden, bisher sind aber keine derartigen Mengen von Goldseifen einwandsfrei nachgewiesen worden, daß eine Gewinnung durch Großbetrieb gelohnt hätte.

Das Eifel-Gold ist ebenfalls in Goldseifen enthalten. Es unterliegt keinem Zweifel, daß diese Lagerstätten, die in den letzten Jahren so viel von sich reden machten, Gold führen. Die Zukunft muß aber erst erweisen, ob die Vorkommen groß und reich genug für einen rentablen Großbetrieb sind. In den letzten Jahren haben einige Gesellschaften mit der Aufstellung von Maschinen begonnen; dem Resultat des Abbaues sieht man mit Interesse und Spannung entgegen.

Altenberg i. Schl. Gold-Erz-Gänge treten bei Altenberg i. Schl. auf, wo man früher in einer langen Bergbauperiode den Bergmannstroster-Gang auf Blei, Zink und Silber abbaute. Es folgte hierauf eine kürzere Betriebszeit, die es sich zur Aufgabe machte, kupferreiche Erze zu gewinnen. Erst in den letzten Jahren lernte man nördlich von diesem Gang liegende westöstlich streichende Spaltenfüllungen kennen, deren Erze einen erheblichen Goldgehalt aufweisen. Bei Altenberg i. Schl. liegt also der Fall vor, daß eine altbekannte Blei-Zink-Erz-Grube zunächst zur Kupfererzgrube wird und schließlich als Golderzgrube bezeichnet werden muß. Größerer Betrieb findet hier gegenwärtig nicht statt.

Reichenstein i. Schl. Die einzige in Betrieb befindliche Golderz liefernde Lagerstätte Deutschlands ist das Kontaktvorkommen von Reichenstein i. Schl. Kalke hohen geologischen Alters sind hier durch Kontaktmetamorphe eines Eruptivgesteins in Serpentin um-

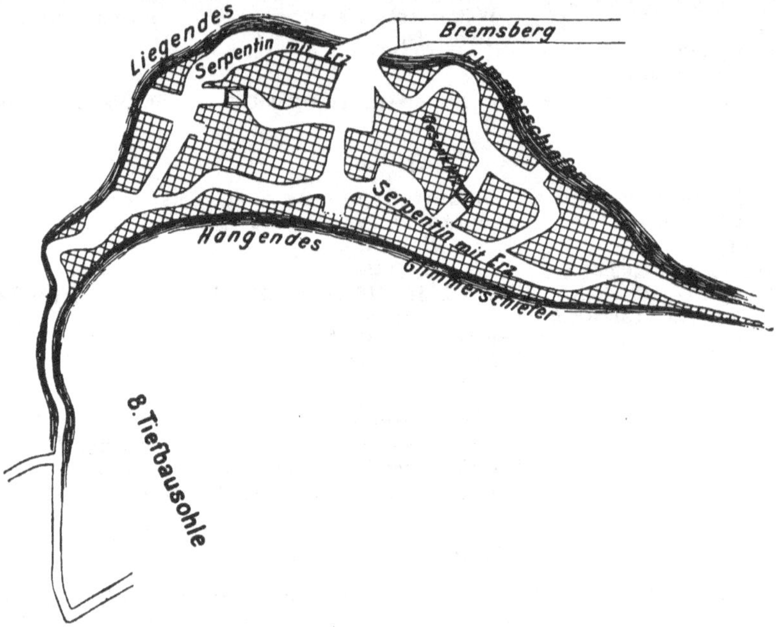

Fig. 20. Horizontalschnitt der goldhaltigen Arsenikalkieslagerstätte von Reichenstein in Schl.

gewandelt, der von derben und eingesprengten Arsenerzen — hauptsächlich Arsenikalkies — durchsetzt wird. Die Lagerstätte hat gegenwärtig eine Förderung von ca. 12000 t und dürfte hinreichend Vorräte für die nächsten 10 Jahre fertig zum Abbau aufgeschlossen zeigen.

Wie oben angeführt, werden die Erze vor allen Dingen von dem Arsenikwerk von Reichenstein i. Schl. verhüttet. Das Roherz wird zunächst auf Arsenpräparate verarbeitet, Gold wird nur als Nebenprodukt gewonnen.

Segenke in Ostafrika. In dem letzten Jahre ist eine Golderzlagerstätte in Ostafrika aufgefunden worden, welche größeres Interesse verdient. Es ist das Vorkommen von Segenke in der Mamberesteppe, westlich von dem Irambaplateau. Der Bergbau geht auf Goldgängen um, die in alten Schiefern auftreten; sie werden von einer Fülle von Eruptivgesteinen durchsetzt. Hier sowohl wie bei den Gängen des östlich davon liegenden Irambaplateaus bildet Quarz die Hauptgangart; an der Tagesoberfläche steht die Zementationszone (S. 72) an. Während bei den Lagerstätten des Irambaplateaus diese Gold-

Fig. 21. Ausgehendes eines Golderzganges des Irambaplateaus (Deutsch-Ostafrika). Im Hintergrunde Granitrücken. (Nach Scheffler in Beyschlag-Krusch-Vogt, Erzlagerstättenlehre, Bd. II, S. 96.)

anreicherungszone nur eine beschränkte Tiefe hat, reicht sie bei dem Vorkommen von Sogonko erheblich unter den Grundwasserspiegel. Hier liegt der Fall vor, daß eine Zementationszone allein Gegenstand des Abbaues bilden kann. Die Aufschlüsse sollen ermutigende sein.

Erwähnung verdienen noch die akzessorischen minimalen Goldgehalte, die sich in den Erzen der verschiedensten deutschen Lagerstätten finden und im Roherz keine Rolle spielen. Der Hütten-

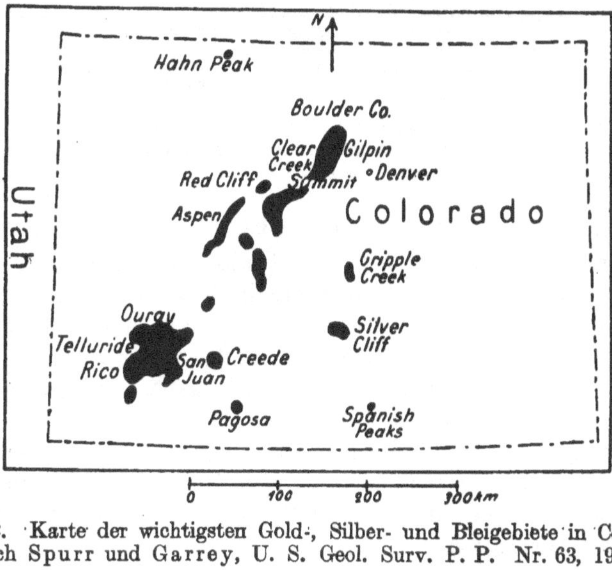

Fig. 22. Karte der wichtigsten Gold-, Silber- und Bleigebiete in Colorado (nach Spurr und Garrey, U. S. Geol. Surv. P. P. Nr. 63, 1908).

mann ist deshalb nicht in der Lage, der Grube ein Entgelt für den Goldgehalt zu bieten. Bei dem Hüttenprozeß findet aber eine Konzentration des Goldgehaltes statt, so daß einige der aus den Erzen erschmolzenen Rohmetalle einen erheblicheren Goldgehalt aufweisen, der gewonnen werden kann.

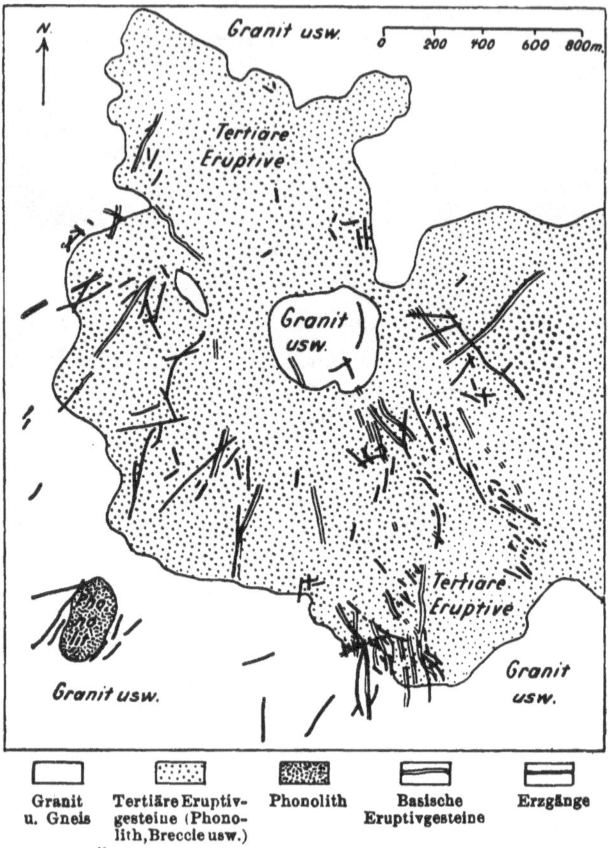

Fig. 23. Übersichtskarte des wichtigsten Teils des Eruptivstockes von Cripple Creek mit den dazugehörigen basischen Gesteins- u. Erzgängen. (Nach Lindgren u. Ransome 1906.)

c) Fremde, für Deutschland wichtige Golderzlagerstätten.

Die deutsche Goldeinfuhr stammt aus den verschiedensten ausländischen Golddistrikten. Eine Statistik über den Ursprung des in Deutschland verbrauchten Goldes ist leider nur insofern vorhanden, als man als Haupteinfuhrländer England, Afrika und Rußland kennt. Es ist deshalb notwendig, hier auf die wichtigsten Golderzlagerstätten der Welt kurz einzugehen.

Vereinigte Staaten. In den Vereinigten Staaten, deren Goldproduktion aus der Übersichtstabelle Seite 106 hervorgeht, beträgt sie ungefähr ein Fünftel der Weltproduktion; es sind mehrere große Golddistrikte vorhanden.

Bei Cripple Creek in Colorado treten Golderzgänge in Phonolith, einem jungen Eruptivgestein, in einer Breccie und in dem beide unterlagernden Granit auf. Die wichtigsten Gänge, welche jährlich annähernd für ca. 50 Millionen Mark Erz liefern, liegen in einem Distrikt, dessen Halbmesser nur 2,5 km beträgt (Fig. 23). Das Edelmetall tritt an Tellur gebunden als Tellurgold (Calaverit) auf und enthält ungefähr einen Teil Silber auf zehn Teile Gold. Als Gangart finden sich hauptsächlich Quarz mit Chalcedon und Opal.

Der Bergbau begann hier im Jahre 1891. Seit 1898 wird jährlich für 15 Millionen Dollar Gold gewonnen, und die gesamte Produktion betrug bis Ende 1905 $154^2/_3$ Millionen Dollar gleich 650 Millionen Mark oder 232750 kg; bis zum Schluß des Jahres 1910 dürfte die Produktion 220 Millionen Dollar Gold gleich 925 Millionen Mark erreicht haben.

Das Erz enthält durchschnittlich 50 g Gold pro t und stammt zum Teil aus einer Oxydationszone, welche bis 70 m Tiefe reicht. In der primären Zone scheint der Goldgehalt nach der Tiefe abzunehmen.

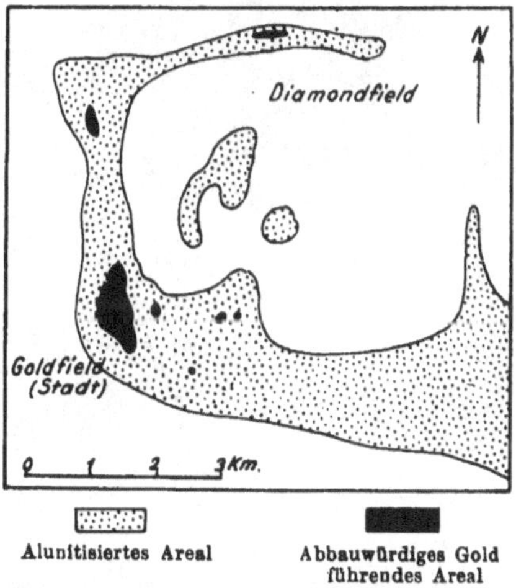

Fig. 24. Karte des Goldfieldgebietes. Die weißen Flächen sind hauptsächlich Andesit, Dacit u. Vitrophyr. (Nach Ransome 1909.)

Goldfield in Nevada. Hier finden sich Goldquarzgänge mit etwas Wismuterz in einem Nebengestein, welches durch eine auffallende Umwandlung in Alunit-Kaolin charakterisiert ist. Das Gebiet besteht aus Cambrium und Granit und wird von tertiären Eruptivgesteinen mit ihren Tuffen und Breccien durchbrochen und überlagert. Gerade in der oben angeführten Umwandlungszone von hauptsächlich intrusivem Dacit, welche ein Gebiet von 1—2 km Breite umfaßt, sind die Erzklüfte gehäuft. Dieses Erzzentrum liefert allein 95% der gesamten Goldproduktion, obgleich es nur ein kleines Gebiet von kaum 1,5 km Länge und 1 km Breite umfaßt (Fig. 24). Das Gold tritt hier gediegen oder an Schwefelkies gebunden auf, und zwar sind meistens 95% Freigold, so daß nur ein kleiner Teil vererzt ist. Das Edelmetall enthält einen Teil Silber auf 7,5 Teile Gold. Die wichtigste Gangart ist Quarz.

Der Distrikt wurde erst im Jahre 1902 entdeckt. Die Goldproduktion war 1903 noch gering, 1907 aber schon bedeutend; man gewann in diesem Jahre 12876 kg im Werte von 38,5 Millionen Mark. Die jetzige Produktion kann zu etwa 30 Millionen Mark angenommen werden. Der Goldgehalt der Erze ist sehr hoch; er beträgt 150 g pro t.

Der älteste Golddistrikt der Vereinigten Staaten ist derjenige Kaliforniens (Fig. 24). Mit Quarz vergesellschafteter goldhaltiger Schwefelkies mit untergeordnetem Freigold füllt die Gangspalten aus, welche in paläozoischen Schiefern der Sierra Nevada auftreten. Zu ihnen gehört der Mother Lode mit ca. 150 km Länge, der in bezug auf die Ausdehnung einzig in seiner Art sein dürfte und den bedeutendsten bauwürdigen Gang der Welt darstellt.

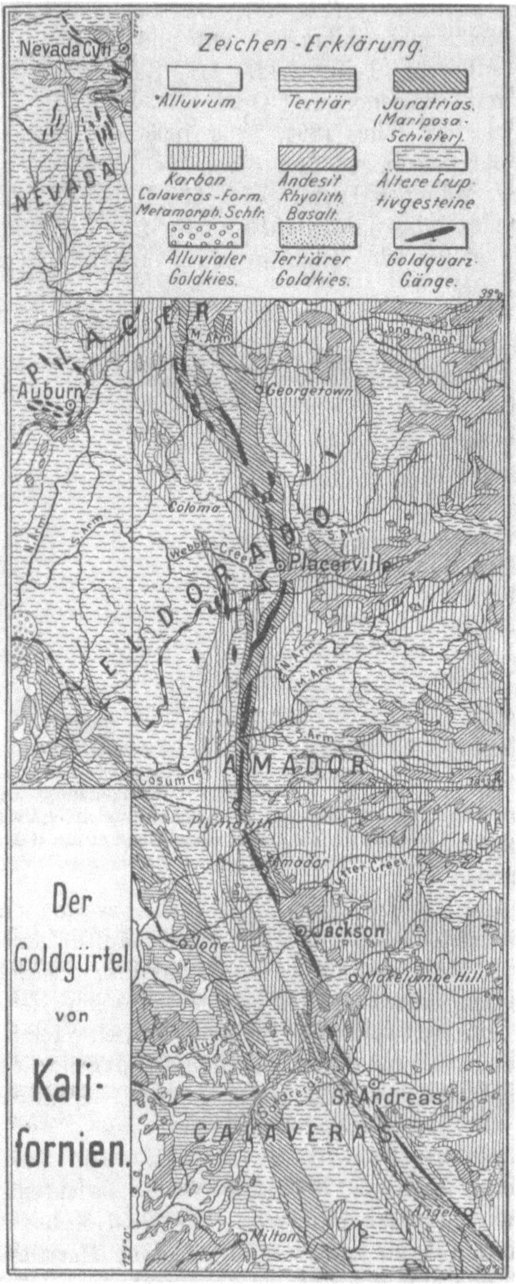

Fig. 25. (Nach Beyschlag-Krusch-Vogt, Erzlagerstättenlehre Bd. II, S. 99.)

Das erste Gold der Sierra Nevada entdeckte man im Jahre 1848. Zwei Jahre später arbeiteten schon mehrere tausend Mann und nach acht Jahren waren bereits ansehnliche Städte vorhanden. Anfangs beutete man ausschließlich die Goldseifen aus, welche durch die Zerstörung der anstehenden Gänge entstanden waren. Die Produktion stieg infolge des leichten Betriebes zunächst außerordentlich, nahm aber später, als die Goldseifen größtenteils erschöpft waren und der Bergmann sich gezwungen sah, die primären Lagerstätten abzubauen, ab. In dieser Beziehung dient der kalifornische Golddistrikt als Norm für die Entwicklung einer jeden Goldquarzlagerstätte. Der Goldgehalt der Erze betrug in der Zementationszone bis 160 g, in der primären erreicht er 15—20 g.

Die Goldproduktion Kaliforniens beträgt jährlich 18—21 Millionen Dollar bei einer Gesamtproduktion der Vereinigten Staaten von ca. 100 Millionen. Im Jahre 1908 wurden in Kalifornien 19329000 Dollar Gold neben 2000000 Dollar Silber gewonnen.

In den letzten Jahrzehnten haben die Goldseifen des Klondikedistriktes oder Yukongebietes von sich reden gemacht. An der Grenze von Canada und Alaska führen eine größere Anzahl von Flüssen in ihren Kiesen oder Schottern Gold, dessen Gewinnung insofern Schwierig-

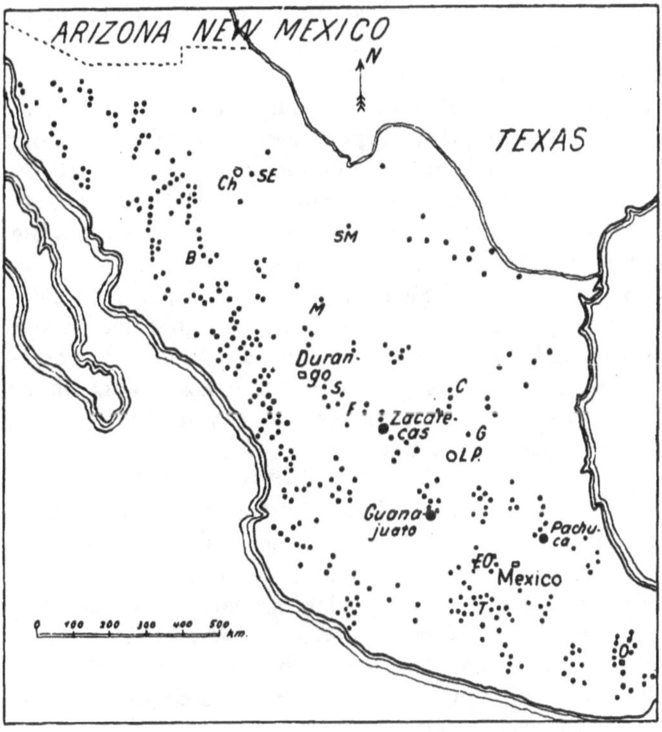

Ch = Staat Chihuahua. SE = Santa Eulalia, SM = Sierra Majoda, M = Mapimi., B = Batopilas, S = Sombrerche, F = Fresnillo, C = Catorce, G = Guadalcazar, LP = San Luis Potosi, EO = El Oro, T = Tasco, O = Stadt Oaxaca.

Fig. 26. Karte der Silber- und Goldlagerstätten Mexikos. (Nach E. del Castillos, Erzlagerstättenkarte 1889.)

keit macht, als ein erheblicher Teil von wasserreichem Torf bedeckt ist und wegen des langen Winters Wasser nur in wenigen Monaten zur Verfügung steht. Man teuft während des Winters durch den gefrorenen Torf und die im gewöhnlichen Zustande lockeren, vom Frost aber verhärteten Schichten die Schächte ab, bis man auf die goldhaltige Lage kommt, taut dann mit heißen Steinen am Boden des Schachtes den goldhaltigen Kies auf und fördert ihn zutage; er bleibt liegen, bis die wärmere Jahreszeit das Auswaschen gestattet. Die Produktion des Klondikedistriktes betrug 1911 ca. 4,58 Millionen Dollar.

Mexiko. Die Goldlagerstätten Mexikos (Fig. 26) sind auf das engste mit den Silbervorkommen verknüpft. Sie liegen in der Sierra Madre, der unmittelbaren Fortsetzung der Rocky Mountains und in dem Berglande auf dem zugehörigen Hochplateau in der Umgebung der Stadt Mexiko. Das Gebiet besteht aus jungen Eruptivgesteinen mit ihren Tuffen und Konglomeraten. Die Gänge treten vorzugsweise in den ersteren auf. Sie sind in der Hauptsache Silbererzgänge, welche Gold nur in geringer Menge führen, nämlich 1 Teil Gold auf ca. 140—400 Teile Silber. Nur ein beschränkter Teil der Lagerstätten hat Gold in wesentlicher Menge; zu ihnen gehört der in den letzten Jahren wichtigste Goldproduzent Mexikos El Oro, ca. 100 km nordwestlich von der Hauptstadt.

Abgesehen von diesen Gängen kennt man in Mexiko noch Kontaktlagerstätten mit Gold- und Kupfererzen im Diorit und Kalkstein.

Seltener sind Golderzgänge mit wenig Silber in Granit und anderen älteren Gesteinen an der Westküste Mexikos. Hierher gehört der zweitwichtigste Goldbezirk Minas Prietas in Sonora. Diese Gänge dürften mit den kalifornischen zu vergleichen sein.

Der amerikanische Forscher Lindgren verteilt die Goldproduktion Mexikos in folgender Weise: 80% kommen auf die tertiären Gold- und auf goldhaltige Silbergänge und 20% auf die übrigen Lagerstätten. Die gesamte Goldproduktion Mexikos betrug im Jahre 1910 24 Millionen Dollar. Sie wird insgesamt von 1851 bis 1909 auf ca. 1500 Millionen Mark geschätzt.

Rußland. In Europa hat nur Rußland mit 40169000 Dollar im Jahre 1910 eine erhebliche Goldproduktion. Der größte Teil dieser russischen Förderung stammt aus Seifenlagerstätten, die namentlich in Sibirien ausgebeutet werden. Die primären Goldquarzgänge, durch deren Zerstörung die Seifen entstanden, sind zwar in Sibirien an einer Reihe von Stellen bekannt, dürften aber wegen des teureren Betriebes erst ausgebeutet werden, wenn die Seifen erschöpft sind. Über diese Lagerstätten ist wenig bekannt.

Gut erforscht sind dagegen die Goldgänge von Beresowsk im Ural, wo in durch den Gebirgsdruck beeinflußten Schiefern, welche an der Oberfläche stark zersetzt sind, zahlreiche 2—14 m mächtige Gänge eines feinkörnigen Granites (Beresit) auftreten. Die primären Lagerstätten sind mit ausgedehnten Seifen verbunden; sie lagern unter einer Torfdecke, die als Brennmaterial benutzt wird.

Innerhalb der Granitgänge treten, und zwar quer zur Längserstreckung verlaufend, die Goldgänge auf. Meist beträgt ihre Mächtigkeit nur wenige Zentimeter, ausnahmsweise erreicht sie über 1 m. Man bezeichnet diese Form der Gänge als Leitergänge (siehe die Leitergänge von Waverley S. 104 Fig. 31). Die Lagerstätten führen Quarz mit goldhaltigem Schwefelkies und Freigold.

Die Genesis dieser Vorkommen ist insofern besonders interessant, als ein in der Nähe liegender Granitit bis 1 g Gold pro t enthält, obgleich er vollkommen frisch ist. Es liegt also nahe, anzunehmen, daß hier das Granitmagma schon ursprünglich einen Goldgehalt hatte, der später zum Teil auf den Goldgängen konzentriert wurde. Die Produktion von Beresowsk ist gering.

Transvaal. Der größte Goldproduzent der Welt ist Transvaal mit 155730000 Dollar im Jahre 1910. Man beutet hier hauptsächlich ein Golderzlager aus, das einzige bedeutende, welches, abgesehen von den Seifen, auf der Welt überhaupt bekannt ist. Die tiefsten hier aufgeschlossenen Schichten sind kristalline Schiefer der südafrikanischen Primärformation, welche archäisches Alter hat (siehe

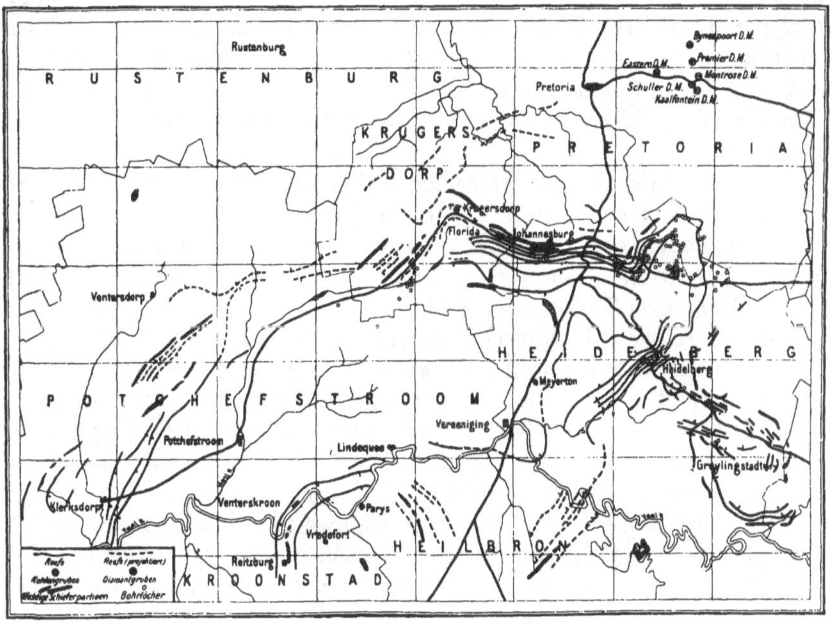

Fig. 27.

Formaticnstabelle S. 86). Auf ihr liegt diskordant die Witwatersrandformation, deren Alter noch nicht genau bestimmt ist, mutmaßlich ist sie altpaläozoisch; darüber folgt die devonische Kapformation.

Wie aus Figur 27 hervorgeht, bilden die Formationen eine große, im allgemeinen ostwestlich streichende Mulde, so daß die Gesteinsschichten sowohl im Norden als im Süden an der Tagesoberfläche angeschnitten sind. Durch ihre Goldführung zeichnen sich die Konglomerate der Witwatersrandformation aus. Bei Johannesburg kennt man sieben Flözgruppen derartiger Konglomerate, über denen eine achte bereits zur Kapformation gehörige folgt.

Die Zwischenmittel zwischen den Konglomeraten bestehen meist aus Sandstein, seltener aus Schiefer. Am wichtigsten von allen Gruppen ist die Hauptflözgruppe.

Die streichende Ausdehnung dieser Flöze dürfte daraus hervorgehen, daß man im Jahre 1894 die Hauptflözgruppe auf etwa 80 km Länge kannte.

Die Konglomerate bestehen aus Quarzgeröllen und einem Bindemittel; goldführend ist aber fast ausschließlich das Bindemittel. Der durchschnittliche Goldgehalt wurde im Jahre 1892/93 zu 23 g pro t festgestellt und in den letzten Jahren von mir zu ca. 12 g pro t berechnet.

Durch den Bergbau bekannt sind die Orte Krügersdorp, Johannesburg und Bocksburg auf dem Nordflügel der Mulde, und die Städte Reitzburg und Heidelberg auf dem südlichen Gegenflügel. Der Bergbau beschäftigte sich zunächst mit den am leichtesten zugänglichen Teilen der Flöze am Ausgehenden, und zwar auf dem Nordflügel der Mulde (sogenannte Outrop Mines; Outrop gleich Ausgehendes). Von diesem Ausgehenden an senken sich die Schichten nach Süden in die Tiefe, so daß auf die Muldenmitte zu hinter der Zone der Outrop Minen eine Zone der Deep Minen folgt, in welcher der Bergbau schon 1800 m und mehr erreicht hat.

Die Mächtigkeit der einzelnen Flöze ist sehr verschieden. Sie schwankt von wenigen Zentimetern bis 30 m.

Wenn auch der Goldgehalt der Flöze nicht derart regelmäßig ist, wie man in früheren Jahren annahm — man schritt mitunter auf die Resultate weniger Tiefbohrungen hin zum Abteufen kostspieliger Schächte, um später schwere Enttäuschungen zu erleben, weil große Partien des Flözes sich als unbauwürdig erwiesen — so zeigt doch die Geschichte des Witwatersrandes, daß die Golderzlager in bezug auf den Goldgehalt wesentlich beständiger sind, als die Golderzgänge. Die Folge davon ist eine größere Stabilität des jährlichen Reingewinns und eine relative Sicherheit vor schwereren plötzlich einsetzenden Krisen. Die relative Vorliebe des Kapitals für derartige Goldwerte ist also gerechtfertigt.

Die Produktion des Transvaaldistriktes ist, abgesehen von dem Burenkriege, der ein plötzliches Sinken des Ausbringens veranlaßte, eine ständig steigende. Im Jahre 1903 betrug sie 61,5 Millionen Dollar; sie stieg kontinuierlich bis 155,7 Millionen Dollar im Jahre 1910.

Australasien. Der dritte Hauptgoldproduzent auf dem Weltmarkt ist Australasien mit 65,32 Millionen Dollar.

Die Hauptlagerstätten liegen in Westaustralien (Fig. 28); hier sind die Tellurgoldgänge, welche in stark metamorphosierten Schiefern und umgewandelten Eruptivgesteinen in der Gegend von Kalgoorlie und Coolgardie aufsetzen, am berühmtesten. Sie bilden zusammengesetzte Gänge, und zwar bestehen diese aus einem System feiner, wenig mächtiger Spalten, von denen aus eine intensive Imprägnation bzw. Verdrängung der Bestandteile des Nebengesteins durch Quarz und Erze erfolgte. Das Edelmetall kommt sowohl in Form von Tellurgold, als auch an Schwefelkies gebunden vor.

Der Einfluß der Tagewässer macht sich in einer häufig tief gehenden Oxydationszone (siehe Seite 72) geltend, in der Tellur ausgelaugt wurde, so daß Freigold übrig blieb. Sie hat nach meinen Untersuchungen nur annähernd den halben Goldgehalt der primären Zone; eine Zementationszone ist nicht vorhanden.

In der primären Zone nimmt der Goldgehalt zweifellos nach der Tiefe ab.

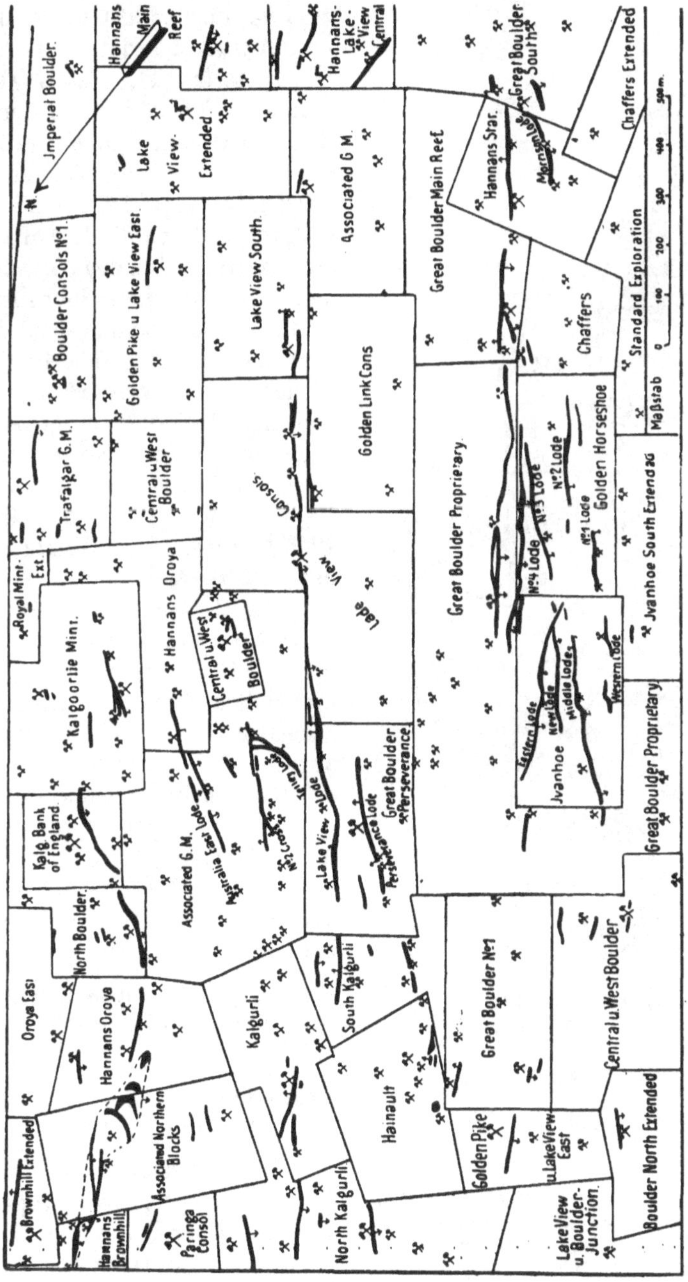

✗ gibt die Lage der Schächte an.

Fig. 28. Die hauptsächlichsten Gangzüge des westaustralischen Tellurgolddistriktes. (Nach Krusch, Untersuchung und Bewertung von Erzlagerstätten, 2. Aufl. Stuttgart 1911).

Der wichtige Golddistrikt von Kalgoorlie wurde Anfang der 90er Jahre des vorigen Jahrhunderts durch das Auffinden von Goldquarzgängen entdeckt, aber erst im Jahre 1896 erkannte man die Tellurerze.

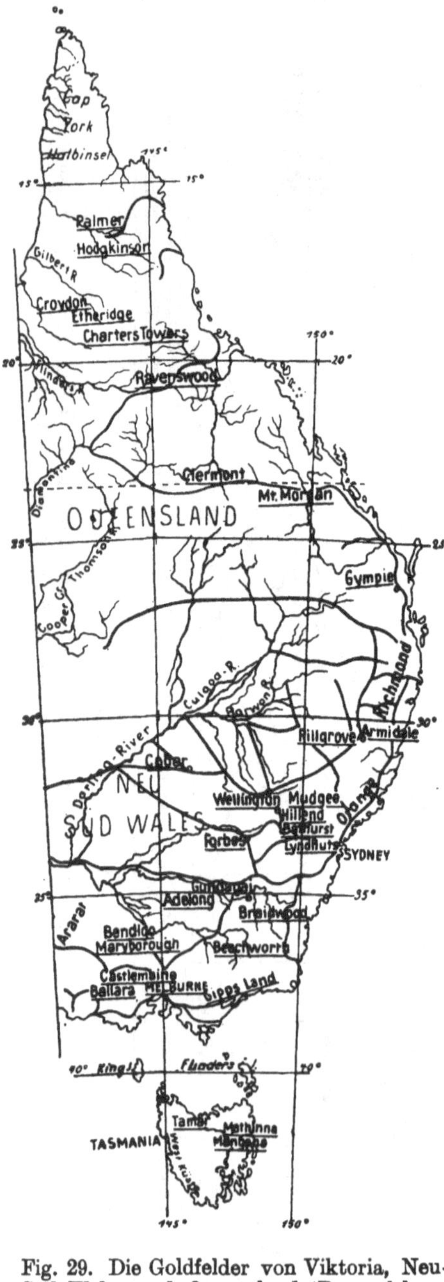

Fig. 29. Die Goldfelder von Viktoria, Neu-Süd-Wales und Queensland (Beyschlag-Krusch-Vogt, Erzlagerstättenlehre Bd. II S. 105).

Die wirtschaftlichen Bedingungen, unter denen man früher arbeitete, waren die denkbar ungünstigsten, da das westaustralische Plateau so gut wie wasserfrei ist, Wasser aber dringend für den Gold- und Hüttenbetrieb gebraucht wird. Man zahlte damals für einen Liter zeitweilig 5 Pf.; heute ist Kalgoorlie durch die Eisenbahn mit Perth verbunden, so daß man im bequemen Schnellzug in 15 bis 20 Stunden von der Westküste aus den Golddistrikt erreicht. Die Wasserfrage ist von der Regierung in genialer Weise durch eine Wasserleitung gelöst worden, welche 300 engl. Meilen lang ist. Im Jahre 1903 kosteten 4 cbm Wasser nur noch ca. 6 Mk.

Die Goldproduktion Westaustraliens betrug im Jahre 1909 mit 1595000 Unzen nicht ganz die Hälfte derjenigen Australasiens, welches 3447000 Unzen aufwies; Westaustralien lieferte ca. $^{1}/_{14}$ der Weltproduktion.

Die übrigen Goldproduzenten Australasiens sind im Jahre 1909 in folgender Weise an der Gesamtproduktion beteiligt:

Viktoria	mit	654222	Unzen
Queensland . . .	„	454577	„
Neu-Südwales . .	„	204709	„
Tasmanien . . .	„	44777	„
Süd-Australien .	„	7500	„
und Neu-Seeland	„	485179	„

Die Lagerstätten sind zum Teil an jungtertiäre Eruptivgesteine gebunden, wie z. B. in Neu-Seeland (Hauraki-Goldfeld), wo Gänge mit Quarz, gediegen Gold und mit wenig Tellurgold hauptsächlich im Andesit und Dazit auftreten. — Hier hat man in dem Tamesdistrikt seit der Entdeckung des Goldes im Jahre 1867 bis zum Jahre 1897 für 152 Millionen Mark Edelmetall gewonnen und davon 120 Millionen innerhalb eines Areals von nur 3 qkm.

Eine weit geringere Bedeutung haben die nicht an junge Eruptivgesteine gebundenen Goldquarzgänge Australasiens, welche ein hohes geologisches Alter aufweisen und die Veranlassung zum Goldbergbau gaben, wenn sie auch heute keine Bedeutung mehr haben.

Wichtig sind dagegen die Lagerstätten von Viktoria, Queensland und Neu-Südwales.

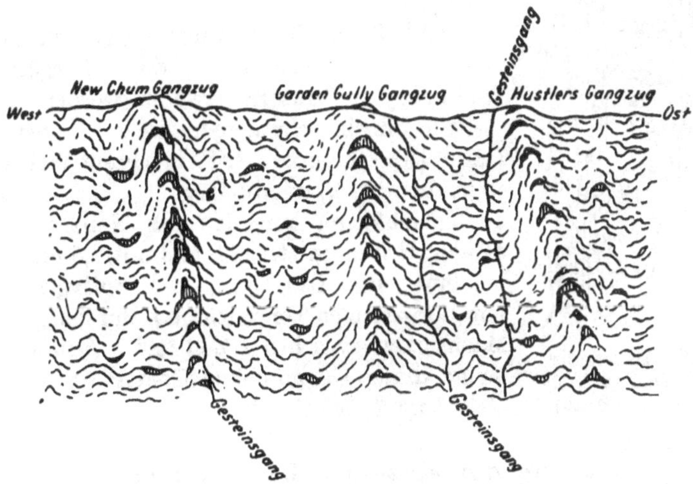

Fig. 30. Schematisches Profil durch das Bendigo-Goldfeld. (Nach Schmeißer.)

In der Kolonie Viktoria sind die Goldgänge vorzugsweise an die Namen Bendigo, Ballarat und Ararat geknüpft (Fig. 29).

Am bekanntesten sind die Goldgänge des Bendigodistriktes, die in hochgradig gepreßten schwarzen Schiefertonen und feinkörnigen Sandsteinen hohen geologischen Alters (Ordovician) auftreten.

Eigenartig ist die Form dieser Goldlagerstätten. Bei der Faltung zu Sätteln und Mulden sind die Gesteine im Muldentiefsten und im Sattelhöchsten aufgeplatzt, und es haben sich in diese mulden- bzw. sattelförmigen Hohlräume von mehr oder weniger vertikalen Klüften aus Minerallösungen ergossen, welche die Spalten mit Quarz und Golderzen ausfüllten. Man bezeichnet diese Gänge als Sattel- bzw. Muldengänge (Saddle Lodes), von denen meist eine größere Anzahl übereinander liegen.

Von Interesse ist das Verhalten der Erzführung nach der Tiefe, da viele Gruben bereits 1000 m erreicht haben; im Jahre 1906 wurde bauwürdiges Erz noch bei 1400 m Tiefe festgestellt. Diese Erfahrung deckt sich mit der allgemeinen, daß an Schwefelkies gebundene Goldgänge hohen geologischen Alters nach der Tiefe länger bauwürdig auszuhalten pflegen als solche, die an tertiäre Eruptivgesteine geknüpft sind.

Die untere Grenze der Bauwürdigkeit liegt im Bendigodistrikt bei 7 Dollar pro t, das entspricht ungefähr 10 g. Der Distrikt lieferte bis 1906 annähernd 20,5 Millionen Unzen Gold, und zwar 6 Millionen ausschließlich aus primären Erzen, während 14,5 Millionen zum Teil aus primären Erzen, zum Teil aus Seifen stammen. Im Jahre 1904 betrug die Produktion 206000 Unzen; das Erz hatte im Durchschnitt 10 Dollar oder 14,3 g Gold pro t.

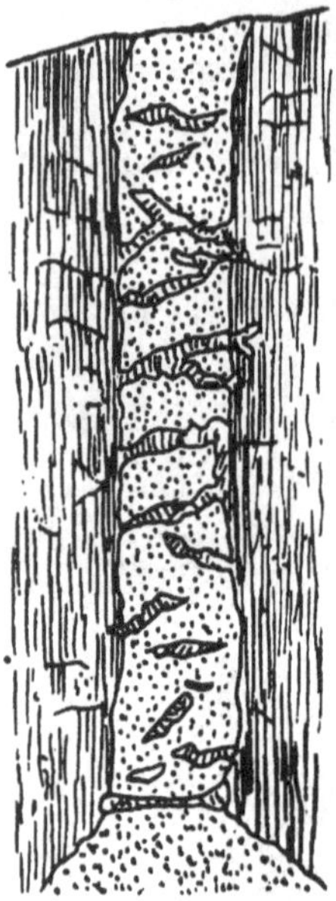

Fig. 31. Leitergang von Waverley (nach Phillips u. Louis).

Schließlich sollen von australasiatischen Gängen ihrer Form wegen noch die Leitergänge von Waverley in Viktoria erwähnt werden (Fig. 31). Sie ähneln sehr denjenigen von Beresowsk im Ural. Der Goldquarz tritt in einem fast vertikal stehenden Eruptivgesteinsgang (Grünstein) auf, der gleichförmig mit den das Nebengestein bildenden Schiefern streicht und auf 2,5 engl. Meilen bekannt ist. Das zersetzte Eruptivgestein wird von horizontalen Quarztrümern durchzogen, deren Mächtigkeit zwischen 1 Zoll und 2 Fuß schwankt; einige dieser Gänge haben Golderze von seltenem Reichtum geliefert.

Bedeutung der einzelnen Lagerstättengruppen für die Welt-Goldproduktion.

Die gesamte Goldproduktion betrug durchschnittlich jährlich:

1493—1600	7100 kg
1601—1700	9100 „
1701—1800	19000 „
1801—1820	14800 „
1821—1840	17750 „
1841—1850	54760 „
1851—1860	201790 „
1861—1870	188160 „
1871—1880	169880 „
1881—1890	154450 „
1891—1900	319170 „
1901	392705 „
1903	493083 „
1905	568232 „
1908	667071 „
1910	701019 „

Von Interesse ist, daß die Entdeckung des Seifengoldes in Kalifornien im Jahre 1848 und bald nachher in Australasien im Jahre 1849 die Jahresproduktion fast sprunghaft auf das Zehnfache, nämlich von 20000 auf 200000 kg steigen ließ. Als die Seifen, auf deren Gewinnung man ausschließlich eingerichtet war, in wenigen Jahrzehnten erschöpft waren, erfolgte der Rückgang der Weltproduktion, der das Minimum in den 1880er Jahren erreichte. Mit der Inangriffnahme des Bergbaus der Goldgänge in den Vereinigten Staaten und in Australien, der sich langsamer entwickelte, begann die neue und diesmal regelmäßige Steigerung, die bei den nordamerikanischen Gruben vor allen Dingen seit den 1890er Jahren zu beobachten ist. Um die Mitte der 1880er Jahre kam der Bergbau auf die goldhaltigen Witwatersrandkonglomerate in Transvaal hinzu, und Mitte der 1890er Jahre wurde die Goldproduktion der Welt durch diejenige der wichtigen westaustralischen Tellurgoldgänge vermehrt, die abermals eine starke Steigerung hervorbrachte.

Die beiden für den Goldbergbau wichtigsten Lagerstättengruppen sind die Erzlager (Witwatersrandkonglomerat) und die Goldgänge, unter denen besonders die alte Gruppe von bedeutenden Seifen begleitet wird. Das Witwatersrandkonglomerat lieferte in den letzten Jahren rund 35% der gesamten Goldproduktion. Die junge Goldgruppe ergab etwa ein Viertel der Weltproduktion und die alte etwa ein Drittel. Da die Goldseifen zum größten Teil von den Gängen der alten Gruppe stammen, ist ihre Bedeutung für die Weltproduktion im ganzen genommen eine fast ebenso große als diejenige des Witwatersrandkonglomerates.

Nach diesen Berechnungen bleiben für alle übrigen Lagerstättengruppen nur ca. 7% übrig (Beyschlag, Krusch, Vogt, Lagerstättenlehre, Band II S. 138).

d) Die Marktverhältnisse und die Weltproduktion.

Wie ich oben ausführte, ist der Marktwert des reinen Goldes sehr konstant. Gold ist das einzige Metall, dessen Wert sich als unabhängig von der Konjunktur erweist. Eine Vergleichung der Statistik ergibt, daß selbst bei erheblicher Produktionszunahme Vorräte, wie sie bei den weniger kostbaren Metallen lediglich zu Spekulationszwecken aufgehäuft werden, nicht vorhanden sind. Der Preis beträgt ca. 2780 Mk. pro kg.

Die Goldproduktion der Welt betrug im Jahre 1901 465848000 Dollar; die Verteilung auf die einzelnen Länder ergibt sich aus der umstehenden Tabelle.

Im Jahre 1909 ist also ein Zuwachs von 15 Millionen, im Jahre 1910 von ca. 7 Millionen Dollar gegenüber den Vorjahren vorhanden. Die größte Zunahme des Jahres 1910 zeigten Rußland mit ca. 8 Millionen und Transvaal mit ca. 5,5 Millionen. Bemerkenswert ist der Rückgang verschiedener Staaten, nämlich:

der Vereinigten Staaten	mit ca.	3,7	Millionen
Mexikos	„ „	1,5	„
und Australiens	„ „	5,5	„

Gold-Weltproduktion.

Wert in Dollar.

Länder	1906	1907	1908	1909	1910
Nord-Amerika:					
Ver. Staaten	94373800	90435700	94560000	99673400	96055200
Canada	12023932	8264765	9842105	9382230	10224910
New-Foundland	92500	89191	88881	88881	88881
Mexiko	16639350	18739181	20543603	22511966	24073100
Centr.-Amerika	1205500	2096911	3018793	2630100	2713700
Süd-Amerika:					
Argentinien	15100	103013	161261	165360	165360
Bolivien	22000	25000	26873	—	—
Brasilien	2500000	3022326	2196568	2252900	1954674
Chile	640000	1267278	346300	842649	842649
Columbia	1980000	3255311	3010565	3100500	3100500
Ecuador	132900	267169	350300	351390	351390
Brit. Guayana	1647031	1234988	1289948	1343075	1178645
Niederl. Guayana	788820	733718	810829	806130	806130
Franz. Guayana	1612863	1858886	2857780	2990700	3100500
Peru	370000	516394	514500	564867	564867
Uruguay	25000	51839	91600	83075	83075
Venezuela	310000	22596	24500	24804	24804
Europa:					
Österreich	46000	91719	99009	98295	98295
Ungarn	2420000	2326765	2157639	2193180	2193180
Frankreich	—	847290	1146999	1147400	1114700
Deutschland	2792439	66460	3161890	3365281	3073544
Italien	6600	39876	39930	24200	17300
Norwegen	8000	8000	5165	—	—
Portugal	1000	1000	827	31005	31005
Rußland	22469432	26512065	30944561	31889956	40169000
Spanien	5500	6645	6201	2900	3200
Schweden	41000	18590	14500	9370	18700
Türkei	29000	4652	2200	2200	6000
Großbritannien	266500	29242	16000	24990	24990
Afrika:					
Transvaal	119609373	132936707	145593985	150299329	155730260
Abessinien	—	—	—	—	—
Rhodesia	9902873	10589385	12276389	12885430	12607791
Sudan	—	—	—	—	—
Westküste	4122260	5627970	5746825	4644445	3674087
Madagaskar	1169608	1116423	1823464	2480000	2149721
Mozambique	—	—	—	—	—
Asien:					
Borneo (Britisch)	895000	1561145	1400000	1462120	1466537
China	4500000	4500000	6500000	9352100	10102300
Niederl. Indien	1150000	1646214	2245609	2146400	2214100
Britisch Indien	11030711	10251494	10714336	11881447	12089500
Japan (exkl. Formosa)	3508670	3403378	2331444	2612978	4448200
Korea	2500000	2170584	2250000	1993600	1993600
Malayische Halbinsel	350000	325000	280734	393200	400000
Australasien	82358207	75849349	73314671	70982807	65329705
Andere Länder	1500000	1500000	1550250	1550250	1563686
Zusammen	405080969	411294458	443355856	458274910	465847786

Bei diesen Produzenten handelt es sich um Distrikte, deren Höhepunkt bereits überschritten ist und bei denen in größerer Tiefe der Goldgehalt der Erze abgenommen hat.

Die gesamte Goldproduktion des Jahres 1910, die größte, die jemals erreicht wurde, ist mehr als 4 mal so bedeutend als diejenige des Jahres 1885, und es ist nicht anzunehmen, daß ein wesentlicher Rückgang in den nächsten Jahren eintritt.

Auf eine sprunghafte Steigerung ist allerdings andererseits auch nur zu rechnen, wenn ein bedeutender neuer Distrikt gefunden wird.

Die Statistik zeigt weiter, daß ungefähr ein Drittel der Jahresproduktion festgelegt wird, d. h. die Zunahme der Reserven der Banken der Welt beträgt ungefähr ein Drittel der Produktion. Wenn man weiter berücksichtigt, daß auch Private Gold anhäufen, so kann man annehmen, daß ungefähr 40—50% der Goldproduktion in irgend einer Form aufgestapelt werden.

II. Versorgung Deutschlands mit Kupfererzen und Kupfer.

a) Deutschlands Stellung auf dem Kupfererz- bzw. Kupfermarkte.

In Tabelle Seite 109 habe ich die wichtigsten Daten betreffend die Versorgung Deutschlands zusammengestellt; siehe außerdem über die Produktion Deutschlands Seite 108.

1. Kupfererz. Im Jahre 1910 wurden im rheinischen Bezirk (Tabelle Seite 109) und bei Stadtberge 78747 t Roherz mit 1224 t Kupferinhalt also einem durchschnittlichen Metallgehalt von 1,55% gefördert. Das übrige Deutschland (Harzer, Mansfelder, niederschlesischer und sächsischer Bezirk) lieferte 841893 t mit 21842 t Metallinhalt, so daß der durchschnittliche Metallgehalt 2,59% betrug. Im ganzen wurden also 920640 t mit 23066 t Kupferinhalt, das sind 2,51%, geliefert. Bei den Kupfererzen muß der Silbergehalt mit in Rechnung gezogen werden. Er betrug in dem genannten Jahre bei 841874 t 100—250 g, während 78766 t nur bis 50 g hatten.

Auf diese Kupfererzproduktion war aber Deutschland nicht ausschließlich angewiesen, sondern es standen ihm in dem genannten Jahre noch 22194 t eingeführte Erze und Kiesabbrände (Tabelle, Seite 108) zur Verfügung, die einen durchschnittlichen Kupfergehalt von 8% gehabt haben dürften; ihr Kupferinhalt entspricht also annäherd 1776 t.

Die Ausfuhr an Kupfererzen betrug 23729 t im Werte von 1214000 Mk., so daß der Kupfergehalt zu annähernd 11%, also 2610 t angenommen werden kann.

Zieht man lediglich den Kupferinhalt in Frage, so blieben im Inlande in Erz und in Kiesabbränden ca. 22200 t.

Die Otavierze in Deutsch-Südwestafrika gehen gegenwärtig nach dem Auslande (Seite 113). kommen also dem deutschen Kupferkonsum nicht zugute.

Produktion, Ein- und Ausfuhr Deutschlands an Kupfererz und Kupfer.

I. Kupfererz.

A. Produktion in metr. t (Kupfer im Erz)		B. Einfuhr in metr. t		C. Ausfuhr in metr. t	
1909	1910	1909	1910	1909	1910
22440 (798618 t Erz mit 2,8 % gewinnbarem Kupfer)	23066	Kupfererze und kupferhaltige Schwefelkiesabbrände: 26488 im Werte von ca. 5033000 Mk. Entspricht bei Kupferdurchschnittspreis von £ 58 annähernd 23 % Kupfer, im ganzen also ca. 6095 t Kupferinhalt.	22194 im Werte von ca. 2504000 Mk. Entspricht annähernd 8 % Kupfer, im ganzen also ca. 1776 t Kupferinhalt.	22437 im Werte von ca. 754000 Mk. Entspricht bei Kupferdurchschnittspreis von £ 58 annähernd 7,5 % Kupfer, im ganzen also ca. 1683 t Kupferinhalt.	23729 im Werte von ca. 1214000 Mk. Entspricht bei Kupferdurchschnittspreis von £ 57 annähernd 11 % Kupfer, im ganzen also ca. 2610 t Kupferinhalt.

Im Inland bleibendes Kupfer im Erz im Jahre 1910: Produktion 23000 t + Einfuhr 1776 t − Ausfuhr 2610 t = ca. 22200 t.

II. Rohkupfer.

A. Produktion in metr. t		B. Einfuhr in metr. t		C. Ausfuhr in metr. t	
1909	1910	1909	1910	1909	1910
31100	34900	154673 davon aus den Vereinigten Staaten 143718	181551 davon aus den Vereinigten Staaten 159346	6495 davon nach Österreich-Ungarn 4258	7063 davon nach Österreich-Ungarn 4764

Roh-Kupferkonsum Deutschlands 1910: Produktion 34900 t + Einfuhr 181551 t − Ausfuhr 7063 t = ca. 210000 t, davon gedeckt durch einheimische Erze ca. 23000 t = ca. $^1/_9$, die Hauptdeckung erfolgt durch Einfuhr von Rohkupfer = ca. $^6/_7$, der Hauptlieferant hierfür sind die Vereinigten Staaten, die ca. $^{16}/_{21}$ des deutschen Konsums liefern.

Förderung von Kupfererzen (Roh- und Aufbereitungserzen) des Deutschen Reiches in den Jahren 1909 und 1910 nach Wirtschaftsgebieten und nach dem Silbergehalt der Kupfererze.

Zahl der in Förderung gewesenen Betriebe	Jahresförderung von Roherz: Menge, einschließlich des natürlichen Nässegehalts	Jahresförderung von Roherz: Durchschnittlicher Metallgehalt in	Ohne Aufbereitung od. mit Handaufber. sind abgesetzt worden — Kupfererze: Menge, einschließlich d. natürlichen Nässegehalts	Ohne Aufbereitung od. mit Handaufber. sind abgesetzt worden — Kupfererze: Durchschnittlicher Kupfergehalt in	In der Aufbereitungsanstalt verarbeitete Roherze der eigenen Gruben	In der Aufbereitungsanstalt sind gewonnen worden — Kupfererze: Menge, einschließlich d. natürlichen Nässegehalts	In der Aufbereitungsanstalt sind gewonnen worden — Kupfererze: Durchschnittlicher Kupfergehalt in	Durchschnittswert für 1 Tonne aufbereitetes Kupfererz
	t	%[1]	t	%[1]	t	t	%[1]	ℳ
Rheinischer Bezirk[2], einschließlich des Vorkommens bei Stadtberge.								
1909 6 (17)	55449	1,83	1354	2,07	51492	40889	1,81	13,23
			4074	5,45		1220	7,30	36,07
1910 5 (20)	78747	1,55	11458	1,01	74765	42557	2,23	12,83
			3202	5,62		1370	5,55	30,66
Harzer, Mansfelder, Niederschlesischer und Sächsischer Bezirk.								
1909 24 (16)	741959	2,67	741659	2,67	18810 + 15143 Halden	—	—	—
				—				
1910 19 (13)	841893 Kupfererze	2,59	840693	2,59				
1909 30 (33)	797408	2,61	755609	2,77	51492	44397	2,18	14,69
1910 24 (33)	920640	2,51	863160	2,62	74765	44950	2,54	14,79
Hiervon entfallen auf Kupfererze mit einem Silbergehalt bis 50 g auf die Tonne:								
1909	57938	1,90	16439	7,62	51492	44397	2,18	14,69
1910	78766	1,56	22486	3,50	74765	44950	2,54	14,79
mit einem Silbergehalt von 100—250 g auf die Tonne:								
1909	739470	2,67	739170	2,67	—	—	—	—
1910	841874	2,59	840674	2,59	—	—	—	—

Anmerkung: Die Zahlen in der Klammer in Spalte 1 geben die Gruben an, bei denen Kupfererze neben anderen Erzen gewonnen wurden.

[1]) Nach Abzug des natürlichen Nässegehalts.
[2]) Wegen der Bezirke siehe die Übersichtstabelle auf S. 12 u. 13.

2. Rohkupfer. Die Produktion Deutschlands betrug im Jahre 1910 34900 t (Tabelle Seite 108), hierzu kommt eine Einfuhr von 181551 t, die zum größten Teil aus den Vereinigten Staaten stammt. Da die Ausfuhr nur 7063 t beträgt, erreichte der Rohkupferkonsum Deutschlands im genannten Jahre ca. 210000 t.

Hiervon werden durch einheimische Erze ca. $^1/_9$ gedeckt; Deutschland ist in der Hauptsache auf die Einfuhr von Rohkupfer angewiesen — ca. $^6/_7$ des Konsums —, die vorzugsweise aus den Ver. Staaten — ca. $^{16}/_{21}$ der Einfuhr — stammt.

Deutschland kann also nur zum geringen Teil den eigenen Bedarf decken und ist in bezug auf Kupfer vom Auslande abhängig.

b) Die deutschen Kupfererzlagerstätten.

Das Kupferschiefervorkommen von Mansfeld (Fig. 32). An erster Stelle stehen die deutschen Kupferschiefervorkommen. Man versteht unter Kupferschiefer einen bituminösen Mergelschiefer, welcher Kupfererze in feiner Einsprengung und in dünnen Lagen und

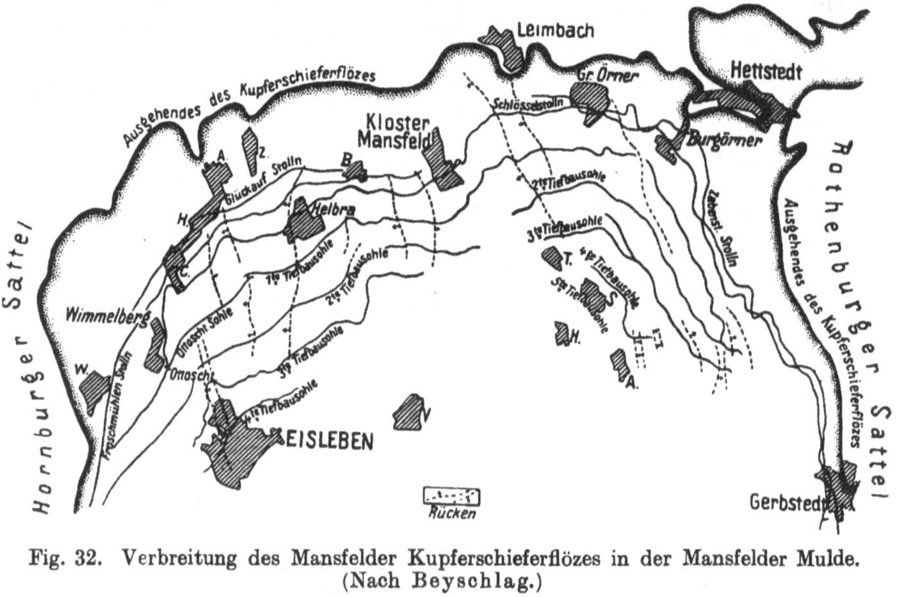

Fig. 32. Verbreitung des Mansfelder Kupferschieferflözes in der Mansfelder Mulde. (Nach Beyschlag.)

Trümern führt. Das Material enthält bis 3% Kupfer und bis 250 g Silber in der Tonne. Der Kupferschiefer, dessen Metallgehalt nach meiner Meinung sekundär infiltriert wurde, also jünger ist als der bituminöse Mergelschiefer, wird nur in Deutschland ausgebeutet. Er kommt hier in Form eines Erzlagers in dem unteren Teile der Zechsteinformation (siehe Formationstabelle S. 86) vor und bildet einen auf große Entfernungen durchsetzenden Horizont. Man nahm früher an, daß das Kupferschieferflöz auch in bezug auf den Metallgehalt niveaubeständig ist, indessen zeigt ein Vergleich der verschiedenen Gebiete, daß die Kupfergehalte recht verschieden sein können. So hat beispielsweise der Kupferschiefer in Mansfeld einen Kupfergehalt von ca. 3% bei 150 und mehr g Silber; derjenige am Südrande des Thüringer Waldes noch nicht 1% bei wenig

Silber, der von Richelsdorf in Hessen 3—4% Kupfer bei 40—50 g Silber und schließlich der westfälische so gut wie kein Kupfer bei einem geringen Silbergehalt. Kupfer und Silber sind also im Kupferschiefer durchaus nicht ständig aneinander gebunden.

Abbau findet gegenwärtig nur auf dem Mansfelder Kupferschiefervorkommen statt; das Flöz hat hier eine nutzbare Mächtigkeit von bis 17 cm. Im Liegenden ist das Zechsteinkonglomerat (siehe die Formationstabelle S. 86) mit Kupfererz imprägniert, es bildet das Sanderz, welches bis 10% Kupfer enthalten kann.

Der Kupferschiefer unterscheidet sich von den übrigen Kupfererzen durch eine außerordentlich feine Verteilung der Erze, so daß eine wässerige Aufbereitung bis jetzt nicht möglich ist. Man ist deshalb gezwungen, das vom Bergmann gewonnene Material nach einer Handscheidung und nach Abröstung direkt zu verschmelzen. Der Prozeß ist trotz des geringen Kupfergehaltes durchführbar, weil der Kupferschiefer ein sogenanntes „selbstgehendes" Erz ist, d. h. nur mit Brennmaterial vermischt ohne weitere Zuschläge auf Kupferstein verschmolzen werden kann, der dann weiter zu Kupfer verarbeitet wird.

Der Kupferschieferbergbau soll in Mansfeld um das Jahr 1200 begonnen haben. Bereits im fünfzehnten Jahrhundert gewann man ca. 1000 t Kupfer jährlich. Während des Dreißigjährigen Krieges kam der Bergbau in Verfall und wurde erst seit 1674 von Gewerkschaften wieder aufgenommen. Diese konsolidierten sich 1852 zur Mansfeldschen Kupferschiefer bauenden Gewerkschaft, die am 12. Juni 1900 die siebenhundertjährige Jubelfeier des Bergbaues beging und heute noch in Blüte steht.

Die Kupferproduktion betrug von 1779—1897 ca. 380000 t, und man schätzt die Gesamtgewinnung seit Bestehen des Bergbaues auf annähernd eine halbe Million Tonnen. Die Bergwerksproduktion betrug im Jahre 1910 20300 t.

Die Gewinnung des Kupfers aus Kupferschiefer ist ein verhältnismäßig teurer Prozeß, so daß die Mansfeldsche Gewerkschaft nur bei hohen und mittleren Kupferpreisen bestehen kann, während sie bei niedrigeren Preisen, wie wir sie in den letzten Jahren vielfach hatten, bei der Kupfergewinnung zusetzt. Ihre Rentabilität hat sich die Gesellschaft durch die Erweiterung ihrer Interessensphäre auf den Kali-, Steinkohlenbergbau und die verschiedensten industriellen Unternehmen wesentlich verbessert.

Das Erzlager am Rammelsberg bei Goslar. Bei der alten Kaiserstadt Goslar am nördlichen Harzrande tritt die Erzlagerstätte in mitteldevonischen Schichten und zwar überkippten Goslarer Schiefern (siehe Formationstabelle S. 86) auf (Fig. 33).

Die Erze des Rammelsberges sind dicht oder geschichtet und bestehen aus Schwefelkies, Kupferkies, Zinkblende und Bleiglanz. Die vorherrschende Lagerart ist Schwerspat. Eine sehr feine Schichtung und eine häufige Wechsellagerung von Schiefersubstanz und Kiesmaterial sind charakteristisch für manche Erze.

In genetischer Beziehung wird das Rammelsberger Erzlager von mir als ein echtes Lager aufgefaßt (s. S. 66), d. h. Erz und Schiefermaterial halte ich für gleichalterig.

Der Bergbau auf dem Rammelsberg soll im Jahre 968 unter Otto dem Großen 38 Jahre nach der Gründung der Stadt Goslar begonnen haben. Man gewinnt am Rammelsberg hauptsächlich Kupfer- und Bleierze, und zwar betrug die Produktion im Jahre 1911 ca. 35000 t Bleierz und ca. 36000 t Kupfererz.

Kupfererze untergeordnet auf Spateisensteingängen des rheinischen Schiefergebirges usw. Im rheinischen Schiefergebirge, und zwar namentlich im Siegerlande, treten im Unterdevon Erzgänge auf, welche Spateisenstein, Quarz und Schwermetallsulfide führen. Unter diesen interessieren uns an dieser Stelle namentlich Kupferkies

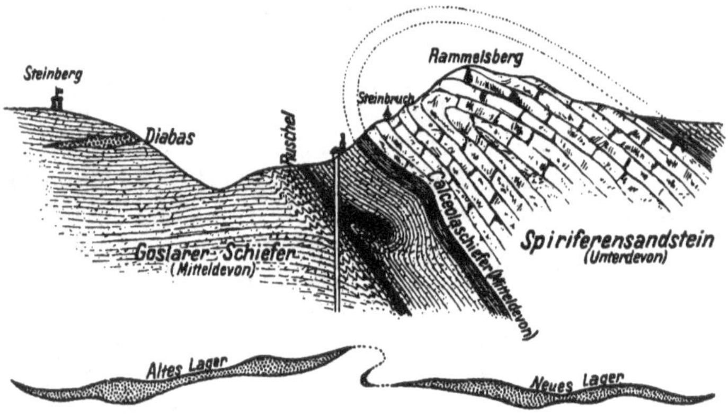

Fig. 33. Das kupferhaltige Schwefelkieslager am Rammelsberg bei Goslar. (Nach Klockmann.)

und die aus ihm entstandenen Zementationserze Buntkupfererz und Fahlerz. Sie sind, wie der größte Teil der Schwermetallsulfide, meist sekundär in die Gangspalten, die in der Hauptsache Spateisenstein führen, eingedrungen und namentlich in den oberen Teufen zum Absatz gelangt. Die Kupferführung bildet also ein Beispiel für das Wiederaufreißen älterer Gangfüllungen.

Über die Form der Gänge, welche meist durch Seitenverschiebungen (s. S. 76) in einzelne gegeneinander verschobene Stücke zerlegt sind, siehe auch Fig. 43 S. 133).

Der Kupferkies kommt in Nestern und Trümern vor und bildet nur einen kleinen Teil der gesamten Gangfüllung.

Neben diesen Kupfererz führenden Spateisensteingängen gibt es zu beiden Seiten des Rheintales oberhalb und unterhalb Koblenz, zu beiden Seiten des Daadetales und in der Umgebung des Siebengebirges Kupfererz führende Gänge ohne Spateisenstein ebenfalls in unterdevonischen Schichten.

Die Spateisensteingänge des Siegerlandes enthalten die Kupfererze in sehr wechselnder Menge und in innigster Verwachsung mit Spateisen und Quarz. Bei der Handscheidung bekommt man, abgesehen von den Gruben, wo Kupfer nur in ganz geringen Mengen auftritt, einerseits ein Kupfererz-Haufwerk mit 5—10% Kupfer und andererseits einen Eisenstein, dessen Kupfergehalt zuweilen noch über 0,5 beträgt.

Kupferkies tritt in bemerkenswerter Menge auf den Gängen der Grube Danielszug bei Wipperfürth auf, die im Gegensatz zu den Kupfererz führenden Spateisensteingängen als reine Kupfererzgänge aufzufassen sind.

Otavi. In Deutsch-Südwestafrika liegt das Vorkommen von Otavi (Fig. 34), dessen Erze früher in Deutschland verhüttet wurden, gegenwärtig aber im Ausland Verwendung finden. Das Otavigebirge besteht auptsächlich aus Dolomit, der mutmaßlich devonisches Alter

Fig. 34. Horizontalschnitt der Otavi-Kupfererzlagerstätte in der 2. Sohle. (Nach Krusch, Z. d. D. Geol. Ges. 1911.)

hat. Die Kupfererze treten an vier verschiedenen Stellen auf; die bedeutendste liegt am Nordabhange bei Tsumeb, drei kleinere sind am Südabhange bei Groß-Otavi, Klein-Otavi oder Asis und bei Guchab bekannt geworden.

Das Tsumeb-Vorkommen bildet einen durch Kupfererz grün gefärbten Hügel. Das Erzvorkommen ist an eine bedeutende Störungszone gebunden, in deren Verlauf größere Partien von Aplit bekannt sind.

Man kennt einen Ost- und einen Westerzkörper, welche häufig 20 und mehr Meter Mächtigkeit erreichen. Die Erze stellen massige Verwachsungen von Kupferglanz, Enargit, Bleiglanz, Zinkblende und Schwefelkies dar. Die bedeutende Mächtigkeit der Erzkörper entstand durch Zementationsmetasomatose, d. h. durch Zersetzung des weniger mächtigen primären Erzkörpers in der Nähe der Tagesoberfläche bildeten sich Schwermetallösungen, welche in die Tiefe sanken und Kalk und Aplit mehr oder weniger vollständig verdrängten (s. S. 70).

Otavi lieferte im Jahre 1909/10 49500 t Kupfererze; man verschiffte 33500 t mit 16% Kupfer, 26% Blei und 0,028% Silber, während der

Rest an Ort und Stelle verschmolzen wurde. Wenn auch Otavi nicht an die großen amerikanischen Lagerstätten heranreicht und infolgedessen keine bedeutende Rolle auf dem Weltmarkt spielt, so werden doch immerhin die deutschen Kupfererzvorräte durch die Lagerstätte nicht unwesentlich vermehrt.

c) Für Deutschland wichtige fremde Kupfererzvorkommen.

Für Deutschland kommen vor allen Dingen die Vereinigten Staaten in Frage, welche 1910 ca. $^8/_9$ der gesamten deutschen Metalleinfuhr lieferten. In zweiter Hinsicht ist der Rio Tinto-Distrikt zu nennen, welcher Deutschland mit kupferhaltigen Schwefelkiesen versieht.

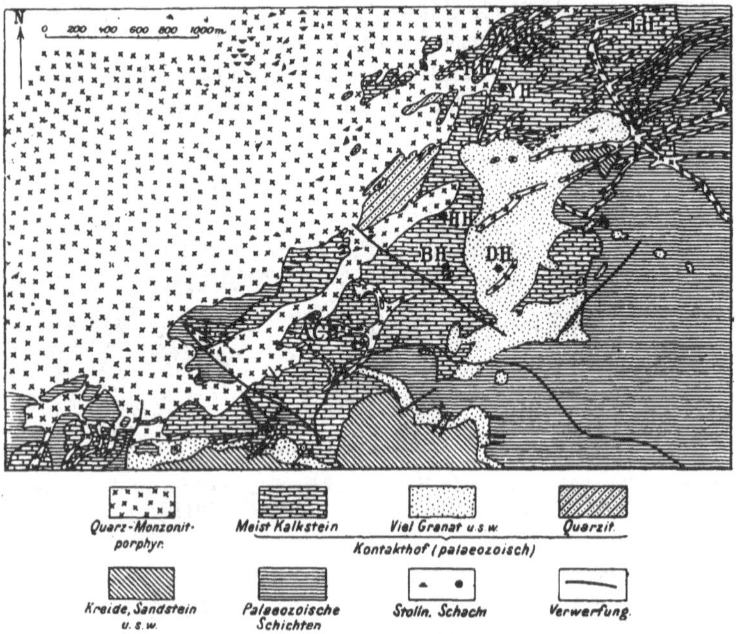

LH=Longfellow Hoist, WYH=West Yankee Hoist, RH=Ryerson Hoist, YH=Yavapai Hoist, HH=Humboldt Hoist, BH=Blue Hoist, DH=Detroit Hoist, ACH=Arizona Central Hoist.

Fig. 35. Geologische Karte des Morenci-Distrikts in Arizona. (Nach W. Lindgren.)

Die amerikanischen Vorkommen. Die wichtigsten amerikanischen Kupferproduzenten sind in bezug auf Bergwerksproduktion der Arizonadistrikt mit ca. 142620 metr. t im Jahre 1911, der Montana-(Butte-)distrikt mit ca. 123047 und der Lake Superior mit 97771 t. Alle übrigen Distrikte der Vereinigten Staaten ergeben nur ca. 128210 metr. t.

Abgesehen von den Ver. Staaten müssen noch der Boleodistrikt in Mexiko mit 12400 t im Jahre 1911 und die chilenischen Lagerstätten mit 30100 t im gleichen Jahre Erwähnung finden.

Der Arizonadistrikt. Ein großer Teil der Lagerstätten gehört zu den kontaktmetamorphen Vorkommen, entstand also durch die

Umwandlung von Kalken durch Minerallösungen, die unmittelbar aus dem eruptiven Magma austraten. Bei den wichtigen Lagerstätten von Clifton-Morenci, die hier als Beispiel angeführt werden sollen, liegen auf kambrischem Granit Sedimente, welche den verschiedensten Formationen (Kambrium, Silur, Devon, Unterkarbon und Kreide) angehören. Alle genannten Gesteine werden von porphyrischen Graniten oder Quarzmonoziten, spätkretazäischen oder alttertiären Alters durchsetzt. Diese Eruptivgesteine bewirkten da, wo sie Kalke und Schiefer der paläozoischen Formationen durchqueren, eine intensive Kontaktmetamorphose, die, abgesehen von der Entstehung der Kontaktmineralien, mit der Neubildung von Magneteisen und sulfidischen Kupfer- und Zinkerzen verbunden war. Die Erze sind auf den Kontakthof beschränkt und treten höchstens 650 m von ihm entfernt auf. Die hauptsächlichsten Erze sind Schwefelkies, Kupferkies und Zinkblende. Die unregelmäßigen Erzkörper werden von Erzgängen begleitet, welche Porphyr, Granit und die Sedimente durchsetzen und in der Tiefe namentlich Schwefelkies und Kupferkies führen (Fig. 34).

Der Bergbau begann in Arizona um 1880—1882. Er lieferte bis zum Jahre 1908 annähernd 1,1 Mill. t metallisches Kupfer.

Die Entwicklung des Arizonadistriktes geht am besten aus folgenden Zahlen hervor:

Im Jahre 1882 lieferte das Gebiet 8030 lg t (à 1016 kg).

	1890	betrug	die	Produktion	15945	lg t
	1900	„	„	„	49447	„
	1905	„	„	„	99490	„
	1909	„	„	„	130375	„
und	1911	„	„	„	141490	„

Wie aus der obigen Schilderung des Clifton-Morenci-Distriktes hervorgeht, sind in Arizona die Kontaktlagerstätten aufs engste mit Gängen vergesellschaftet. Auch in den übrigen Arizonagebieten, die nahe der mexikanischen Grenze liegen, wie Bisbee oder Warren (am berühmtesten die Copper Queen Mine) und Globe findet man eine Kombination von Kontaktvorkommen mit Gängen.

Eine etwas andere geologische Position scheinen die ebenfalls in Arizona liegenden Kupferdistrikte Jerome (Black Range) und Mineral Creek zu haben.

Der Montana-(Butte)-distrikt (Fig. 35). Die Stadt Butte liegt in den Rocky Mountains im südwestlichen Montana unter 46° nördlicher Breite in 1800 m Meereshöhe. Die sehr zahlreichen Gänge sind an den Hornblende und Glimmer reichen Butte-Granit geknüpft, der frühtertiäres Alter hat. Die Kupfererzgänge treten in einem Gebiete von nur ca. 5 qkm Ausdehnung auf und werden von Silbererzgängen begleitet, die heute keine Bedeutung mehr haben. Die reichen von Quarz begleiteten Kupfererze beschränken sich nicht nur auf die Hauptspalten im Granit, sondern finden sich auch in von den Spalten abzweigenden Nebentrümern derart, daß die bauwürdige Mächtigkeit durchschnittlich 15 m beträgt und bis 40 m steigen kann. Auch die streichende Ausdehnung ist mit mehreren Kilometern eine recht bedeutende.

Die wichtigen Kupfererze sind Kupferglanz (ca. 60% der Erzmasse), Enargit (ca. 30%), Buntkupfererz (ca. 8%), Kupferkies, Covellin und Fahlerz (ca. 2%); im primären Erz tritt Schwefelkies auf.

Die hochgradige Zersetzung des Granites in der Nähe der Erzgänge weist auf eine intensive Thermaltätigkeit hin, die man in die Zeit unmittelbar nach der Erstarrung des Granites legt.

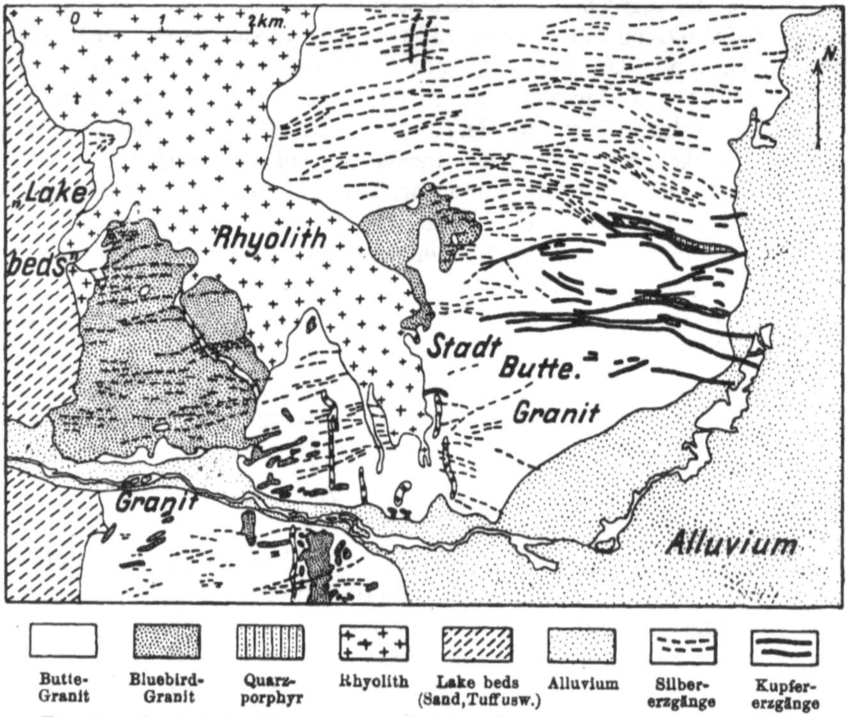

Fig. 36. Geologische Karte des Butte-Distriktes mit den Kupfererzgängen. (Nach Emmons, bzw. nach Beyschlag-Krusch-Vogt.)

Die Erze von Butte sind zum großen Teil Zementationserze (siehe S. 72). Sie finden sich hier infolge nachträglicher Senkung des Gebietes bis zu bedeutender Tiefe unter dem Grundwasserspiegel.

Im Buttedistrikt spielte zunächst der Silberbergbau eine wichtige Rolle, da man hier bis zum Preisfall des Silbers um die Mitte der 90er Jahre die im Verhältnis zu den Kupferlagerstätten untergeordneten Silbererzgänge ausbeutete. Auch einige Kupfergänge wurden in der Nähe der Oberfläche ihres Silbergehaltes wegen zunächst ausschließlich auf Silber gebaut. Im Jahre 1882 betrug die Kupferproduktion Montanas 4045 lg t (à 1016 kg), 1890 hatte sie schon 49560 und 1900 114144 lg t erreicht; sie fiel dann 1909 auf 140105 und 1911 auf 122070 t.

Der Montanadistrikt zeichnet sich also durch ein sehr rasches Steigen der Produktion bis zum Jahre 1905 aus.

Später war eine weitere Steigerung unmöglich, da die großen Gruben, welche vorher die reichen Zementationszonen ausgebeutet hatten, in bedeutenderer Tiefe in der primären Zone wegen des geringeren Kupfergehaltes auf Schwierigkeiten stießen.

Im ganzen lieferte der Buttedistrikt bis Ende 1901 ca. 1282000 t Kupfer und von 1901—1911 abermals 1246000 t. Die Gesamtproduktion von 2528000 entspricht einem Werte von 3200 Millionen Mark.

Butte liefert gegenwärtig $^{1}/_{7}$ der Weltproduktion.

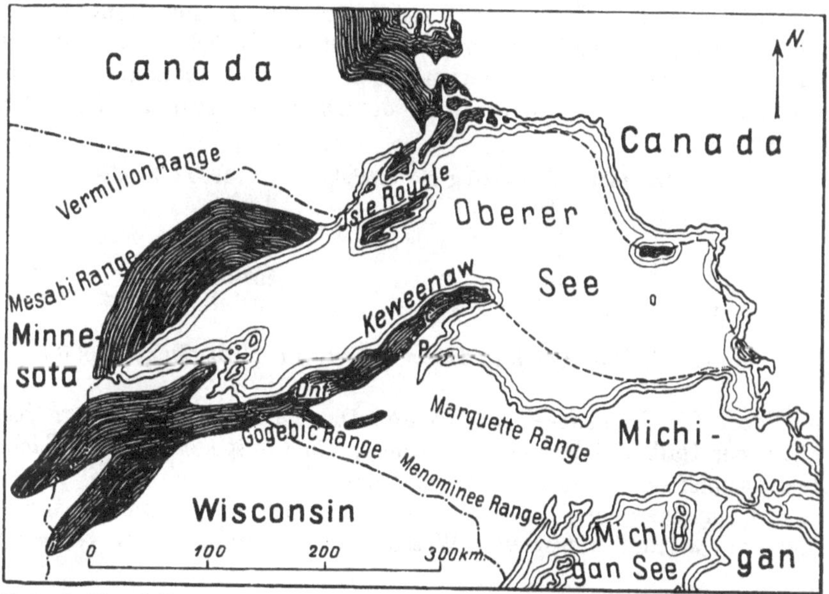

Die kupferführende Keweenawen-Formation ist durch gestrichelte Linien, die annähernd dem Streichen folgen, gekennzeichnet und die vermutete Grenze unterhalb des Sees wird durch eine punktierte Grenze angegeben. C = Calumit, P = Portage Lake, Ont = Ontanogow. — Vermilion, Mesabi, Marquette bezeichnen die Eisenerzdistrikte.

Fig. 37. Geologische Karte des Lake-Superior-Kupferdistriktes (nach Irving, bzw. Beyschlag-Krusch-Vogt).

Lake-Superior-Kupferdistrikt. Von Süden her ragt in den Lake Superior die Keweenaw-Halbinsel hinein, auf der sich die Kupferlagerstätten des Lake-Superior-Gebietes befinden. Sie sind an Melaphyre- und Quarzporphyrkonglomerate gebunden. Im großen und ganzen bilden die für die Kupferlagerstätten wichtigen Eruptivgesteinsdecken eine Mulde, deren zentraler Teil vom Lake Superior bedeckt wird (Fig. 37).

Die Kupfererze sind vorzugsweise mit den basischen Eruptivgesteinen verknüpft. Es kommt fast ausschließlich Gediegen Kupfer vor, welches in Gängen (zusammen mit Kalkspat), als Hohlraumausfüllung in den Melaphyr- und Diabasmandelsteinen und als Zement in den Porphyrkonglomeraten auftritt. Diese drei Typen sind durch Übergänge miteinander verbunden. Das Kupfer ist sehr rein und enthält nur ca. 1 Teil Silber auf 1000 Teile Kupfer.

Heute gewinnen die meisten Gruben das Kupfer aus den Mandelsteindecken oder aus dem Calumet and Hecla-Konglomerat (Quarzporphyr mit Kupferbindemittel), und zwar stammen ungefähr 27% aus dem Konglomerat, während 73 auf die Mandelsteindecken entfallen. Der Kupfergehalt der bauwürdigen Erze braucht, da es sich um leicht aufbereitbares gediegenes Metall handelt, nur gering zu sein. Die aus Mandelsteinen stammenden Erze hatten durchschnittlich 0,88—0,96% Kupfer — ihr Gehalt geht sogar stellenweise auf 0,6% herunter —; die Konglomeraterze dagegen führen 1,6—2%.

Infolge der bedeutenden Produktion haben die Hauptgruben schnell eine große Tiefe erreicht. Die tiefsten Schächte von Calumet and Hecla bzw. Tamarack hatten schon im Jahre 1909 über 1600 m vertikaler Tiefe. Die Entwicklung des Distriktes geht aus folgenden Zahlen hervor:

	Im Jahre	1845	betrug die Produktion	12	lg t	Kupfer
	„ „	1866	„ „ „	5388	„	„
	„ „	1870	„ „ „	10992	„	„
	„ „	1890	„ „ „	45237	„	„
	„ „	1905	„ „ „	102874	„	„
und	„ „	1910	„ „ „	99545	„	„

Die Hauptgrube Calumet and Hecla lieferte im 1910 allein 35000 t.

Boleo in Nieder-Kalifornien. Die Lokalität liegt an der Ostküste der Halbinsel Nieder-Kalifornien. Eine ausgedehnte Hochfläche besteht hier aus miozänen trachytischen und andesitischen Tuffen und Konglomeraten, das sind Gesteine aus eruptivem Auswurfs-Material, welches häufig von Wasser oder Minerallösungen verfestigt

t = Trachit, tu = tonige Tuffe, c = Konglomerate, k = Kupfererzflöze.

Fig. 38. Schematisches Profil durch die Kupferlagerstätten von Boleo. (Nach Fuchs, bzw. Beck.)

wurde, und zwar stellen die Tuffe feine eruptive Aschen dar, während die Konglomerate aus gröberem Material gebildet werden. Die sanft nach dem Meere geneigten Schichten werden durch tiefe Erosionstäler zerrissen (Fig. 38), welche das geologische Profil freilegen. Das Schichtensystem wird von einer mächtigen Basaltdecke überlagert.

Das Kupfererz tritt lagerförmig auf; man kennt drei Flöze, von denen jedes 0,6—3 m Mächtigkeit zeigt. Sie bestehen aus einem graulila gefärbten tuffigen Ton, in dem sich Körnchen, Trümchen oder rundliche Konkretionen von Kupfererzen befinden; sie sind an der Basis zu einer 15—20 cm starken derben Lage konzentriert. Es kommen vor allen Dingen Rotkupfererz, Kupferlasur, Malachit, Chrysokoll und Crednerit ($Cu_3Mn_4O_9$) vor.

Die Ausbeutung der Lagerstätten begann im Jahre 1884 und erreichte 1897 ca. 10000 t Kupfer. 1906 gewann man aus 302499 t Erz 11000 t Kupfer, 1910 stieg die Produktion auf 13000 t und fiel 1911 wieder auf 12400 t.

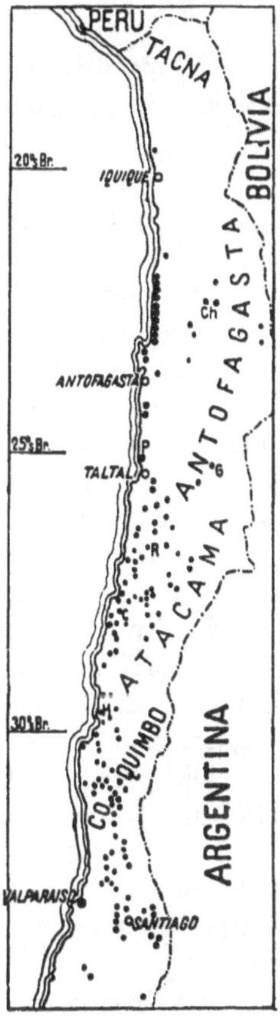

Ch = Chuquicamata, P = Paposo, G = Guanaca, R = Remocinos, C = Carairal, H = Higuera.

Fig. 39. Karte der Kupfererzlagerstätten Chiles. (Nach Beyschlag-Krusch-Vogt).

Kupfererzgänge von Chile (Fig. 39). Die chilenischen Erzgänge sind von besonderem Interesse, weil auch heute noch das Chilekupfer als Standardmarke gilt, obgleich die Kupferproduktion Chiles nur einen sehr geringen Teil der Weltproduktion ausmacht.

Die chilenischen Erzgänge verteilen sich auf zahlreiche Gebiete zwischen dem 19. und 35. Grad nördlicher Breite. Sie sind zum Teil aufs innigste mit Eruptivgesteinen verknüpft und mit Gold und Silber vergesellschaftet. Es werden deshalb folgende Formationen unterschieden:

Die Gold-Kupferformation, die edle Silber-Kupferformation, edle Silbergänge mit hohem Goldgehalt und Lagerstätten mit Bleiglanz, Zinkblende, Fahlerz und Enargit mit hohem Silber- und Goldgehalt. Für den Kupfererzbergbau kommt namentlich die an erster Stelle genannte Formation in Frage, welche auch wirtschaftlich bedeutender ist als die übrigen. Die wichtigen Erze sind Kupferkies, Buntkupfererz und Kupferglanz; Hauptgangart ist Quarz; in den oberen Teufen finden sich als Oxydationsprodukte oxydische Erze usw.

Der Kupfererzbergbau begann in Chile im 17. Jahrhundert mit sehr bescheidenen Anfängen, stieg dann bedeutend um die Mitte des 19. Jahrhunderts, so daß Chile von 1855—1880 zu den wichtigsten Kupfer produzierenden Ländern gehörte. Später wurde es von den übrigen gewaltigen Kupferdistrikten überflügelt, derart, daß es heute an sechster Stelle steht.

Die Bedeutung des Distriktes geht aus folgenden Zahlen hervor:

Die Kupferproduktion begann 1650 mit 15 lg t, erreichte 1800 1250, 1870 44200 und 1875 47670 lg t; sie fiel dann: 1880 39580, 1890 26650, 1900 25700, 1910 35235 und 1911 29595 lg t.

Die gesamte Kupferproduktion Chiles betrug

bis 1840	ca.	250000 t
1840—1894	„	1751000 „
1895—1911	„	484000 „

zusammen also ungefähr $2^1/_2$ Millionen t.

Die wichtigsten Departements sind Copiapo, Chanaral, Antofagasta, Villenar i. Freirina, Coquimbo i. Ovalle und Santiago.

Der Rio-Tinto-Distrikt (Huelvagebiet) im südwestlichen Spanien und im angrenzenden Portugal. Die Lagerstätten (Fig. 40) liegen im Süden der iberischen Halbinsel in einem ostwestlichen Zuge, der sich fast vom Atlantischen Ozean im Westen bis an den Guadalquivir im Osten erstreckt.

Die Siera Morena, auf deren Südflügel die Kieskörper auftreten, besteht aus einer kristallinen Urformation, die von Kambrium, Silur und Kulm bedeckt wird. Die Schiefer sind hochgradig umgewandelt. Die Kieskörper treten in Silur- oder Kulm-Schichten auf und bestehen meist aus derbem, kupferhaltigem Schwefelkies. Sie bilden Linsen, die im allgemeinen den Gesteinsschichten konkordant eingeschaltet sind, und bis 1100 m Länge bei bis 180 m Mächtigkeit haben können. An der Tagesoberfläche ist der Kies zu Brauneisenerz zersetzt, unter dem eine dünne Lage von reichem Kupferzementationserz folgt; das darunter anstehende primäre Erz wird in vielen Fällen nach der Tiefe kupferärmer (primärer Teufenunterschied).

Die primären Erze stellen intrusive Kieslager dar, das sind Lagerstätten, die zu den magmatischen Ausscheidungen gehören; bei ihnen fand eine Spaltung des Magmas derart statt, daß sich große Mengen fast reinen kupferhaltigen Schwefelkieses bilden konnten, die in Hohlräume gepreßt wurden. Der durchschnittliche Kupfergehalt beträgt ca. 2 %.

Die Kiesproduktion erreichte im Jahre 1907 ca. 3500000 t; aus ihr produzierte man sowohl Schwefel (siehe Schwefelkies) als auch Kupfer. Die Bedeutung des Distriktes für den Kupferbergbau geht aus folgenden Zahlen hervor:

	Im	Jahre	1880	gewann	man	36313 lg t
	„	„	1900	„	„	52872 „
	„	„	1905	„	„	44810 „
und	„	„	1909	„	„	52185 „

In der letzten Zeit hat die Kupferproduktion wegen der Verarmung der Lagerstätten nach der Tiefe etwas abgenommen.

Katanga in Belgisch Kongo. In den letzten Jahren hat sich das deutsche Kapital in regster Weise an der Ausrüstung von Expeditionen beteiligt, welche die Aufsuchung von Kupfererzlagerstätten im Katangabezirk in Belgisch Kongo zur Aufgabe hatten. Die großen Hoffnungen, welche man von deutscher Seite auf diese Unternehmungen setzte, rechtfertigen ein Eingehen mit wenigen Worten.

Der Distrikt wurde durch die Eisenbahn von Rhodesien nach Ägypten, die jetzt bis Elisabethville fertig ist, aufgeschlossen; er besteht aus dem Grundgebirge, gefalteten metamorphischen Sedimenten und Eruptivgesteinen, deren Alter wegen des Fehlens von Versteinerungen bisher nicht festgestellt ist (s. S. 86).

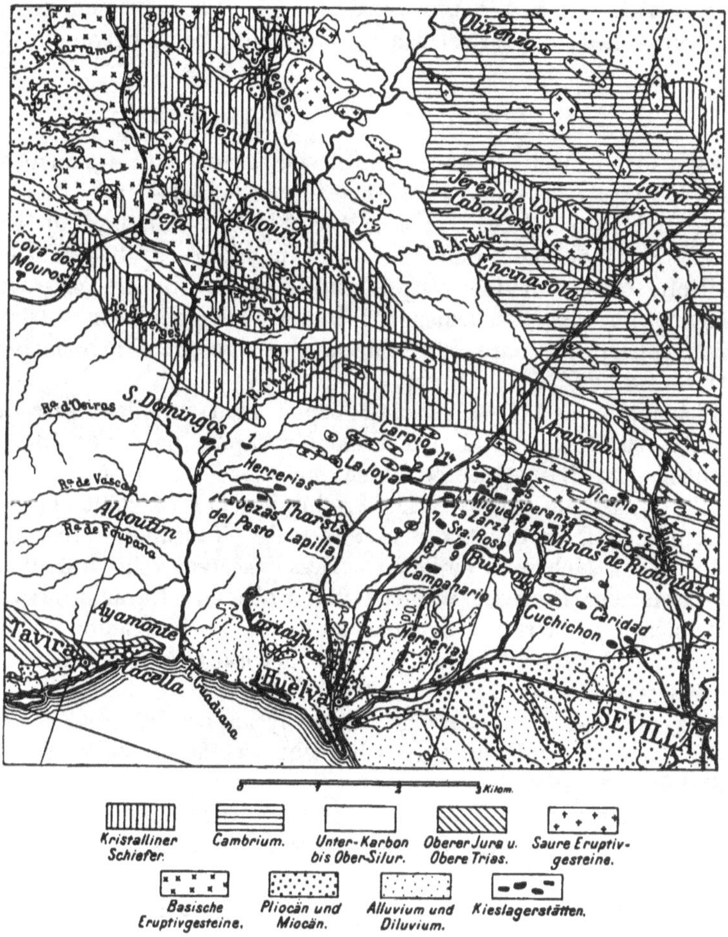

1. Gruben des Barranco Trimpancho, 2. Romana, 3. Cueva de la hora, 4. Monte Romero und Angelica, 5. S. Platon, 6. Concepcion, 7. Perunal, 8. Sotral Coranada, 9. San Pedro und Gloria, 10. Poderosa, 11. Chaparita, 12. Castillo de las Guardas, 13. Peña del Hierro, 14. San Telmo.

Fig. 40. Geologische Karte des Huelva-Kiesfeldes auf Grund der internationalen Karte Europas. (Nach Beyschlag-Krusch-Vogt.)

Am besten bekannt ist gegenwärtig die Lagerstätte Etoile du Kongo bei Elisabethville. Sie setzt in steilstehenden, nicht metamorphosierten Sedimenten auf. In der Hauptsache besteht sie aus einem löcherigen Quarzit von etwa 10 m Mächtigkeit, dessen große Hohlräume mit Malachit und anderen Kupfererzen ausgefüllt sind.

Die wichtigsten Erze sind Kupferglanz, Malachit und Chrysokoll. Der Kupferglanz bildet Klumpen und kompakte Trümer in vielen Gesteinen, namentlich aber in kaolinisiertem weißem Schiefer. Stutzer faßt die Lagerstätte als den Eisernen Hut eines Lagerganges auf, der als Gangart in der Hauptsache Quarz, untergeordnet Karbonat führt und aus primären Sulfiden entstanden ist. Durch die bisherigen Aufschlußarbeiten sollen bedeutende Erzmengen nachgewiesen sein; die Verhüttungsresultate waren bisher noch keine befriedigenden.

d) Marktverhältnisse und Weltproduktion.

Man kennt nach Aron Hirsch vier Arten von tonangebenden Stapelgattungen, nämlich zwei in Amerika: Lake- und Elektrolytkupfer, und zwei in Europa: Best Selected und Standardkupfer oder Chile Bars. Während Chile, wie oben ausgeführt, früher eine erhebliche Rolle bei der Kupferweltproduktion spielte, ist die gegenwärtige Erzeugung nur ein bescheidener Teil der Weltproduktion. Die Produktion betrug im Jahre 1910 35800 t — also monatlich noch nicht 3000 t — mit ca. 96 % Kupfer.

Elektrolyt- und Best-Selected-Kupfer sind im Gegensatz hierzu sehr rein (99,95 %). Während Elektrolytkupfer noch vor 16 Jahren gegenüber dem Best Selected einen Mehrwert von 4—5 engl. Pfund pro t hatte, ist die gegenwärtige Produktion mit ca. 250000 t eine so bedeutende, daß es der Hauptversorger des Konsums wurde und im Handel seinen Mehrwert einbüßte. Best Selected steht deshalb heute in bezug auf den Preis mit wenigen Pfund obenan. Da man nur teurere erstklassige Erze hierfür verwenden kann, ist die Erzeugung der Marke mit hohen Unkosten verknüpft und der Gewinn trotz des hohen Preises ein geringer.

Das massenhaft dargestellte Elektrolytkupfer ist trotz seines um ca. 3,95 % höheren Kupfergehaltes nicht wesentlich höher im Preise als Standard-Kupfer.

Das Preisverhältnis der genannten Marken geht aus folgender Zusammenstellung in engl. Pfund per lg t (1016 Kilo) für das Jahr 1910 hervor:

Standardkupfer	£ 57. 3. 2
Best Selected	„ 61. 3
Lake	„ 60. 2. 9
Elektrolyt	„ 58. 14. 11

Auf die Schwankungen des Kupferpreises bin ich bereits S. 91 eingegangen. Ich wies auch darauf hin, daß der Durchschnittspreis der letzten 10 Jahre häufig als Grundlage bei Bewertungen benutzt wird.

Während früher alle Kupferkontrakte auf Basis des Standardkupfers abgeschlossen wurden, gibt der jetzige Standardkontrakt seit dem Jahre 1904 dem Verkäufer das Recht, auch andere Sorten gegen Standardverkauf zu liefern, ohne daß der Mehrwert, den diese Verbrauchssorten im Markte bedingen, verloren geht.

Kupfergewinnung der hauptsächlichen Kupfergewinnungsländer.

Bergwerksproduktion

Nach Henry R. Merton & Co., Ltd., London (metrische Tonnen).

Länder	1906	1907	1908	1909	1910
Europa.					
Deutschland-Mansfeld	18100	17300	18000	19000	20300
Übrige Betriebe ..	2600	3500	2500	3800	4800
Großbritannien	800	700	600	400	500
Italien	2900	3400	3000	2800	3300
Norwegen-Sulitelma .	3400	3900	3700	4400	5000
Übrige Betriebe ..	2800	3200	5600	4900	5600
Österreich	1200	900	1600	1600	2200
Rußland	10700	15200	20400	18000	22700
Schweden	1500	2000	2000	2000	2000
Spanien u. Portugal:	50100	50500	53400	53000	51100
Rio Tinto	34600	32800	34800	35900	34100
Tharsis	4800	4500	4500	4400	3600
Mason & Barry ...	2500	2700	2800	2400	3000
Sevilla	2100	2300	2200	1900	1700
Übrige Betriebe ..	6100	8200	9100	8400	8700
Türkei	400	1300	1100	800	600
Ungarn inkl. Bosnien und Serbien	200	100	2300	4700	5000
Zusammen Europa ..	94700	102000	114200	115400	123100
Amerika.					
a) Nordamerika:					
Canada	25900	26000	29000	24500	26100
Mexico-Boleo	11000	11200	12600	12400	13000
Übrige Betriebe	50600	46300	28000	44800	46700
Neufundland	2300	1700	1500	1400	1100
Vereinigte Staaten ...	416200	398800	430100	495800	492700
Zus. Nordamerika ...	506000	484000	501200	578900	579600
b) Mittel- und Südamerika:					
Argentinien	100	200	200	600	300
Bolivien-Coro coro ...	2500	2500	2500	2000	2500
Chile	26200	27100	38900	36400	35800
Peru	8600	10700	15200	16300	18600
Venezuela	—	—	—	—	—
Cuba	—	—	3000	3000	3500
Zus. Mittel- und Südamerika	37400	40500	59800	58300	60700
Zusammen Amerika .	543400	524500	561000	637200	640300
Afrika.					
Kapland-Cape Copper Co.	4000	4300	4500	4700	4500
Namaqua	2600	2500	2400	2300	2500
Übriges Afrika	400	100	—	8100	8400
Zus. Afrika	7000	6900	6900	15100	15400
Asien.					
Japan	43400	49700	43700	47800	46700
Australien.					
Zus. Australien	36800	41900	40100	35000	41000
Insgesamt	725000	725000	765900	850500	866500

Die Bedeutung der Kupfererz produzierenden Staaten auf dem Weltmarkte geht aus der Bergwerksproduktionstabelle S. 123 hervor.

Die Gehalte der Erze bewegen sich in der Regel zwischen 1 und 3%. Unter Zugrundelegung des durchschnittlichen Kupfergehaltes lassen sich die Erzmengen der einzelnen Erzproduktionszentren berechnen. Die Tabelle gibt also die wirkliche Bedeutung der Kupfererzlagerstätten eines Landes an, die einen Vergleich der Kupfermineralschätze der verschiedenen Produktionsstätten ermöglicht.

Da Kupfer eines der Hauptspekulationsmetalle ist, läßt sich die Zukunft des Kupfermarktes nur außerordentlich schwer voraussagen. Mit ziemlicher Sicherheit kann man aber annehmen, daß eine dauernde Überproduktion an Kupfer gegenwärtig kaum möglich ist. Eine wesentliche Verschiebung der Verhältnisse des Kupfermarktes dürfte erst eintreten, wenn es gelingt, große bisher unbekannte Kupferdistrikte zu erschließen. Einen derartigen Einfluß sollte, wie man früher annahm, Katanga ausüben können. Die Arbeiten der letzten Jahre scheinen aber diese Ansicht nicht zu rechtfertigen.

III. Die Versorgung Deutschlands mit Eisenerzen.

a) Deutschlands Stellung auf dem Eisenerz- und Eisenmarkte.

Im Jahre 1910 wurden im Deutschen Reiche und in Luxemburg ca. 28709700 t Eisenerze produziert, die einen Eisengehalt von ca. 8612910 t hatten, das entspricht einem durchschnittlichen Eisengehalt von ca. 30%.

Die deutsche Eisenerzförderung geht aus der Zusammenstellung S. 126—128 hervor, ist also eine ziemlich erhebliche.

Die wichtigsten Eisenerzdistrikte sind im Jahre 1910: der lothringische Minettebezirk mit 16652143 t (30,9% Eisen), der Siegerland-Wieder-Spateisensteinbezirk mit 2281093 t (35,1% Eisen), der nassauisch-hessische (Lahn- und Dill)-Bezirk mit 1004263 t (40,9% Eisen), der subherzynische Bezirk (Peine-Salzgitter) mit 840489 t (29,1% Eisen), der Vogelsberger Basalteisenerzbezirk mit 503691 t (27,2% Eisen) und der bayrisch-württembergisch-badische Bezirk mit 316492 t (46% Eisen).

Da die Verhüttung und Verwendung der Eisenerze je nach der mineralogischen Verschiedenheit eine recht mannigfaltige ist, wird ihre Gruppierung nach mineralogischen Gesichtspunkten notwendig. Sie geht aus der Übersicht S. 128 hervor,

Der bei weitem größte Teil der Förderung entfällt auf die Minette mit 16652143 t (28,8% Eisengehalt), das sind nicht weniger als $^8/_{11}$ der gesamten Förderung.

An Brauneisenstein mit weniger als 12% Mangan wurden 2634451 t mit 31,6% Eisen gewonnen. An dritter Stelle steht der Spateisenstein mit 2287205 t und 34,4% Eisen. Wegen des Überwiegens der eisenarmen Minette ist der durchschnittliche Eisengehalt der Gesamtförderung ein recht geringer.

Produktion, Ein- und Ausfuhr Deutschlands (einschließlich Luxemburgs) an Eisenerz und Eisen.

I. Eisenerze.

A. Produktion in metr. t		B. Einfuhr in metr. t		C. Ausfuhr in metr. t	
1909	1910	1909	1910	1909	1910
		Eisenerze und Schwefelkiesabbrände:		Eisenerze und Schwefelkiesabbrände:	
25504464	ca. 28709700	8366599 im Werte v. 126647000 Mk. davon Frankreich 1368610 t Wert 8212000 Mk. Schweden 2880390 t Wert 50407000 Mk. Spanien 2460688 t Wert 39371000 Mk.	9816822 im Werte v. 161302000 Mk. davon Frankreich 1773809 t Wert 13304000 Mk. Schweden 3248995 t Wert 58482000 Mk. Spanien 2861228 t Wert 52933000 Mk.	2825006 im Werte von 13669000 Mk. davon Belgien 1905067 t Wert 5525000 Mk. Frankreich 868121 t Wert 7119000 Mk.	2952632 im Werte von 9464000 Mk. davon Belgien 1943208 t Wert 5787000 Mk. Frankreich 953204 t Wert 2698000 Mk.

Im Inland bleibendes Eisenerz 1910: Produktion ca. 28700000 + Einfuhr ca. 9810000 – Ausfuhr ca. 2950000 t = ca. 35570000 t Erz, davon die Eigenproduktion = 28710000 und den Überschuß der französischen Einfuhr = 820000, zusammen 29530000 mit 30% Eisen und 6040000 t mit 60% Eisen.

II. Eisen.

A. Produktion in metr. t		B. Einfuhr in metr. t		C. Ausfuhr in metr. t	
1909	1910	1909	1910	1909	1910
12918000	14739000	134230 im Werte von 9209000 Mk. davon Großbritannien 89118 t Wert 5169000 Mk. Schweden 32081 t Wert 3288000 Mk.	136326 im Werte von 9566000 Mk. davon Großbritannien 85435 t Wert 4784000 Mk. Schweden 38791 t Wert 4073000 Mk.	471046 im Werte von 28516000 Mk. davon Belgien 264056 t Wert 15183000 Mk. Bes. interessant Ver. Staaten 7248 t Wert 453000 Mk.	786855 im Werte von 44997000 Mk. davon Belgien 481067 t Wert 26459000 Mk. 15173 t Wert 1065000 Mk.

Roheisenkonsum Deutschlands 1910: Produktion 14739000 t + Einfuhr 136326 t – Ausfuhr 786855 t = ca. 14000000 t, davon gedeckt durch einheimische Erze 28710000 t × $^{30}/_{100}$ (d. h. 30% Eisen) = ca. 8613000 t Eiseninhalt, das ist ca. $^{3}/_{5}$. Durch importierte Erze unter Berücksichtigung der Ausfuhr von Frankreich 820000 × $^{30}/_{100}$ = 246000 t Eiseninhalt und aus andern Ländern 6040000 t × $^{60}/_{100}$ (d. h. 60% Eisen) = ca. 3624000 t Eiseninhalt = zusammen ca. 12483000 t. Der Rest wird gedeckt durch eisenhaltige Zuschläge, Alteisen usw.

Eisenerzförderung im Gebiete des Deutschen Reiches in den Jahren 1909 und 1910 nach Wirtschaftsgebieten.

Fortlaufende Nummer	Wirtschaftsgebiete	Jahr	Zahl der in Förderung gewesenen Betriebe	Jahresförderung von rohem Eisenerz: Menge, einschließlich des natürlichen Nässegehalts (t)	Jahresförderung von rohem Eisenerz: Durchschnittl. Eisengehalt n. Abzug des natürlich. Nässegehalts (%)	Von den geförderten rohen Eisenerzen sind ohne Aufbereitung od. m. Handaufbereitg. abgesetzt worden: Menge, einschließlich des natürlichen Nässegehalts (t)	Von den geförderten rohen Eisenerzen sind ohne Aufbereitung od. m. Handaufbereitg. abgesetzt worden: Durchschnittl. Eisengehalt n. Abzug des natürlich. Nässegehalts (%)	In der Aufbereitungsanstalt sind verarbeitet worden Eisenerze der eigenen Gruben (t)	In der Aufbereitungsanstalt gewonnene Eisenerze: Menge einschließlich des natürlichen Nässegehalts (t)	In der Aufbereitungsanstalt gewonnene Eisenerze: Durchschnittl. Eisengehalt n. Abzug des natürlich. Nässegehalts (%)
1	Aachener Kohlenkalkbezirk	1909	3	5064	35,1	5064	35,1	—	—	—
		1910	3	9526	35,4	9526	35,4	—	—	—
2	Eifelkalkbezirk (1909 u. 1910 ohne Förderung)									
3	Bergischer Kalkbezirk	1909	8	22917	32,6	19759	32,7	370	229	43,2
		1910	9	17466	34,2	17595	33,6	2380	1430	45,0
4	Siegerland-Wieder-Spateisensteinbezirk	1909	70	2045321	34,9	572930	36,7	1438596	1123753	45,0
		1910	70	2281039	35,1	639449	37,2	1646309	1286098	44,5
5	Nassauisch-Oberhessischer (Lahn- u. Dill-) Bezirk	1909	114 (2)	907461	41,0	733301	41,7	22790	17021	44,8
		1910	116 (2)	1004263	40,9	1049354	42,1	27582	20027	45,4
6	Taunus-Bezirk, einschließl. der Lindener Mark	1909	12	262106	23,5	209448	24,2	29521	19167	—
		1910	10	278055	24,0	219720	24,3	33730	22078	—
7	Vogelsberger Basalteisenerzbezirk	1909	12	415209	26,9	58862	31,3	347764	98976	38,7
		1910	11	503691	27,2	83057	32,1	426646	119269	38,7
8	Waldeck-Sauerländer Bezirk	1909	7	30024	27,6	27405	27,3	220	56	—
		1910	5	28194	25,9	28483	26,2	—	—	—

9	Schafberg-Hüggeler (Osnabrücker) Bezirk . .	1909	4	210432	29,0	210432	29,0	—	—	—
		1910	4	261461	28,2	261461	28,2	—	—	—
10	Wesergebirgsbezirk	1909	3	121943	34,0	120623	34,0	1320	883	44,1
		1910	3	138522	34,3	137272	34,3	1200	835	43,9
11	Subherzynischer Bezirk (Peine, Salzgitter) . .	1909	5	797487	28,9	508055	29,4	289432	217075	37,6
		1910	5	840489	29,1	527078	29,6	313411	235060	37,6
12	Harzer Bezirk	1909	8	103928	30,5	101083	30,5	—	—	—
		1910	8	93517	29,6	96587	29,6	—	—	—
13	Raseneisenerzbezirk	1909	4	21934	28,5	22753	28,4	—	—	—
		1910	4	29756	27,9	29756	28,0	—	—	—
14	Schlesischer Bezirk	1909	13 (8)	268213	29,5	328307	29,6	3930	2728	44,2
		1910	13 (11)	272579	29,6	320758	29,7	3813	3073	44,1
15	Thüringisch-Sächsischer Bezirk	1909	16	185791	38,5	102674	42,2	90737	71603	44,2
		1910	18	237870	38,4	128963	42,0	120173	97448	44,2
16 u. 17	Bayerischer und Württemberg-Badischer Bezirk	1909	13	290825	45,7	294111	46,2	11100	10100	46,8
		1910	15	316194	46,0	296024	46,1	10100	9190	46,8
18	Lothringischer Minette-Bezirk	1909	45	14441208	28,5	14416176	28,5	—	—	—
		1910	46	16652143	28,8	16490027	28,8	—	—	—
	Deutsches Reich . .	1909	337 (10)	20129863	30,0	17730983	29,7	2235780	1561591	43,2
		1910	340 (13)	22964765	30,2	20335110	30,1	2585344	1794508	42,9

Anmerkung. Die Zahlen in der Klammer in Spalte 3 beziehen sich auf diejenigen Betriebe, welche Eisenerze neben anderen Erzen gewonnen haben. Diese Betriebe sind bei den Haupterzen gezählt.

Eisenerzförderung im Gebiete des Deutschen Reiches in den Jahren 1909 und 1910 nach der mineralogischen Bezeichnung.

Mineralogische Bezeichnung der Eisenerze		Jahresförderung von rohem Eisenerz		Von d. geförd. rohen Eisenerzen sind ohne Aufbereitung od. mit Handaufber. abgesetzt worden		In der Aufbereitungsanstalt sind verarbeitet worden	In der Aufbereitungsanstalt gewonnene Eisenerze		Durchschnittswert für 1 t rohes Eisenerz
		Menge, einschließlich des natürlichen Nässegehalts	Durchschn. Eisengehalt n. Abzug des natürlichen Nässegehalts	Menge, einschließlich des natürlichen Nässegehalts	Durchschn. Eisengehalt n. Abzug des natürlichen Nässegehalts	Eisenerze der eigenen Gruben	Menge, einschließlich d. natürlichen Nässegehalts	Durchschn. Eisengehalt n. Abzug des natürlichen Nässegehalts	
		t	in %	t	in %	t	t	in %	ℳ
Minette	1909	14441208	28,5	14416176	28,5	—	—	—	2,67
	1910	16652143	28,8	16490027	28,8	—	—	—	2,71
Brauneisenstein unter 12% Mangan	1909	2393479	31,6	1776143	33,2	647951	326332	39,4	4,49
	1910	2634451	31,6	1941818	33,4	750659	363646	38,2	4,61
Brauneisenstein von 12—30% Mangan	1909	266685	—	206432	—	29521	19167	—	7,93
	1910	266825	—	214629	—	33730	22078	—	8,23
Manganerz über 30% Mangan	1909	474	—	254	—	220	56	—	50,6
	1910	166	—	166	—	—	—	—	114,5*)
Roteisenstein	1909	801353	44,0	692647	44,4	22790	17021	44,8	9,21
	1910	917213	43,9	962833	44,6	27582	20027	45,4	9,25
Spateisenstein	1909	2013705	34,3	458534	34,8	1530048	89084	34,5	10,02
							1106320	45,4	
	1910	2287205	34,4	516743	34,9	1768310	97773	35,4	9,88
							1287076	45,2	
Magneteisenstein	1909	69519	45,2	53739	46,8	—	—	—	10,82
	1910	49130	46,4	53370	46,5	—	—	—	11,60
Toneisenstein, Kohleneisenstein	1909	39887	30,3	34555	30,1	5250	3611	44,1	4,86
	1910	36129	30,9	31158	30,8	5063	3908	44,0	5,12
Flußeisenstein	1909	79245	35,5	67537	35,7	—	—	—	8,24
	1910	88675	35,3	91531	35,5	—	—	—	8,57
Raseneisenerze	1909	21934	28,5	22753	28,4	—	—	—	5,02
	1910	29756	28,0	29756	28,0	—	—	—	4,74
Farberze	1909	2374	27,4	2213	26,3	—	—	—	10,95
	1910	3072	27,5	3079	27,9	—	—	—	10,74
Deutsches Reich	1909	20129863	30,0	17730983	29,7	2235780	1561591	43,2	4,01
	1910	22964765	30,2	20335110	30,1	2585344	1794508	42,9	4,02

*) Hier handelt es sich um Manganerze mit sehr hohem Mangangehalte (sogen. Zweckerze zur Sauerstoffherstellung).

Wie ich bereits Seite 13 auseinandergesetzt habe, ist beim Eisenerz der Phosphorgehalt von Wichtigkeit. Wir unterscheiden im allgemeinen zwei Eisenhüttenprozesse, nämlich den Bessemerprozeß für phosphorarme und den Thomasprozeß für phosphorreiche Erze. Während die phosphorarmen vermischt mit sehr phosphorreichen auch bei dem Thomasprozeß Verwendung finden können, sind die phosphorreichen für den Bessemerprozeß ganz ungeeignet.

Der Phosphorgehalt der Thomaserze bedeutet für den Bergwerksbesitzer bares Geld, beispielsweise wird er bei den schwedischen Erzen mit einer Mark pro Prozent Mehrgehalt pro t bezahlt.

Der Phosphorgehalt der deutschen Erze ergibt sich für 1910 aus folgender Tabelle:

	Menge t	Eiseninhalt t
Mit keinem oder bis 0,05% P	3021972	1023013
0,05 „ 0,75% P	17030161	4992864
0,75 „ 1,00% P	1970817	647017
über 1,00% P	938743	276657
Farberze	3072	846

Deutschland hat also im allgemeinen phosphorreiche Erze, die man erst seit der Erfindung des Thomasprozesses mit Vorteil verarbeiten kann.

Da die deutsche Eisenerzförderung bei weitem nicht den deutschen Konsum deckt, sind wir ganz erheblich auf Einfuhr angewiesen (siehe Tabelle Seite 125).

Im Jahre 1910 betrug der Import an Eisenerzen und Schwefelkiesabbränden 9816822 t im Werte von über 161 Millionen Mark. Einer Erläuterung bedürfen die Schwefelkiesabbrände. Sie werden bei der Verarbeitung des Schwefelkieses, der aus Schwefel und Eisen besteht, gewonnen, und zwar betragen die Mengen der beiden Bestandteile annähernd je die Hälfte des Gewichtes. Wenn Schwefelkies zu Schwefelsäure verarbeitet wird, bleibt Eisenoxyd übrig, dessen Eisengehalt annähernd die Hälfte der ursprünglich verarbeiteten Kiesmenge ausmacht. Diese Rückstände werden auf Eisen verarbeitet und als Kiesabbrände bezeichnet.

Die Eisenerzeinfuhr des Jahres 1910 stammt hauptsächlich aus Schweden, Spanien und Frankreich.

Schweden	lieferte	3248995 t	im Werte von	58482000 Mark,
Spanien	„	2861228 t	„ „ „	52933000 „ ,
Frankreich	„	1773809 t	„ „ „	13304000 „ .

Da die Eisengehalte der verschiedenen Eisenerze großen Schwankungen unterworfen sind, kann man die Zahlen nicht ohne weiteres vergleichen. Ein zuverlässigeres Bild erhält man, wenn man die Werte der eingeführten Erze in Betracht zieht.

Die schwedischen Erze hatten im Durchschnitt einen Wert von 18,2 Mk. pro t, die spanischen von 18,2, die französischen von 7,70 Mk.

Legt man das ärmste, also das französische Erz, als Einheit zugrunde, so ändert sich das Bild wie folgt:

Schweden	7,47 Millionen t
Spanien	6,86 „ „
Frankreich	1,77 „ „

Die schwedischen Erze stammen aus dem lappländischen Distrikt, die spanischen vorzugsweise aus dem Bilbaogebiet.

Die Einfuhr aus Schweden erreicht nach dem Eisengehalt annähernd $^1/_3$ der gesamten deutschen Produktion.

Ein Teil der in Deutschland produzierten oder nach Deutschland eingeführten Eisenerze wird wieder ausgeführt. Die Ausfuhr betrug im Jahre 1910 fast 3000000 t im Werte von 9,46 Millionen Mark; sie ging vorzugsweise nach Belgien (1,94 Mill. t) und nach Frankreich (0,95 Mill. t).

Die nach Frankreich ausgeführten Erze waren im Jahre 1910 bedeutend geringerhaltig als die aus Frankreich eingeführten; der Durchschnittswert unserer Erzausfuhr betrug nur ca. 3 Mk. pro t. Von uns ausgeführt wurden ausschließlich Minetten, während die eingeführten Erze viel reicher waren; ihr Durchschnittswert war mehr als $2^1/_2$mal so hoch, als der der ausgeführten Erze. Die übrigen nach Deutschland eingeführten Erze sind wesentlich reicher als die französischen, ihr Durchschnittswert war über $2^1/_4$mal höher als der der französischen.

Im Inland blieben an Eisenerz im Jahre 1910 35,57 Millionen t; hiervon enthält die deutsche Produktion mit ca. 28,71 Millionen nur 30% Eisen, während 6,04 Millionen als 60%ig gerechnet werden müssen.

Eisenmarkt. Die deutsche Eisenproduktion erreichte im Jahre 1910 14739000 t. Die Einfuhr betrug 136326 t, und zwar entfielen davon auf Großbritannien 85435 und auf Schweden 38791 t.

Die Ausfuhr war etwas höher. Sie betrug 1910 786855 t, und zwar gingen nach Belgien 481067 t und, was besonders interessant ist, nach den Vereinigten Staaten 15173 t.

Im Verhältnis zur Eisenproduktion spielen also Eisen-Ein- und Ausfuhr für Deutschland keine wesentliche Rolle.

Der Roheisenkonsum Deutschlands betrug im Jahre 1910 unter Berücksichtigung der obigen Zahlen ca. 14 Millionen t. Hierfür stehen zur Verfügung 28,71 Millionen t einheimische Erze mit 30% Eisen, das entspricht 8,61 Millionen t Eiseninhalt, also nur annähernd $^3/_5$ des Konsums. An importierten Erzen unter Berücksichtigung der Ausfuhr stammen von Frankreich 820000 t mit 40% Eisen, d. s. 328000 t Eiseninhalt und von andern Ländern 6040000 t mit 60% Eisen, d. s. 3624000 t Eiseninhalt, das ergibt einen Gesamteiseninhalt von 12,56 Millionen t. Es bleibt also nach diesen statistischen Angaben noch eine Differenz von 1,48 Millionen t Eisen. Dieser Eiseninhalt dürfte auf Alteisen, eisenhaltige Zuschläge usw. entfallen.

c) Die Eisenerzlagerstätten Deutschlands.

Minette Lothringens. An erster Stelle steht der Minettebezirk (Fig. 41). Die Minette kommt hauptsächlich in dem Grenzgebiet von Luxemburg, Deutsch- und Französisch-Lothringen vor und nimmt hier eine Fläche von 100 km Länge und 18 km Breite ein, von der 60 km Länge und 12 km Breite zu Deutschland gehören.

Das Erzlager gehört dem Jura, und zwar dem unteren Dogger an (siehe Formationstabelle Seite 86). Die Erze bestehen aus Körnchen von konzentrisch schaligem Bau (Oolithe), die durch ein Bindemittel verkittet werden, welches bald kalkig, bald kieslig ist. Sie sind kalkigen und schiefrigen Gesteinen zwischengelagert und haben zum Teil recht bedeutende Ausdehnung, wenn auch nur eins, das „graue Lager", sich über das ganze Gebiet erstreckt. Die Mächtigkeiten sind folgende:

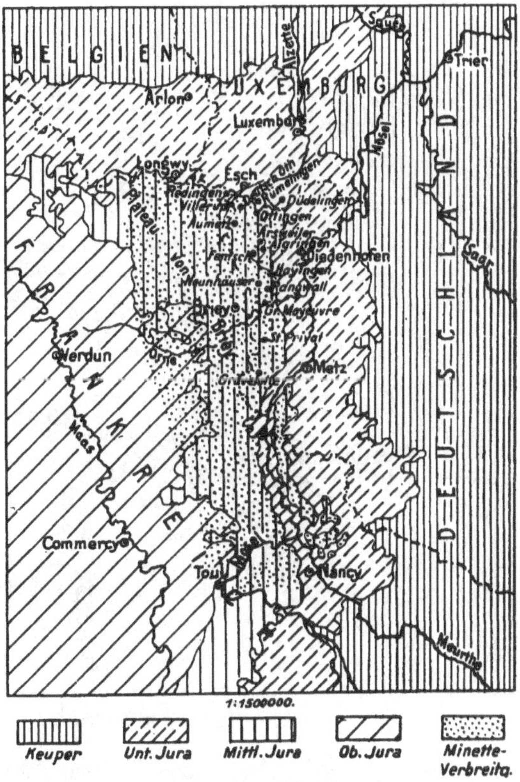

Fig. 41. Geologische Übersichtskarte des Minettedistriktes.

graues Lager . . .	5—6 m
rotes, kalkiges Lager	bis 8 „
braunes Lager . . .	bis 4 „
schwarzes Lager	1, 2—3, 9 „
rotes, sandiges Lager	bis 13 „

Der Eisengehalt schwankt sehr und beträgt im Durchschnitt, wie sich aus der Tabelle Seite 126 ergibt, im Jahre 1910 nur 28,8%; er geht in den Lagern so weit herunter, daß große Mengen nur als eisenhaltiger Zuschlag benutzt werden können. Je nach dem Bindemittel sind die Erze bald kalkig, bald kieslig. Ihr Durchschnittsphosphorgehalt beträgt 0,6 oder 0,7%. Wegen dieser erheblichen Phosphormengen können die Erze erst seit der Entdeckung des Thomasprozesses verarbeitet werden. Im Jahre 1901 betrug die gesamte Minetteproduktion in Deutsch-Lothringen 7,7, in Luxemburg 5,9 und in Frankreich 4,39 Millionen t. Seit der Zeit ist sie bedeutend gestiegen. So betrug die uns hier besonders interessierende deutsche Produktion im Jahre 1909 14,4 Millionen t und im Jahre

1910 16,6 Millionen t. Leider gibt die deutsche Statistik nicht die große Menge verarbeiteter eisenhaltiger Zuschläge an, deren Eisengehalt zu gering ist, als daß man die Massen als Erz bezeichnen könnte; sie spielen aber dennoch bei der Eisenverhüttung eine erhebliche Rolle.

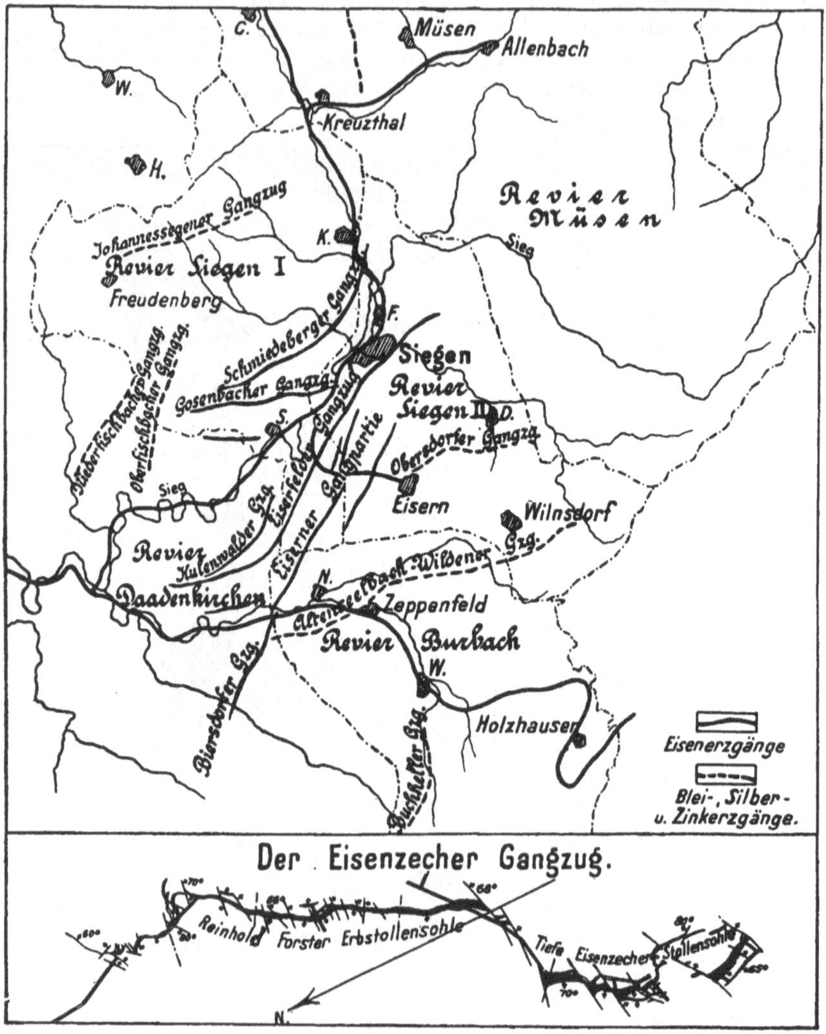

Fig. 42. Übersichtskarte der Gangschwärme (früher Gangzüge) des Siegerlandes und Grundriß des Eisenzecher Zuges mit den Horizontalverschiebungen.

Die Vorräte des Minettegebietes. Kohlmann schätzt die Vorräte des Minettegebietes Deutsch-Lothringens auf insgesamt 1830 Millionen t, davon entfallen nach ihm auf das Plateau von Aumetz-Arsweiler 1125 Millionen, auf das Gebiet zwischen Fentsch und Orne 383 Millionen und auf das Gebiet südlich der Orne 321,5 Millionen.

Die Minettevorräte Luxemburgs werden zu 300 Millionen berechnet, so daß in Deutsch-Lothringen und Luxemburg insgesamt 2130 Millionen t Erz zur Verfügung stehen.

Der Siegerländer Spateisensteinbezirk (Fig. 42). Im Siegerland-Wieder Distrikt treten vorzugsweise in den Siegener Schichten des Unterdevons, namentlich in der Gegend zwischen Siegen und Betzdorf eine große Anzahl von Spateisensteingängen auf. Sie bilden den wirtschaftlich zweitwichtigsten Bergbaudistrikt Preußens.

Die Gänge sind zu Schwärmen — früher Gangzüge genannt — vergesellschaftet, die man heute auch als Ganggruppen bezeichnet; viele von ihnen sind an tektonische Gräben gebunden (Fig. 43). Die

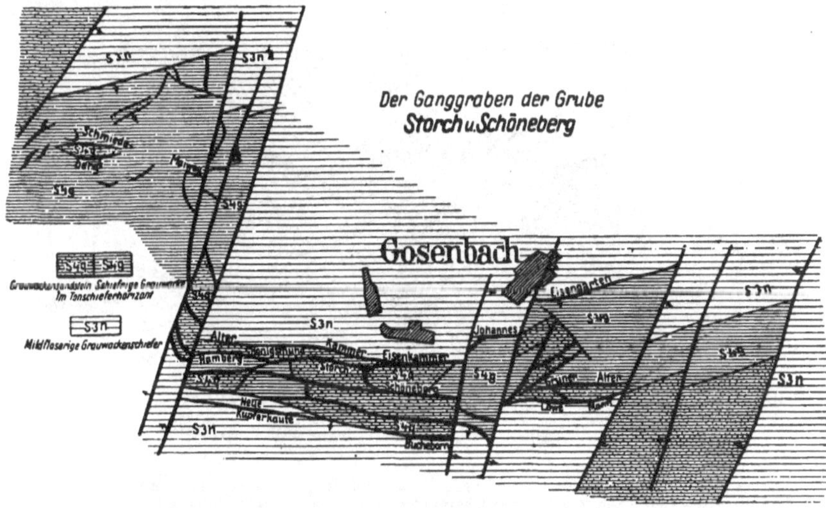

Fig. 43. Das Gebundensein der Spateisensteingänge an die Ganggräben und Störungen zeigend. (Nach Denckmann.)

Ausfüllung besteht vorzugsweise aus Spateisenstein und untergeordnet namentlich in den oberen Teufen aus Sulfiden (siehe unter Kupfererzgänge S. 112).

Infolge wiederholten späteren Aufreißens der Gangspalten kamen jüngere Minerallösungen mit der älteren Gangfüllung zusammen, die sie mehr oder weniger vollständig verdrängten. So finden wir namentlich die Einwanderung von Quarz, untergeordnet diejenige der oben erwähnten Sulfide. Die Mächtigkeit der Gangspalten beträgt in der Regel 2—3 m, kann aber auch bis 20 m anwachsen.

Der Siegerländer Rohspat hat 35—39% Eisen neben 5,7—7,6% Mangan; der Phosphorgehalt ist gering.

Durch einen einfachen Röstprozeß wird die Kohlensäure des Spateisensteins ausgetrieben, und es entsteht dadurch ein Erz mit bis 54% Eisen und bis 10,5% Mangan.

Die Produktion betrug 1909 2045321 t mit 34,9% Eisen und 1910 2281039 t mit 35,1% Eisen. Der Durchschnittswert einer Tonne Rohspat wird loco Grube zu ca. 10 Mk. angegeben.

Die Vorratsberechnung der Siegerländer Gänge ergab ca. 73 Millionen t bis zu 700 m Tiefe, von denen ca. 12 Millionen t als bereits aufgeschlossen gelten. Bis 1000 m Tiefe wurden weiter annähernd 30 Millionen errechnet.

Der Lahn-Dill-Bezirk (Fig. 44). In der Lahn- und Dillmulde treten, namentlich an der Grenze von Mittel- und Oberdevon, häufig in enger Beziehung mit Diabasen, Schalsteinen und Kalken, Roteisenerze auf, die zum großen Teil Sedimente darstellen und zum Teil durch Umwandlung von Kalk- und Schalstein entstanden sind. Die

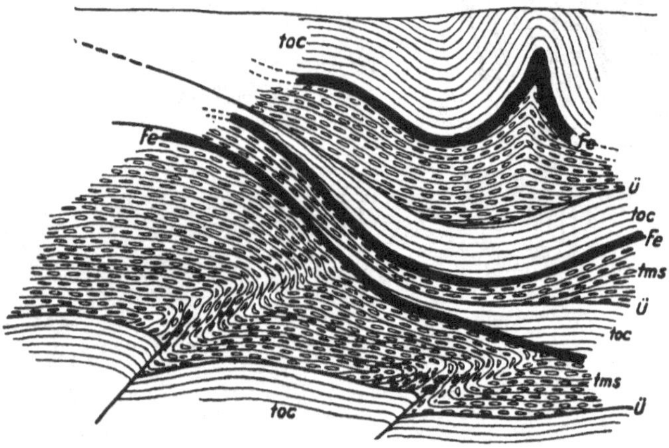

tms = Schalstein des Oberen Mitteldevons, Fe = Eisensteinlager des Oberen Mitteldevons, toc = Cypridinenschiefer des Oberdevons, Ü = Flache Überschiebungsfläche.

Fig. 44. Dreimalige Übereinanderlegung des Eisensteinflözes im nördlichen Teil der Grube Fortuna bei Philippstein. (Nach Ahlburg.)

Erzlager werden durch zahlreiche Störungen beeinflußt, so daß die bergmännische Gewinnung nicht immer leicht ist. Die Faltung ist derartig intensiv, daß die Lager vielfach zerrissen und übereinander geschoben erscheinen.

Die Produktion des Lahn- und Dillgebietes betrug im Jahre 1909 97461 t mit 41% Eisen und im Jahre 1910 1004263 t mit 40,9% Eisen.

Die Vorräte wurden, soweit sichere Anhalte vorhanden sind, zu ca. 166 Millionen t berechnet, so daß sie also bei der jetzigen Förderung noch ca. 166 Jahre reichen.

Die Eisenerzvorkommen des subherzynischen Bezirkes (Peine-Salzgitter usw.). Die hier ausgebeuteten Lagerstätten gehören dem Ilseder und Salzgitterer Eisenerzhorizont an.

Bei Ilsede (Fig. 46) treten an der Basis des Senons (obere Kreide siehe Formationstabelle S. 86) Trümmereisenerze auf, deren Material aus älteren Schichten (Gault) stammt, d. h. es wurden zum Beginn des Senons Eisenerzlager des Gaults zertrümmert, zu einer Schuttschicht zusammengeschwemmt und verfestigt. Das Bindemittel besteht in der Hauptsache aus Kalk. Das Lager von Peine (Bülten, Adenstedt und Lengede) bildet zwei Mulden. Man kennt das Erzlager auf 1600 m Länge bei einer Mächtigkeit von 5—6 m.

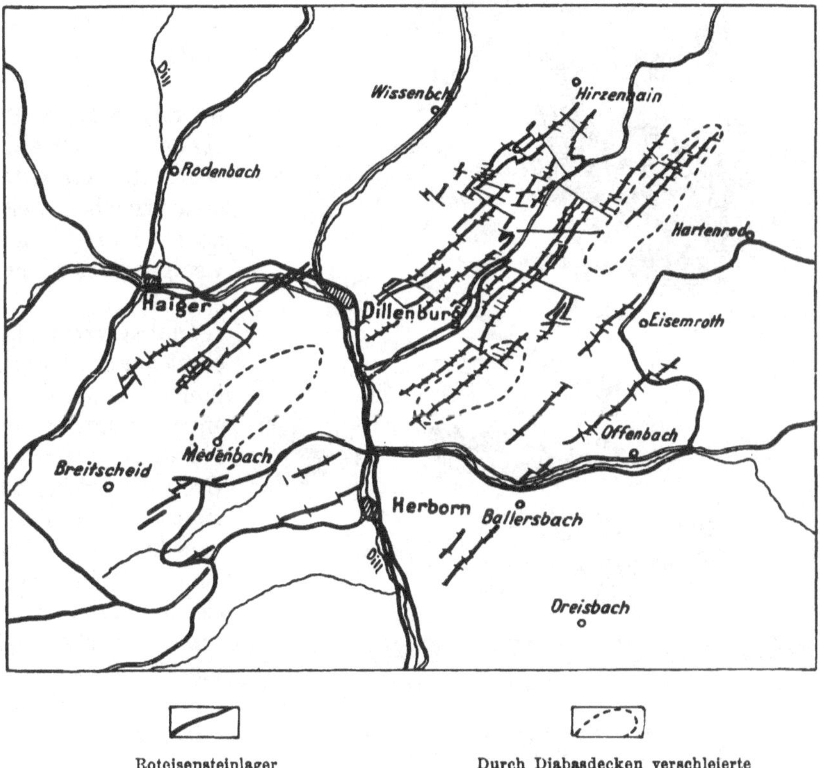

Fig. 45. Die Eisenerzlager der Dillmulde. (Nach Köhler und Einecke.)

Der konglomeratische Brauneisenstein hat im Durchschnitt 28 bis 35% Eisen und besteht aus Rollstücken von Erbsen- bis Faustgröße, welche durch ein grauweißes oder gelbes Bindemittel verkittet werden. Nach der Art des Bindemittels unterscheidet man Kalkerze und Tonerze. Bemerkenswert ist das Auftreten von zylindrischen bis kugelrunden Phosphoriten von Nuß- bis Eigröße; infolgedessen gehören die Eisenerze von Peine zu den phosphorreichen Erzen, welche seit der Erfindung des Thomasprozesses einen bedeutenden Wert haben. Ihr Mangangehalt beträgt bis 3,6%, der durchschnittliche Phosphorgehalt 1,1—1,6%.

Die Vorräte dieses Horizontes sind auf 218 Millionen t Erz berechnet worden, soweit einigermaßen zuverlässige Aufschlüsse vorliegen.

Der Salzgitterer Eisenerzhorizont tritt nördlich von Goslar in dem Salzgitterer Höhenzuge auf. Das Eisensteinkonglomerat liegt diskordant auf Liasschichten und wird von Unterer Kreide überlagert. Die Mächtigkeit schwankt sehr, sie kann bis 60 m erreichen, weist aber häufig nur wenige Meter auf (Fig. 47).

Die Lagerstätte besteht aus einer konglomeratischen, durch ein Bindemittel verkitteten Erzmasse. Größe und Form der Rollstücke sind sehr verschieden. Das Bindemittel ist stark eisenschüssig, meist tonig, zuweilen auch mit Kalk oder Mergel durchsetzt und zeigt mitunter eine oolithische Struktur.

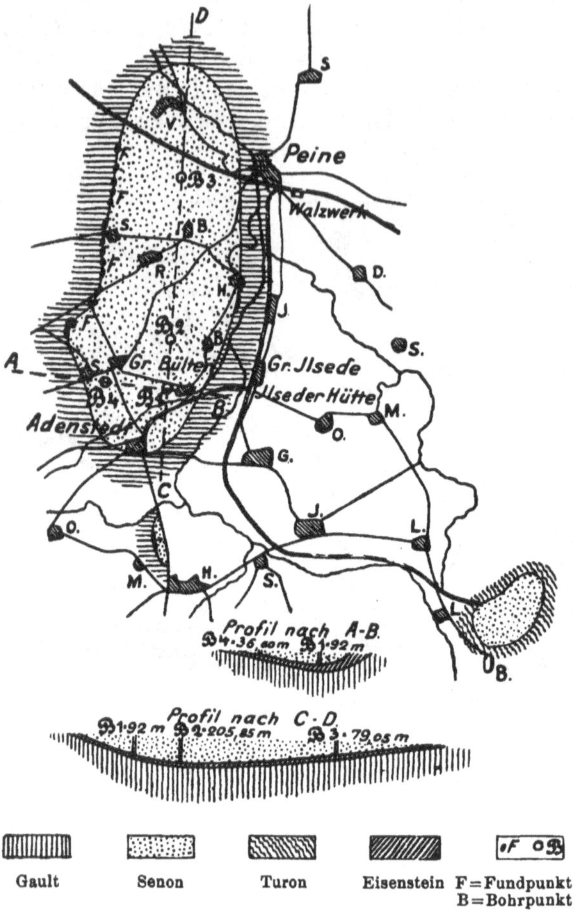

Fig. 46. Das Eisenerzlager von Peine und Ilsede i. H. 1 : ca. 175000, für die Höhe 1 : 35000.

Der durchschnittliche Eisengehalt des Erzes wurde in den Jahren 1894—1902 zu 35—39,5% festgestellt. Der Phosphorgehalt beträgt 0,4—1,6%.

Die Erze werden in der Hauptsache als Möllerungserze (Mischungsmaterial) für die kalkigen Ilseder Haupterze gebraucht. Der Vorrat

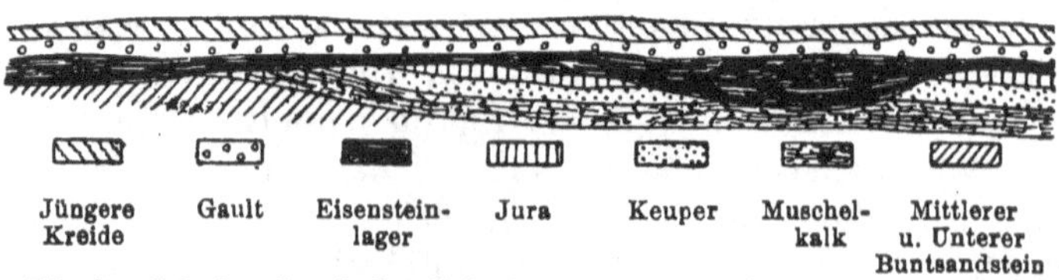

Fig. 47. Idealer Schnitt durch das Salzgitterer Eisenerzlager und sein Nebengestein. (Nach Köhler und Einecke.)

an solchen Erzen ist von Köhler und Einecke (siehe Literatur) zu 30 Millionen t unter den heutigen Verkehrsbedingungen berechnet worden.

Die wirtschaftliche Bedeutung des subherzynischen Bezirkes ergibt sich daraus, daß im Jahre 1909 von 5 Gruben 797487 t mit einem durchschnittlichen Eisengehalt von 28,9% und im Jahre 1910 840489 t mit einem durchschnittlichen Eisengehalt von 29,1% gefördert wurden.

Der Basalt-Eisenerzbezirk des Vogelsberges. Diese Brauneisenerze stehen in enger räumlicher und genetischer Verknüpfung mit den Basalten und haben im Vogelsberge eine sehr große Verbreitung. Sie liegen meist in der Nähe der Erdoberfläche auf Basalt oder Tuff. Viele Lager stehen unmittelbar zu Tage an; andere haben eine mächtigere Decke.

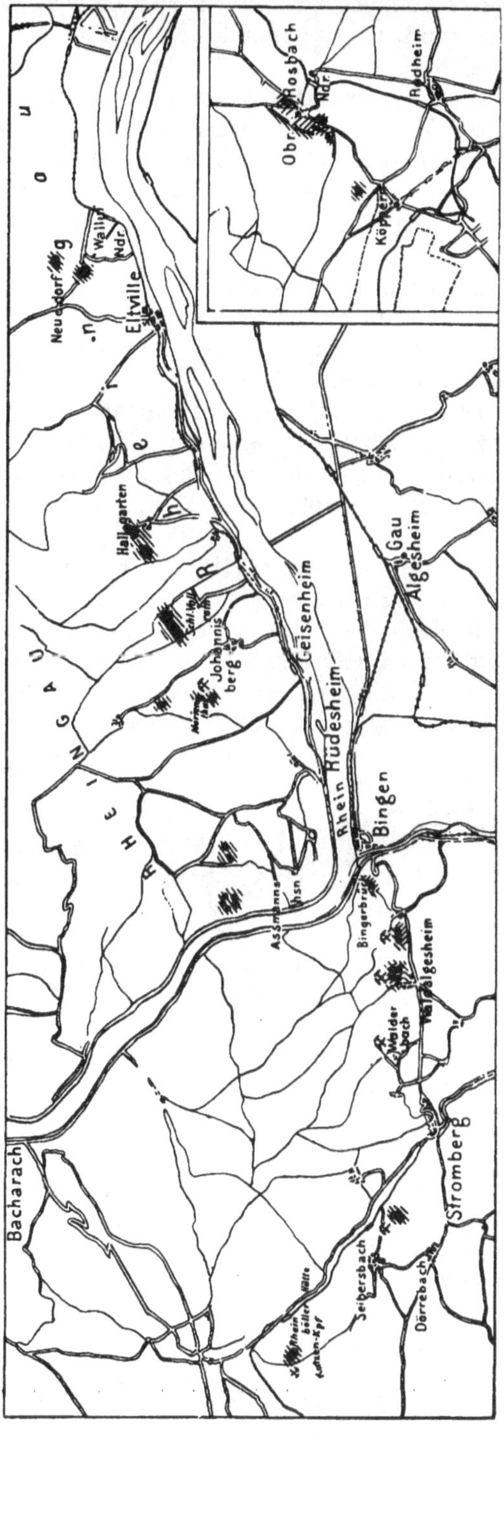

Auf devonischem Massenkalk } auflagerndes tertiäres Mangan-Eisenerz
Auf unterdevonischem Gestein }

Fig. 48. Die Mangan-Eisenerzlager am Südrande des Taunus i. M. 1 : 175000. (Nach Geol. L.-Anstalt.)

Gerade die wichtigsten Vorkommen sind durch Zersetzung der Basalte oder Tuffe entstanden. Sie finden sich entweder auf primärer Lagerstätte oder wurden später durch die Tätigkeit des Wassers zusammengeschwemmt.

Die besten Lagerstätten liegen in der Gegend von Mücke. Hier schwankt die Mächtigkeit zwischen 5 und 20 m. Man bezeichnet das Erz, weil es vor dem Versand durch Waschen gereinigt werden muß, als Wascherz im Gegensatz zu dem Stückerz, welches sich auf manchen Gruben findet und Derberzkuchen von beschränkter Ausdehnung bildet.

Die besten Lagerstätten liegen in der Gegend von Lich, Grünberg, Laubach, Mücke und Nieder-Ohmen.

Die Erze der Gegend von Mücke haben einen sehr schwankenden Eisengehalt, der durchschnittlich 17,35% bei 0,33 Mangan und 0,21 Phosphor beträgt. Die Vorräte der an und für sich armen Erze sind beschränkte und dürften 10 Millionen t kaum überschreiten.

Die Förderung betrug im Jahre 1909 415209 t mit 26,9% Eisen und im Jahre 1910 503691 t mit 27,2% Eisen.

Der Taunus einschließlich der Lindener Mark (Fig. 48). Die hierher gehörigen Lagerstätten sind zum großen Teil an den mitteldevonischen Massenkalk (Stringocephalenkalk, siehe Formationstabelle S. 86) gebunden, durch dessen Umwandlung sie entstanden. Es sind also metasomatische Lagerstätten, welche durch eisenhaltige Wasser, die auf Spalten oder von der Oberfläche aus zirkulierten, gebildet wurden. Sie gehören zum Teil dem sogenannten Bingerbrücker Kalkzuge an und begleiten hier den Südrand des Taunus und Soonwaldes. Die hauptsächlichsten Fundpunkte liegen zwischen Oberroßbach und Köppern, Bingerbrück und Biebrich und Bingerbrück und Stromberg.

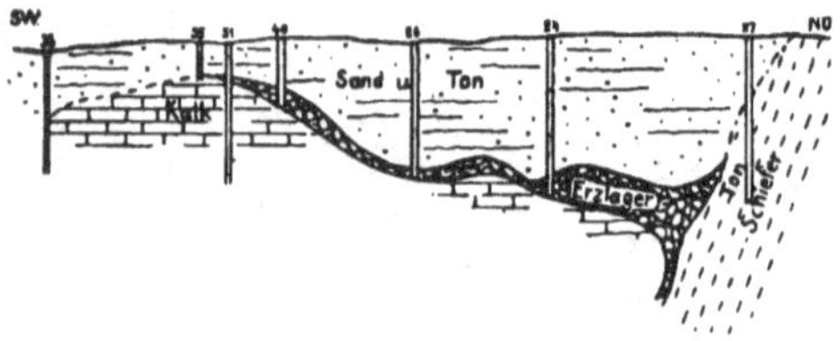

Fig. 49. Querprofil durch das nördlich von Oberroßbach liegende Erzvorkommen i. M. 1 : ca. 1890. (Nach Köhler und Einecke.)

In der Tertiärzeit ist ein Teil der Lagerstätten zerstört und zu Trümmererzlagerstätten umgewandelt worden, die in engster Verknüpfung mit den metasomatischen Vorkommen auftreten.

Die Erze, welche von jüngeren Schichten bedeckt werden, erreichen eine Mächtigkeit bis zu 20 m und bestehen meist aus Brauneisenstein mit wechselndem Mangangehalt, in dem nesterartige Ausscheidungen von Manganerz wie Pyrolusit und Psilomelan vorkommen.

Der Eisengehalt beträgt bei Roßbach-Köppern 12—50% bei 2—49% Mangan und 0,14—0,429% Phosphor; die Erze von Bingerbrück-Stromberg haben in der Regel 20—46% Eisen bei 5—50% Mangan und 0,023—0,33% Phosphor. Im Gebiete von Biebrich-

Bingerbrück werden reine Manganerze ausgelesen, die bis 58% Mangan enthalten. Die Erzpreise schwanken infolge des wechselnden Metallgehaltes zwischen 7 und 30 Mk. pro t.

Die Vorräte der genannten Bezirke werden auf 1500000 t geschätzt, von denen 155000 als durch Grubenbaue aufgeschlossen gelten können.

Eine ähnliche geologische Position hat das Eisenerzvorkommen der Lindener Mark bei Gießen. Es ist das bedeutendste derartige Vorkommen in Deutschland überhaupt. Die Lindener Mark liegt 2 km südlich von Gießen und ist durch große Tagebaue aufgeschlossen (Fig. 50).

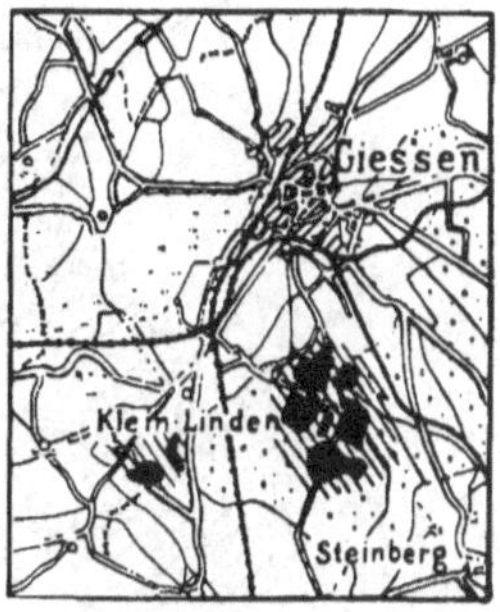

Fig. 50. Das Eisenerzvorkommen der Lindener Mark bei Gießen i. M. 1 : ca. 175000.

Auch hier ist der Massenkalk, der ebenso wie am Bingerbrücker Kalkzuge zum Teil dolomitisiert wurde, in Eisen-Manganerz umgewandelt, welches in der Tertiärzeit teilweise zerstört und aufbereitet worden ist. Auf dem durch schroffe Klippen und Rücken ausgezeichneten Massenkalk liegt das mulmige, sehr manganreiche Brauneisenerz mit derben Erzkonkretionen von Wad, Pyrolusit, Psilomelan und Manganit.

Das Erz besteht aus 17—36,8% Eisen, 10—31% Mangan, 0,1 bis 0,8% Phosphor und 9—20% Rückstand.

Die Produktion des Taunusbezirkes einschließlich der Lindener Mark betrug im Jahre 1909 262 106 t mit 23,5% und im Jahre 1910 278055 t mit 24,0%.

Der schlesische Bezirk. Hier sind die oberschlesischen Erze von den niederschlesischen zu unterscheiden.

In Oberschlesien (Fig. 51) treten Eisenerze in der Steinkohlenformation, im Keuper, Jura und Tertiär (Toneisenstein) und in der Trias (Brauneisenerze) auf.

Die Eisenerze der Steinkohlenformation werden gegenwärtig nicht gebaut. Sie liegen lagerartig zwischen den Steinkohlenflözen und den übrigen Gesteinen des produktiven Karbons.

Die Toneisensteine im Keuper, Jura und Tertiär finden sich in den Kreisen Kreuzburg und Rosenberg. Das Alter der Schichten, die früher zum oberen Keuper gerechnet wurden, steht nach den neueren Untersuchungen nicht fest, da es sich auch um Jura handeln kann. Die Erze treten in Form von Knollen und Nieren von 6—25 cm Stärke in den Schichten auf. Sie sind von guter Beschaffenheit und haben einen Eisengehalt von 30—40%. Das Verbreitungsgebiet der Erze ist längs der Ostgrenze erheblich. Man kennt sie hier auf 7 km Länge und 1—2 km Breite. Heute ist nur das Eisenerzbergwerk von Krysanowitz bei Hellewald-Neudorf im Betriebe.

Die im braunen Jura auftretenden Erze bilden mehrere unregelmäßige Lager, die ebenfalls aus in Ton eingelagerten Erzknollen bestehen und 20—45$^0/_0$ Eisen enthalten. Sie sind gegenwärtig nicht im Betriebe.

Im Tertiär liegen gleichfalls Toneisensteine, die an verschiedene, meist wenig aushaltende Tonlagen gebunden sind. Man kennt der-

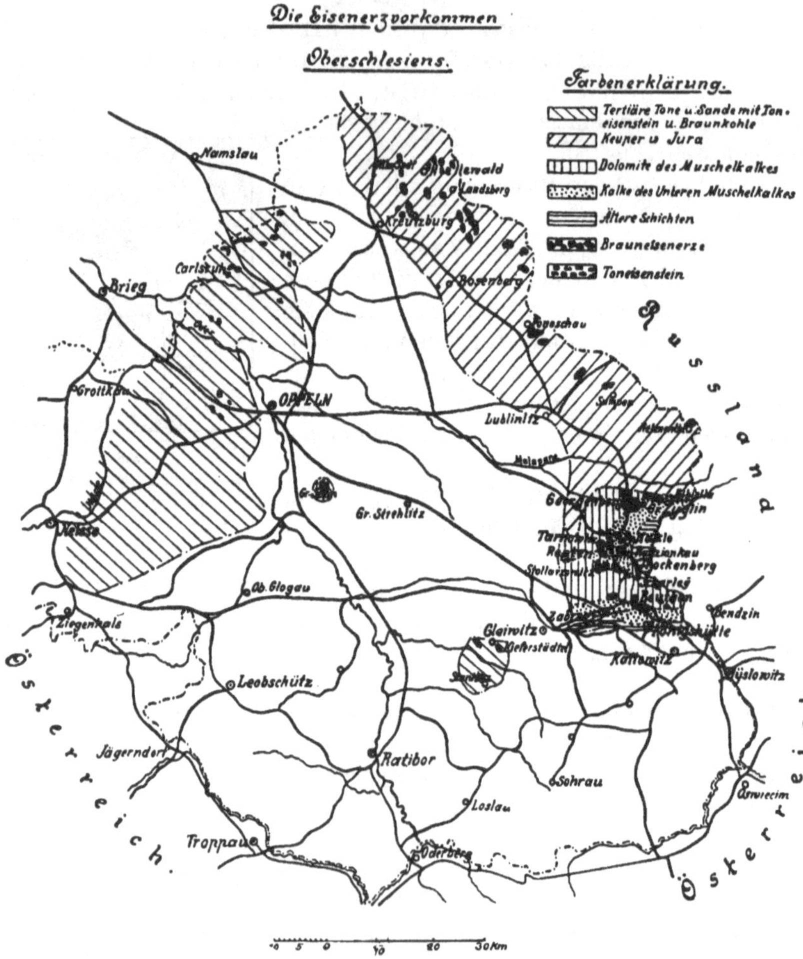

Fig. 51.

artige Vorkommen in der Gegend von Dammratsch, Carlsruhe und Oppeln, sie wurden namentlich bei ersterem Orte ausgebeutet. Die Erze haben einen Eisengehalt von 18—35$^0/_0$.

Die Brauneisenerzvorkommen im Gebiete der Trias haben zum Teil tertiäres Alter und sind auf den östlichen Teil des großen Muschelkalkzuges beschränkt, der sich von Krappitz a. d. Oder in östlicher Richtung bis nach Russisch-Polen erstreckt.

Die Brauneisenerzlagerstätten haben namentlich am Ausgehenden des Dolomites eine größere Ausdehnung und Mächtigkeit, sind aber auch zum Teil mit sulfidischen Blei- und Zinkerzen aufs engste vergesellschaftet. Sie stellen bald metasomatische Umbildungen des

Fig. 52. Zusammenhängende Brauneisenerztaschen im Dolomit Oberschlesiens.

Kalkes, bald Umwandlungen von Markasit vor. Wegen der porösen Beschaffenheit ist der Wassergehalt, der bis 33% betragen kann, sehr hoch; der Eisengehalt schwankt zwischen 23 und 25%, häufiger ist eine Verunreinigung durch Blei und Zink vorhanden. Der Mangangehalt kann bis 8% erreichen.

Die Eisenerzförderung Oberschlesiens betrug von 1800—1850 120000 t jährlich und erreichte 1889 797000 t, von da ab ging sie zurück, und beträgt gegenwärtig nur ca. 190000 t. Der Durchschnittswert pro t loco Grube wird zu 6,20 Mk. angegeben.

Die oberschlesischen Vorräte werden unter den heutigen wirtschaftlichen Verhältnissen zu 16 Millionen t angegeben, von denen 12 Millionen 25% Eisen, 3—4% Mangan und geringe Mengen von Zink, Blei und Schwefel haben.

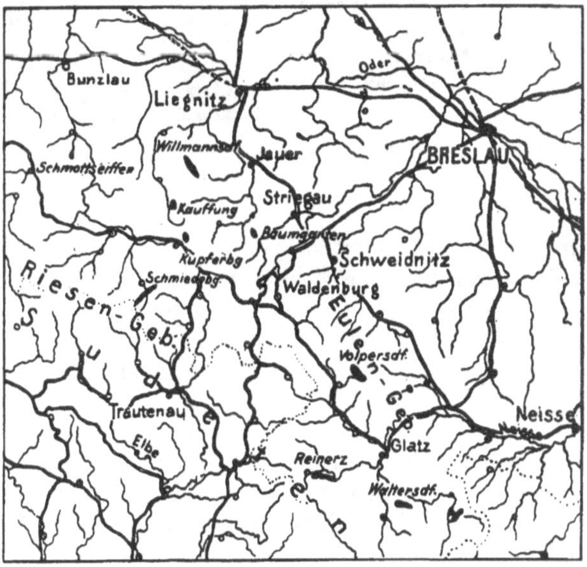

Fig. 53. Übersichtskarte der Eisenerzlagerstätten Niederschlesiens i. M. ca. 473500.

Von den niederschlesischen Vorkommen kommt nur eins, nämlich Schmiedeberg in Betracht (Fig. 54). Hier treten in kristallinen Schiefern im Kontakthof des Granites Magneteisenerze auf, welche durch kontaktmetamorphe Umwandlung von Kalksteinen entstanden. Sie sind beschränkt auf einen Streifen von 1000 m Länge und 50—100 m Breite, der hauptsächlich aus Kalkstein, Magneteisen, Hornblendeschiefer, Kalk-Glimmerschiefer usw. besteht.

Man kennt 12 Lager, von denen nur 4—6 beachtenswert sind. Die Mächtigkeit beträgt im Durchschnitt in der Tiefe insgesamt 2 m reines Erz. Das Magneteisen ist teils feinkörnig, teils grobkristallin und enthält geringe Beimengungen von Schwefel-, Magnet- und Kupferkies. Der Eisengehalt beträgt im Durchschnitt $50^0/_0$, der Phosphorgehalt ist sehr gering, so daß die Lagerstätte Bessemer-Erze liefert.

Die Produktion betrug in den letzten 10 Jahren ca. 30000 t im Werte von durchschnittlich 12 Mk. loco Grube. Der anstehende Erzvorrat wurde bis zu 500 m Tiefe auf 600000 t und bis 1000 m auf 1250000 t geschätzt.

Die wirtschaftliche Bedeutung des schlesischen Bezirkes geht am besten aus der Produktion für das Jahr 1909 und 1910 hervor.

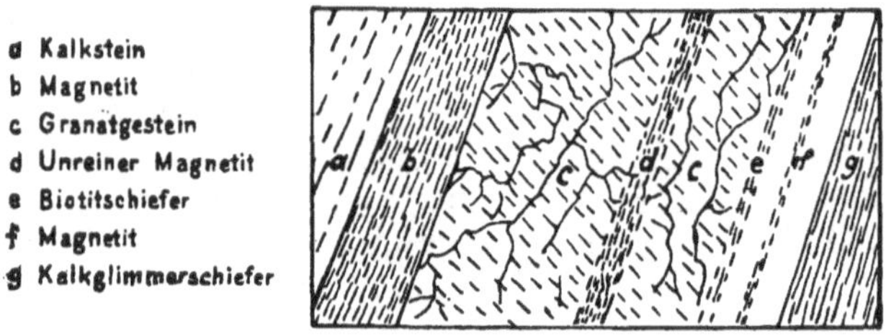

Fig. 54. Profil des g-Lagers auf der 345 m-Sohle von Schmiedeberg i, Schles. (Nach Berg).

Im Jahre 1909 wurden 268213 t mit einem durchschnittlichen Eisengehalte von $29{,}5^0/_0$ und im Jahre 1910 272579 t mit einem durchschnittlichen Eisengehalt von $29{,}6^0/_0$ gefördert. Von der genannten Menge entfallen auf Schmiedeberg im Jahre 1909 ca. 31422 t mit ca. $45{,}2^0/_0$ Eisen und 1910 22795 t mit durchschnittlich $46{,}4^0/_0$ Eisen.

Schafberg-Hüggel (Osnabrücker Bezirk). Der nächst wichtigste deutsche Produktionsbezirk ist derjenige am Schafberg und Hüggel zwischen dem Wesergebirge und dem Teutoburger Wald. Die Eisenerze sind hier an die Zechsteinformation (siehe die Formationstabelle S. 86) gebunden, derart, daß der Zechstein des Hüggels in großer Mächtigkeit eisenschüssig ist, so daß er bald als Erz und bald als Zuschlag benutzt werden kann, während am Schafberg die eisenfreien Kalke des Zechsteins von den Eisenerzen scharf getrennt sind.

Am Schafberg bilden die Erze unregelmäßige Nester von Brauneisen, deren Ausdehnung wenig über 100 m erreicht. Sie ziehen sich in der Zechsteinformation rings um den Schafberg herum. Zweifellos entstanden die Lagerstätten durch metasomatische Umwandlung des Zechsteinkalkes.

Der Eisengehalt ist verhältnismäßig hoch und schwankt zwischen 35 und 52%, der Wassergehalt kann bis 50% erreichen.

Die Erzvorkommen am Hüggel bestehen in der Nähe der Tagesoberfläche aus Brauneisen, welches in der Tiefe in Spateisen übergeht. Als Erzlager gelten nur die liegenden eisenreichen Bänke von ca. 8—10 m Mächtigkeit, während die hangenden etwas eisenärmeren Schichten des Zechsteins als Zuschläge Verwendung finden.

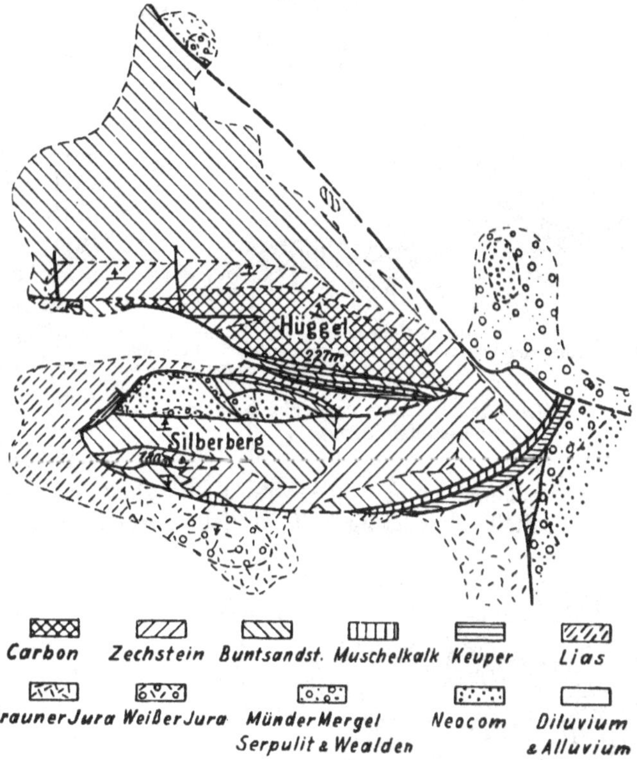

Fig. 55. Geologische Übersichtskarte des Hüggelgebietes. (Nach Haack.)

Der Brauneisenstein hat 37—42% Eisen bei 1,7—2% Mangan, der Spateisenstein 32—36% Eisen bei 1,8% Mangan. Der Eisengehalt der Zuschläge beträgt bis 15%.

Im Hüttenbetrieb nimmt man den Brauneisenstein des Hüggels zu 35% Eisen, 12% Rückstand und 24% Wasser an, bei Spateisen werden 30% Eisen und 6—10% Rückstand angegeben.

Der Eisenerzvorrat des Hüggels ist bis 80 m unter der Stollensohle zu 3,8 Millionen t berechnet worden. Man nimmt außerdem an, daß noch 3,5 Millionen mit 25% Eisen in größerer Tiefe anstehen. Der Vorrat an eisenhaltigen kalkigen Zuschlägen beträgt ca. 45 Millionen t.

Die Förderung des Osnabrücker Bezirkes betrug im Jahre 1909 aus vier Gruben 210432 t mit 29% Eisen und im Jahre 1910 261461 t mit 28,2% Eisen.

Der thüringisch-sächsische Bezirk (Fig. 56). Die Eisenerzvorkommen Thüringens sind in mineralogischer und geologischer Beziehung recht verschieden. Erwähnenswert sind die Chamositvorkommen im Untersilur, die Magneteisenerzlager bei Schmiedefeld (Kreis Schleusingen) und die Eisenerzvorkommen des Zechsteingürtels bei Schmalkalden und Kamsdorf.

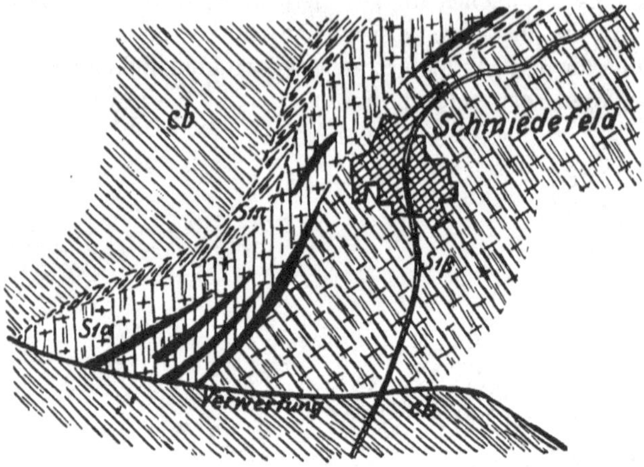

cb = Cambrium, S1α = Untersilurischer Griffelschiefer, S1β = Untersilurischer das Erz überlagender dunkler Schiefer, Schwarz = Erzlager. Untersilur mit Erzlagern ist an der Lichtentanner Hauptverwerfung gegen Cambrium verworfen.

Fig. 56. Das Chamositlager von Schmiedefeld (Sachsen-Meiningen).

Die untersilurischen Chamosite stellen horizontbeständige Eisenerzlager dar, welche aus den silikatischen Erzen Chamosit und Thuringit bestehen. Die Erzlager haben 0,5—6 m Mächtigkeit und führen ein Material mit mittlerem Eisengehalt, welches durch Handscheidung wohl auf 38% zu bringen ist. Infolge des verhältnismäßig hohen Rückstandes ist der Bergbau nur in Zeiten der Eisenhochkonjunktur umfangreicher. Man hat in den Erzlagern von Wittmannsgereut, Schmiedefeld, Reichmannsdorf und Eisenberg 50 Millionen t Vorrat geschätzt.

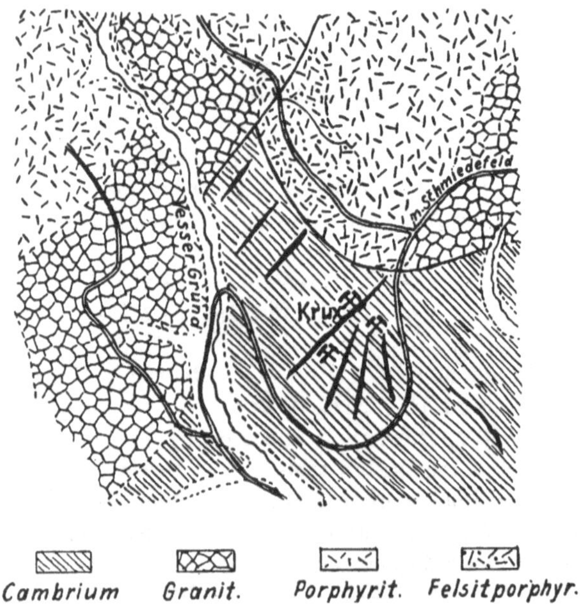

Fig. 57. Lagerungsverhältnisse der Magneteisensteinlager bei Schmiedefeld (Kr. Schleusingen).

Die Magneteisenerzlager bei Schmiedefeld (Kreis Schleusingen) sind in geologischer Beziehung sehr ähnlich denjenigen von Schmiedeberg in Schlesien (S. 141).

Auch bei Schmiedefeld liegen Magneteisenerze, die mit Schwefelkies mehr oder weniger vergesellschaftet sind, im Kontakthof des Granites.

Die Mächtigkeit der einzelnen Lager und Linsen beträgt 4—15 m, die streichende Länge 20—100 m. Im Durchschnitt der Förderung ergab 40—50$^0/_0$ Eisen bei 0,5—1$^0/_0$ Mangan. Eine Vorratsberechnung war leider unmöglich (Fig. 57).

Die Eisenerze des Zechsteingürtels bei Schmalkalden und Kamsdorf sind ähnlich denjenigen vom Schafberg und Hüggel (s. S. 142). An vielen Stellen ist der Zechsteinkalk auch im Thüringer Walde metasomatisch in Eisenerz umgewandelt. Man kennt solche Lagerstätten bei Schmalkalden im Südwesten und bei Kamsdorf im Nordosten des Gebirges. Die wesentlichsten Gruben sind Stahlberg, Mommel und Klinge.

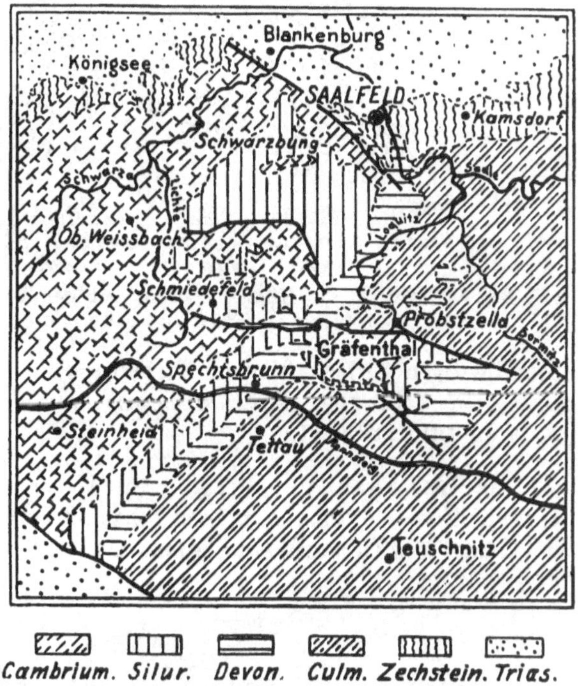

Fig. 58. Geologische Karte Ost-Thüringens. (Nach Zimmermann.)

Die Kamsdorfer Lagerstätten haben eine größere Bedeutung als die südlich vom Thüringer Walde liegenden. Die Mächtigkeit der einzelnen Lager erreicht hier in der Nähe der Spalten, von denen aus die Umwandlung des Kalkes in Eisenerz vor sich ging, 4—8 m, spitzt sich aber nach beiden Seiten aus. Wo sauerstoffhaltige Tagewässer den Spateisenstein erreichten, wurde er in Brauneisen umgewandelt. Auch hier gibt es größere Mengen eisenhaltiger Zuschläge (Eisenkalk). Im Durchschnitt hat der Spateisenstein 36$^0/_0$ Eisen, 3,5$^0/_0$ Mangan und 0,2$^0/_0$ Phosphor; der Brauneisenstein 46$^0/_0$ Eisen, 5$^0/_0$ Mangan und über 0,02$^0/_0$ Phosphor und der Eisenkalk 15,9$^0/_0$ Eisen und 3,6$^0/_0$ Mangan.

Die Förderung des Stahlbergs und der Mommel beträgt nur ca. 5000 t, während auf den Kamsdorfer Gruben 120000 t gewonnen werden.

Man hat die Vorräte der Gruben Stahlberg, Mommel und Klinge, Kamsdorf und Schmiedefeld auf 1,9 Millionen t berechnet bei den heutigen wirtschaftlichen Verhältnissen. Es sind außerdem noch vorhanden 2,3 Millionen t Erz und 6 Millionen t Zuschläge.

Berücksichtigt man außerdem die oben genannten Chamosite des Thüringer Waldes, so ergibt sich ein Gesamtvorrat von ca. 52 Millionen t

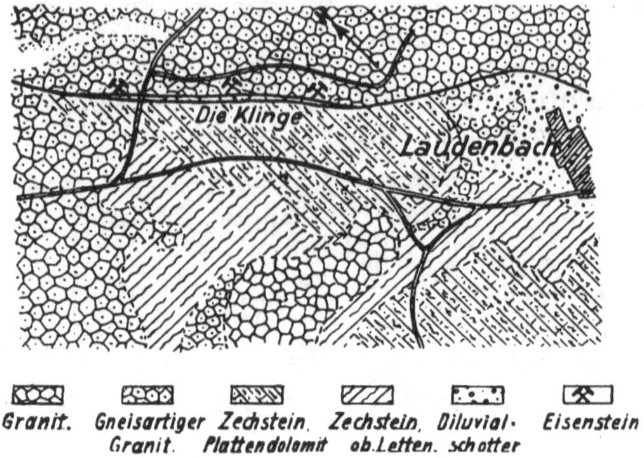

Fig. 59. Verlauf der Klinger Störung mit den Brauneisensteinlagern. (Nach Scheibe.)

unter heutigen wirtschaftlichen Verhältnissen. — Die Produktion des thüringisch-sächsischen Bezirkes betrug im Jahre 1909 185791 und im Jahre 1910 237870 t.

Der Wesergebirgsbezirk. Am Wesergebirge treten sphärosideritische Toneisensteine im oberen Lias und unteren Dogger am ganzen Südabhange des Gebirges auf. Man kennt außerdem ein toniges Eisen-

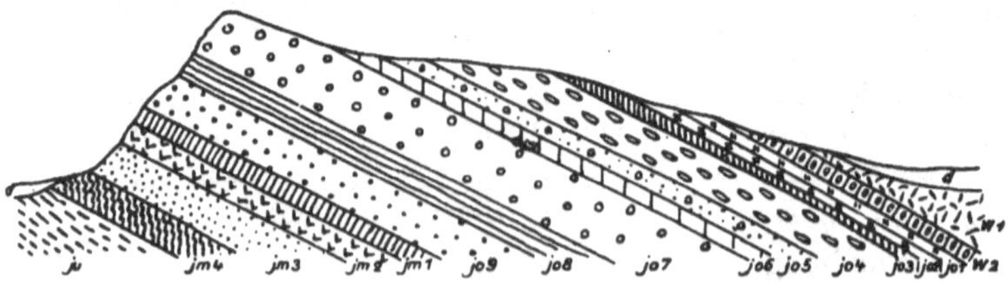

ju = Lias, jm4 = Unterer Dogger, jm3, jm2 = Cornbrash, jm1 = Kelloway, jo9, jo8 = Unterer Oxford, jo7 = Oberer Oxford, oolithischer blauer Jurakalk, jo6—3 = Kimmeridge, jo2 = Portland, jo1 = Purbeck, w1, w2 = Wealden, d = Diluvium.

Fig. 60. Profil durch das Wesergebirge östlich der Porta Westfalia. (Nach Köhler und Einecke.)

oolithflöz im oberen Dogger, westlich von der Porta Westfalica und oolithische Roteisensteine im oolithischen Kalk des oberen Jura (Coralrag) östlich der Porta (Fig. 60).

Alle drei Vorkommen gehören zu den Erzlagern, sind also sedimentärer Entstehung.

Die sphärosideritischen Toneisensteine im Lias und unteren Dogger bestehen aus einzelnen Nieren, die lagenweise aneinander gereiht sind und in mehreren Reihen übereinander Bänke von verschiedener Mächtigkeit bilden. Sie haben Nuß- bis Faust-, seltener Kopfgröße. Die kleinen Konkretionen sind mehr oder weniger zersetzt und infolgedessen rostbraun bis gelblichbraun.

Die unzersetzten Stücke haben nach einer Probe einen Eisengehalt von ca. 31,5%, meist in Form von Karbonat bei ca. 10% Rückstand.

Die Eisenerzlagerstätten wurden bis zum Jahre 1873 abgebaut. Man förderte jährlich 195000 t. Die Porta-Hütte, welche die Erze verarbeitete, gab ihren Betrieb im Jahre 1873 auf.

Die Lagerstätte der tonigen Eisenoolithe im Hangenden des Macrocephalensandsteins (oberer Dogger) ist unter dem Namen Wittekindflöz bekannt. An der Porta hat es 1 m erreicht, das Maximum beträgt 2 m; andererseits kann es bis zu einer dünnen eisenschüssigen Schicht abnehmen. Das Flöz zeigt eine feine oolithische Struktur, bei welcher die Körner durch tonige und sandige Bindemittel verkittet sind. Der Eisengehalt ist gering, er beträgt an der Porta nur 15%, nimmt aber nach Westen zu, so daß es hier gelungen ist, ein Erz mit einem Eisengehalt mit 46,08% Eisen bei 19,48% Rückstand herzustellen. Die Durchschnittsproben ergaben nur 29% Eisen bei hohem Rückstande. Die Erze sind also zum großen Teil minderwertig.

Die Vorratsberechnung von Köhler und Einecke ergab 10 Millionen t Erz, die unter den heutigen Verhältnissen gewinnbar sind.

Die Roteisensteine des oolithischen Jurakalkes gehen aus dem normalen an und für sich eisenschüssigen Kalk dadurch hervor, daß der Eisengehalt zunimmt. Die Ausdehnung der einzelnen Lager ist beschränkt: ihre Längenerstreckung beträgt häufig nur wenige 100 m. Scharfe Grenzen sind nicht vorhanden. Man kennt die Erze seit den 70er Jahren des vorigen Jahrhunderts aus Aufschlüssen im Tale Levernsiek, 3 km östlich der Porta. Seitdem ist der Bergbau auf Roteisen, zwar mit wechselndem Erfolge, jedoch ohne Unterbrechung, umgegangen. Die Erze werden von der Eisenhütte Union bei Dortmund verhüttet. Die Profile zeigen Erzbänke von 0,60—8 m Stärke bei Zwischenmitteln von 0,60—2,50 m. Das fünfte oder Hauptflöz hat einen Eisengehalt von 43—48% bei 18—20% Rückstand, so daß es bei 1,20 m Mächtigkeit einen lohnenden Abbau gestattet.

Es sind hier erhebliche Vorräte vorhanden. So berechnet man allein beim Nammer Klippenflöz bis 200 m Seigerteufe etwa 50 Millionen t.

Die gegenwärtige wirtschaftliche Bedeutung des Wesergebirgsbezirkes ergibt sich aus der Förderung. Sie betrug 1909 121943 t mit 34% Eisen und 1910 138522 t mit 34,3% Eisen.

Der Harzer Bezirk. Die Eisenerzlagerstätten des Harzes sind recht mannigfaltig. Sie gehören zum Teil zu den Kontaktlagerstätten, wie die Magneteisensteine des Oberharzer Devonzuges, z. T. zu den Gängen (Roteisen- und Spateisensteingänge), z. T. zu den metasomatischen Lagerstätten, wie die Roteisensteinvorkommen von Elbingerode und Hüttenrode und schließlich zum Teil zu den Erzlagern, wie die Eisensteinlager des Oberharzer Devonzuges.

Die Magneteisensteine des Oberharzer Devonzuges liegen in der Nähe des Brockens. Es sind durch die Kontaktwirkung des Brockengranites umgewandelte sedimentäre Roteisensteine. Der Eisengehalt schwankt zwischen 43—58% bei 30—13% Rückstand. Die Lagerstätten sind unter heutigen Verhältnissen unbauwürdig. Ihr Vorrat ist bis 100 m flache Tiefe zu 600000 t berechnet worden.

Die Eisensteingänge des Harzes liegen westlich von St. Andreasberg zwischen Lauterberg und St. Andreasberg und in der Gegend von Zorge. In Betrieb ist nur die Knollengrube im oberen Luttertal bei Lauterberg, welche den Knollengang ausbeutet, der bis 4 m Mächtigkeit erreicht, im Durchschnitt aber nur zu 1 m anzunehmen ist (Fig. 61).

Die Erze der Knollengrube bestehen zum Teil aus rotem Glaskopf, der recht wertvoll ist, da das dichte Roteisen bis 91% Fe_2O_3 enthält. Das Fördererz hat 42—49% Eisen, das aufbereitete sogar 51—56%.

Die Spateisensteingänge des Südharzes in der Gegend von Straßburg, Breitenstein, Hayn und Schwenda haben nur wissenschaftliches Interesse.

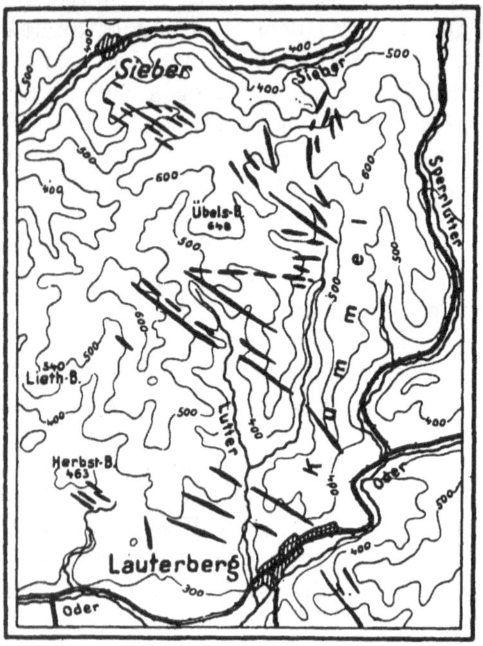

Fig. 61. Das Gangrevier von Lauterbach i. M. 1:7500. (Nach Köhler und Einecke.)

Die Vorräte der Erzgänge des Harzes sind zu 50000 t bauwürdigen Erzes unter heutigen Verhältnissen berechnet worden. Genetisch eng verbunden mit den Gängen sind die Eisenerzvorkommen des Iberges bei Grund. Der Berg besteht aus devonischem Iberger Kalk, welcher von Spalten aus nesterweise in Eisenerz umgewandelt wurde. Die Mächtigkeit schwankt infolgedessen außerordentlich, nämlich zwischen 1 und 40 m. Es entstand zuerst Spateisen, das später durch Oxydation zum Teil in Brauneisen überging. Das ungeröstete Erz hat einige 30% Eisen bei 6% Mangan und Spuren bis 0,028% Phosphor, das geröstete enthält 43—50% Eisen bei ca. 8,4 bis 8,6% Mangan und bis 0,05% Phosphor. Der Bergbau kam in den 80er Jahren des letzten Jahrhunderts zum Erliegen aus Gründen allgemein wirtschaftlicher Natur. Eine Vorratsberechnung ist unmöglich.

Die Roteisensteinlager von Elbingerode und Hüttenrode sind denen des Lahn- und Dillgebietes und des Oberharzer Devonzuges sehr ähnlich. Wir finden hier die Roteisenerze sowohl in enger Vergesellschaftung mit dem mitteldevonischen Stringocephalenkalk, als auch mit den mitteldevonischen Diabastuffen. Auch hier handelt es sich zum Teil um metasomatische Vorkommen, zum Teil um Erzlager. Die Mächtigkeit schwankt sehr, und zwar meist zwischen 1 und 10 m. Der Eisengehalt unterliegt ebenfalls bedeutenden Schwankungen; er beträgt 27—57% bei wenig Mangan und 0,12—0,8% Phosphor. Gegenwärtig gewinnt man die Erze nur am Büchenberge und bei Hüttenrode. Die Vorräte werden auf 20 Millionen t gewinnbaren Erzes unter heutigen Verhältnissen geschätzt.

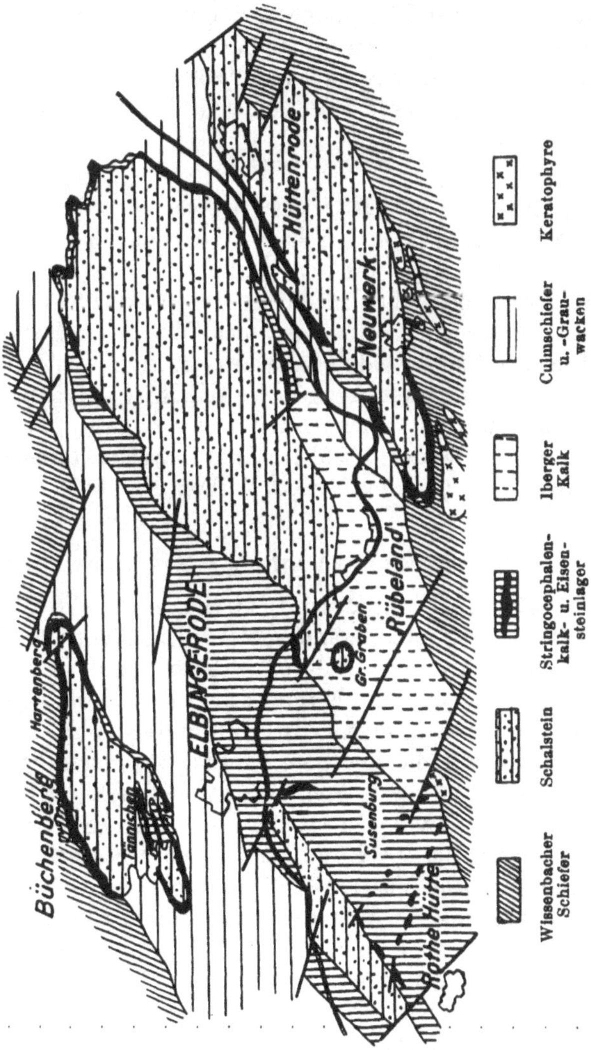

Fig. 62. Das Roteisensteingebiet von Elbingerode und Hüttenrode im Harz i. M. 1 : ca. 65800. (Nach Lössen und Koch.)

Die meisten lagerförmigen Eisenerze treten im Oberharzer Devonzuge auf. Sie erstrecken sich, abgesehen von einer kurzen Unterbrechung bei Altenau, von Osterode am Südhange des Harzes bis in die Nähe von Harzburg am Nordrande. Wichtig für die Erzführung sind die Kalke des Stringocephalenhorizontes über der mitteldevonischen Schalsteinzone. Hier treten die meisten Roteisenerzlager auf, oft finden sich 7; weniger als 3 mit einer Mächtigkeit von 3—6 m sind selten festgestellt worden. Die Ähnlichkeit mit dem Lahn- und Dillerz ist auffallend. Auch hier dürften sedimentäre, also echte Erzlager mit metasomatischen Vorkommen verknüpft sein. Der Eisengehalt schwankt zwischen 20 und 50%, bleibt aber meist unter 30%. Phosphor ist nur in Spuren vorhanden.

Die Einstellung der Eisenhütten von Altenau, Osterode und Lauterberg veranlaßte auch die Einstellung der Gruben. Man schätzt die unter den heutigen Verhältnissen gewinnbaren Vorräte auf 3000000 t.

Der Harzer Bezirk förderte im Jahre 1909 aus 8 Gruben 103928 t mit 30,5% Eisen und im Jahre 1910 aus 8 Gruben 93510 t mit 29,6% Eisen.

Die übrigen Eisenerzdistrikte Deutschlands haben nur eine sehr untergeordnete Bedeutung. So lieferten die Raseneisenerz-Vorkommen, das sind junge, auf den heutigen Verwitterungsprozessen beruhende Bildungen im Jahre 1910 aus 4 Betrieben 29756 t.

Die metasomatischen Vorkommen des Waldeck-Sauerländer Bezirkes, welche durch Umwandlungen von Kalken entstanden, ergaben aus 5 Betrieben 28194 t, der bergische Kalkbezirk aus 9 metasomatischen Lagerstätten (umgewandelter Devonkalk) 17466 t und schließlich der Aachener Kohlenkalkbezirk (umgewandelter Kohlenkalk) aus drei metasomatischen Vorkommen 9526 t.

c) Fremde für Deutschland wichtige Eisenerzlagerstätten.

Wie Seite 125 gezeigt wurde, ist Deutschland auf die Einfuhr von Eisenerz angewiesen, und zwar kommen vor allen Dingen die Eisenerzbezirke von Schweden und Bilbao in Frage, und in letzter Zeit scheinen die Lagerstätten der Normandie eine Rolle zu spielen.

Die Eisenerzvorkommen von Schweden und Norwegen. Sie stehen in bezug auf die deutsche Einfuhr an erster Stelle. Von besonderem Interesse sind die Riesenlagerstätten von Kiruna (Kiirunavaara und Luossavaara), von Gellivare und Grängesberg.

Bei Kiruna liegt das größte bisher bekannte Eisenerzvorkommen der Welt. Die mächtige plattenförmige Eisenerzlagerstätte tritt in Syenitporphyren auf, aus denen sie durch magmatische Differentation entstanden ist. Das Vorkommen stellt also eine magmatische Ausscheidung dar; man kennt es auf 8 km Länge. Die Erzmasse besteht aus Magneteisen und wenig Eisenglanz und enthält eine erhebliche Menge von Apatit. Die nutzbaren Bestandteile, nämlich Eisen, Phosphor und Kalk mit dem dazu gehörigen Sauerstoff betragen 96—98% des ganzen Erzkörpers.

Die Mächtigkeit schwankt zwischen 281 und 45 m, und zwar ist die Lagerstätte so gut wie frei von taubem Material. Für den Abbau ist günstig, daß das Erzvorkommen als widerstandsfähigster Gebirgsteil des Gebietes an der Tagesoberfläche als Bergrücken herausmodelliert wurde.

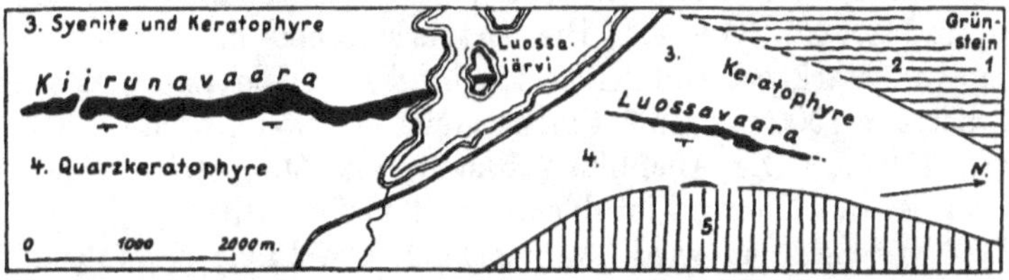

1. = Grünstein, 2. = älterer Sedimentkomplex (Kurravaara-Konglomerat), 3. = Syenite und Keratophyre, 4. = Quarzkeratophyre, 5. = Jüngere Sedimente (Haukiserie).

Fig 63. Die Eisenerzlagerstätten von Kiruna. (Nach Beyschlag-Krusch-Vogt.)

Bei Gellivare treten eine Anzahl größerer und kleinerer Erzlagerstätten innerhalb eines Gebietes von 6—7 km Länge und 2 km Breite in einem rötlichen, feldspatreichen, eruptiven Gneis auf. Auch hier liegen magmatische Ausscheidungen vor.

Die Erzkörper haben linsenförmige Gestalt; ihre Länge beträgt 250—800 m. Das Erz ist in der Hauptsache Magneteisen mit Apatit; die nutzbaren Bestandteile betragen 94—96% der ganzen Masse.

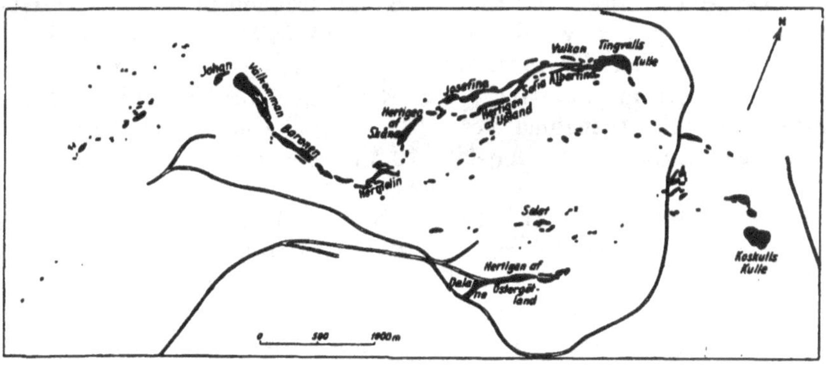

Fig. 64. Die Erzlagerstätten des Gellivaregebietes. (Nach Beyschlag-Krusch-Vogt.)

Die geförderten Erze von Gellivare und Kiruna haben 55—68% Eisen; der Phosphorgehalt ist nur in den seltenen Fällen gering und beträgt meist mehrere Prozent. Seit der Eröffnung der Eisenbahn Gellivare-Luleå sind bis 1908 ca. 22 Millionen t Erz aus den beiden genannten Distrikten verschickt worden. Die Förderung beträgt bei Kiruna ca. 1¾ Millionen und bei Gellivare ca. 900000 t. Man beabsichtigt die Grube Kiruna so zu erweitern, daß sie im Jahre 1916 3,2 Millionen t Erz mit ca. 65% Eisen zu liefern imstande ist.

Die Vorräte von Kiruna wurden bis 300 m unter dem Seespiegel auf 700 Millionen t Erz mit 64% Eisen berechnet; der gesamte Erzvorrat wird zu 8000 Millionen t angenommen.

In Gellivare rechnet man auf jedes Meter Tiefe 550000 t Erz.

Nicht ganz dieselbe Bedeutung haben die mittelschwedischen, ebenfalls für Deutschland in Frage kommenden Lagerstätten, unter denen Grängesberg die bedeutendste ist. Das Grubenfeld hat ca. 4 km Länge und 0,5 km Breite. Die Erzvorkommen bilden linsenförmige Platten von stark schwankender Mächtigkeit. Die Länge des Hauptlagers beträgt 1000 m, seine Stärke steigt in zwei Anschwellungen auf 90 bzw. 110 m. Die Ausfüllung besteht aus Magneteisen und Eisenglanz mit etwas Quarz, Hornblende und viel Apatit.

Das Nebengestein wird hauptsächlich von Biotit-Granulit mit eingelagerten Amphiboliten gebildet. Man nimmt an, daß es sich bei Grängesberg um kontaktmetamorphe Lagerstätten handelt, die ihre Entstehung dem wenige 100 m im Hangenden des Hauptlagers auftretenden gepreßten Granit verdanken.

Das Erz des Hauptlagers hat durchschnittlich 62% Eisen und 1% Phosphor.

Andere ähnliche Erzlagerstätten liegen bei Striberg, Dannemora, Persberg, Norberg usw.

Die Förderung beträgt bei Grängesberg ca. 715000 t phosphorreichen Erzes. An zweiter Stelle folgt in Mittelschweden Norberg mit elf Gruben und 145570 t Förderung und an dritter Stelle Blötberg mit 129840 t. Die Vorräte des Hauptvorkommens bei Grängesberg werden pro m vertikaler Teufe zu 140000 t Eisenerz gerechnet, während man bei Dannemora, Persberg und Striberg nur je 5—20000 t pro m annimmt. Die sämtlichen Gruben des mittleren Schwedens mit Ausnahme von Grängesberg lieferten im Laufe von mehreren Jahrhunderten ungefähr 70 Millionen t Eisenerz.

Der Bilbaodistrikt. In der Provinz Biscaya treten zu beiden Seiten eines nordwestlich gerichteten Kreidesattels eine große Anzahl von Erzlagerstätten in einer Zone von 30 km Länge und 2—8 km Breite auf. Die Erze sind an die Untere Kreide, und zwar an die Kalke des Aptien gebunden und stellen metasomatische Vorkommen, also Umwandlungsprodukte des Kalkes dar. Aus den Kalken entstanden zunächst Spateisensteine, die dann später durch Oxydation in Braun- oder Roteisen umgewandelt wurden. Wie bei allen metasomatischen Vorkommen, ist die Mächtigkeit eine sehr schwankende und die Form eine unregelmäßige.

Die Erze sind weiche mulmige Roteisensteine (Vena) mit 49—60% Eisen, 0,5—1,50% Mangan und Spuren von Phosphor oder festes kristallines Roteisen (Campanil) mit 48—98% Eisen, 1—4% Mangan und Spuren bis 0,2% Phosphor oder Brauneisen mit kieseligen Beimengen (Rubio), enthaltend bis 58% Eisen, 0,5—2% Mangan und Spuren bis 0,9% Phosphor. Der geröstete Spateisenstein hatte 54 bis 62% Eisen. Die Produktion von Bilbao betrug 1911 ca. 5000000 t. Die Vorräte sind zu ca. 61 Millionen berechnet worden.

Normandie. In den letzten Jahren zeigen die deutschen Hütten ein größeres Interesse an den Eisenerzlagerstätten der Normandie[1].

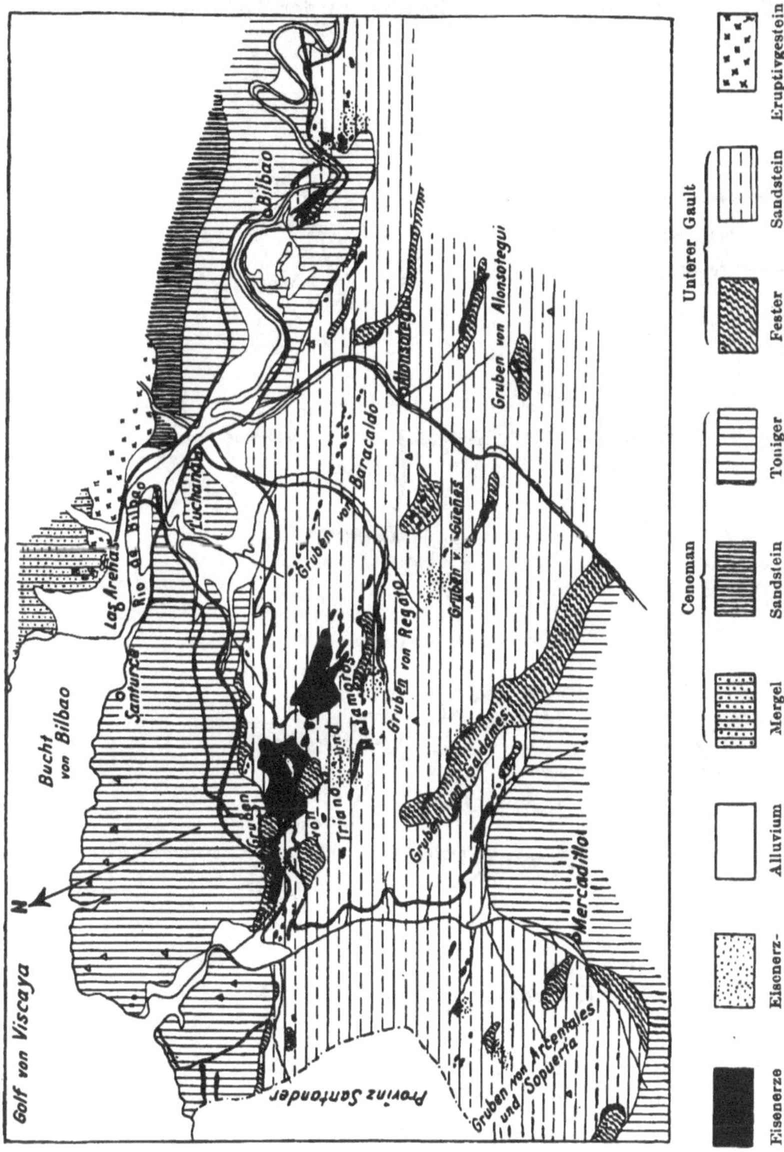

Fig. 65. Die Eisenerzlagerstätten des Bilbao-Bezirkes. (Nach John.)

Die gegenwärtig hier ausgebeuteten Eisenerzlager gehören dem Silur an (siehe Formationstabelle S. 86), dessen Schichten ost-

[1] P. Nicou, The Iron Ore Ressources of the World, Stockholm 1910.

westlich oder südöstlich streichen und zu mehr oder weniger regelmäßigen Falten zusammengeschoben sind; sie werden im Osten von Jura überlagert.

Mächtigkeit und Art des Erzlagers sind in derselben Mulde konstant, wechseln aber in den verschiedenen Falten. Das Erz ist in der Nähe der Tagesoberfläche Hämatit, geht aber in der Tiefe in Karbonat über.

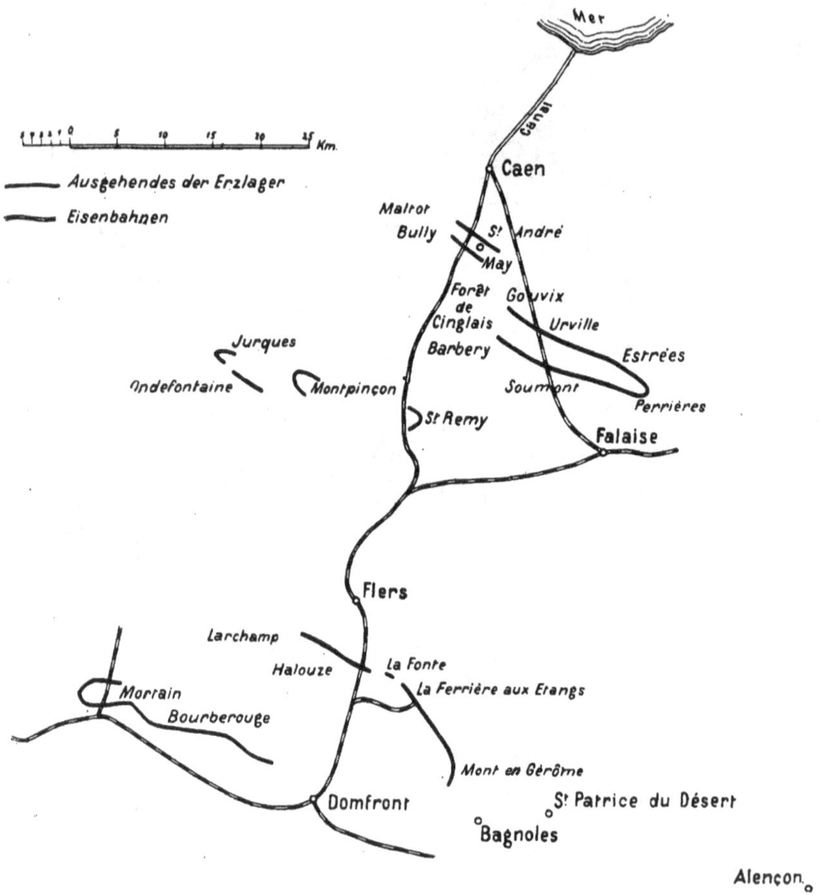

Schwarze Linien = Eisenerzlager.

Fig. 66. Die Eisenerzlager der Normandie. (Nach Heurteau.)

Man kennt vier Mulden, in denen von 1875 bis 1907 20 Bergwerkskonzessionen mit einer Oberfläche von 16000 ha verliehen wurden. Die vier Mulden sind May-sur-Orne, Barbery, Falaise et La ferrière aux Etangs. Die Mächtigkeit des Lagers beträgt bis 6 m.

Die Erze haben bis 53% Eisen, und zwar enthalten die rohen Karbonate ca. 40, die gerösteten 50—51% bei niederem Mangangehalt. Der Rückstand beträgt 14—17, der Kalkgehalt 2,5—4,5 und der Phosphorgehalt 0,6—0,8%.

Die Entwicklung der Eisenerzlager der Normandie geht am deutlichsten aus der Produktionssteigerung hervor; im Jahre 1902 wurden nur 162000 t geliefert, während 1908 357000 t zur Verfügung standen.

d) Marktverhältnisse und Weltproduktion.

Die Eisenerzinventur der Welt, auf welche ich S. 82 einging, ergibt im ganzen 22408 Millionen t tatsächlich nachweisbaren Eisenerzes auf den Lagerstätten mit einem Eisengehalte von 10192 Millionen t, und zwar kommen hiervon auf

Europa: 12032 Millionen mit einem Eisengehalt von 4733 Millionen;
Amerika: 9855 Millionen mit einem Eisengehalt von 5154 Millionen;
Australien: 136 Millionen mit einem Eisengehalt von 74 Millionen;
Asien: 260 Millionen mit einem Eisengehalt von 126 Millionen;
Afrika: 125 Millionen mit einem Eisengehalt von 75 Millionen.

Bei der jetzigen Jahresproduktion von Roheisen, die rund 60 Millionen t beträgt, würden also die tatsächlich nachgewiesenen Vorräte nur ca. 200 Jahre ausreichen. Zieht man die regelmäßige jährliche Steigerung der Roheisenproduktion in Betracht, so ergibt sich eine noch kürzere Zeit. Hierbei ist aber zu berücksichtigen, daß unsere Kenntnisse der Eisenerzlagerstätten noch bei weitem nicht vollkommen sind. Es werden ab und zu neue Lagerstätten entdeckt. Ich erinnere hier an die Vorkommen in Marokko, die in die obigen Zahlen noch nicht einbegriffen sind und an die Lagerstätten in unseren Kolonien, die gegenwärtig noch nicht in Betracht kommen.

Die Zusammensetzung der Eisenerze zeigt, wie sich sich aus den obigen Ausführungen ergibt, ganz bedeutende Schwankungen. Der Eisengehalt differiert zwischen 25 und mehr als 70%, und ähnlich liegen die Verhältnisse bei den übrigen Bestandteilen.

Die armen Erze werden zum größten Teil an Ort und Stelle oder in unmittelbarer Nähe verhüttet, während die reichen einen längeren Transport aushalten. Im allgemeinen gilt der Satz, daß das Verwertungsgebiet einer Eisenerzlagerstätte um so größer ist, je mehr Eisen das Erz enthält.

Daß bei den Eisenerzen nicht nur der Eisengehalt in Frage kommt, sondern auch der Rückstand eine wesentliche Rolle spielt, habe ich bereits S. 15 ausgeführt. Der Siegerländer Eisenerzverkaufsverein nimmt einen Rückstand von 12% als Norm an. Mit jedem Prozent Rückstand mehr fällt der Preis um 0,10 Pf. pro t. Diese Preisreduktion geht also vom Gewinn ab, und da der Gewinn pro t Eisenerz namentlich bei mittleren und ärmeren Erzen ein recht bescheidener ist, ergibt sich, daß der Abbau rückstandreicher Erze nicht mehr lohnt, auch wenn sie einen erheblicheren Eisengehalt haben. Massen mit 40% Eisen und 40% Rückstand dürfen deshalb trotz des hohen Eisengehaltes nicht als Eisenerze angesehen werden.

Eine wesentliche Rolle spielt bei den Eisenerzen der Mangangehalt. Seine Bedeutung für die Bewertung der Erze ergibt sich aus folgendem:

1½% Mangan gehen meist bei der Verhüttung verloren, der dann noch bleibende Mangangehalt entspricht einem doppelt so hohen Eisengehalt. Ein Erz mit 5% Mangan kann also derart bewertet werden, daß man $(5-1^1/_2) \times 2 = 7\%$ Eisen zum Eisengehalt zuzählt. Da es für den Mangangehalt der Eisenerze im allgemeinen keine maximale Grenze gibt, sind kontinuierliche Übergänge zwischen beiden Erzen vorhanden. Man trägt dieser Eigenschaft der Erze dadurch Rechnung, daß man, abgesehen von den Eisenerzen und den Manganerzen, noch Eisen-Manganerze unterscheidet. Die Eisenerze dürfen bis 12% Mangan haben, als Eisen-Manganerze bezeichnet man solche mit 12—30% Mangan, und von den Manganerzen verlangt man, daß sie über 30% enthalten.

Thomas- und Bessemererze. Während der Thomasprozeß phosphorreiche Erze erfordert, können für den Bessemerprozeß nur phosphorarme verwandt werden. Bei den Thomaserzen ist aber nicht notwendig, daß alle zu verschmelzenden Erze einen hohen Phosphorgehalt haben, man kann vielmehr Erze und Abbrände derart mischen, daß im Durchschnitt der erforderliche Phosphorgehalt herauskommt. Die Mischung (Gattierung der Hochöfen) soll, da ein Thomasroheisen mit ca. 2% Phosphor entstehen muß, bei einem Erz mit rund 50% Eisen ca. 1% Phosphor haben.

Im Gegensatz hierzu darf das Bessemer-Roheisen in Deutschland in der Regel nicht mehr als 0,08% und in England nicht mehr als 0,1% Phosphor haben. Abgesehen von dem Phosphorgehalt des Erzes muß noch derjenige der Zuschläge, z. B. des Kalkes berücksichtigt werden.

Beim Hüttenprozeß geht kein Phosphor verloren, so daß die in der Gattierung enthaltene Phosphormenge vollkommen von dem Eisen aufgenommen wird. Der fertige Stahl darf in der Regel nicht mehr als 0,1% Phosphor enthalten.

Die Eisenerzpreise richten sich vor allem nach dem Gehalte der Erze. Die reichen lappländischen Erze werden auf der Basis von 60% Eisen und 1% Phosphor mit 18—22 Mk. cif. Ruhrhafen bezahlt; für jedes Prozent Eisen mehr oder weniger vergütet man 40 Pf. und für jedes Prozent Phosphor mehr oder weniger 1 Mk.; Phosphorreiche Erze erzielen also einen hohen Preis.

Mittlere Erze liefert das Siegerland in Gestalt des Rostspates (gerösteten Spateisensteins). Die Basis des Verkaufs bildet hier ein Idealerz mit 48% Eisen, 9% Mangan und 12% Rückstand. Es wird dafür ein Grundpreis bezahlt, welcher sehr schwankt z. B. allein im Jahre 1909 zwischen 130 und 158 Mk. pro 10 t. Während er im Januar 1907 195 Mk. betrug, fiel er bis Juni 1911 auf 165 Mk. für 10 t. Im übrigen gilt folgende Staffel: Für jedes Prozent Eisen mehr oder weniger zahlt man 3 Mk. mehr oder weniger für 10 t, für jedes Prozent Mangan mehr oder weniger 6 Mk. mehr oder weniger für 10 t und für jedes Prozent Rückstand mehr oder weniger 1 Mk. weniger oder mehr für 10 t.

Diese Zahlen gelten aber nur innerhalb gewisser Grenzen. Haben die Erze weniger als 46% Eisen und mehr als 15% Rückstand, so erhöht sich der Abzug für Eisen von 3 auf 4 Mk. und für den Rückstand von 1 Mk. auf 1,50 Mk.

Da außerdem der Kupfergehalt, den man im Siegerländer Spat häufiger antrifft, eine wesentliche Rolle spielt, gibt es einen Abzug für kupferreichere Erze und eine Sondervergütung für kupferärmere. Der Grundpreis ermäßigt sich bei Erzen mit mehr als 0,3—0,45 % Kupfer um 1—3 Mk. Im Gegensatz hierzu werden Erze mit nur bis 0,15 % Kupfer mit 3 Mk. mehr bezahlt und diese Prämie sinkt bis 1 Mk. pro 10 t, wenn der Kupfergehalt 0,30 nicht übersteigt.

Verkauft man statt des Rostspates Rohspat, so verringert sich der Grundpreis im Verhältnis von 7 zu 5 bzw. 13 zu 10.

Es wurde wiederholt darauf hingewiesen, daß besonders Spateisenstein und z. T. auch Toneisenstein oder solche Erze, die einen wesentlichen Kohlensäuregehalt haben, durch einen Röstprozeß angereichert werden können. Durch die Hitze wird die Kohlensäure des Karbonates ausgetrieben, und man erhält ein dem Magneteisen ähnliches Erz mit einem Eisengehalt, welcher sich bei Spateisen im allgemeinen aus den Gehalten des Roherzes durch Multiplikation mit $^7/_5$ oder $^{13}/_{10}$ ergibt, in noch höherem Verhältnis steigt dann der Preis. Natürlich wird gleichzeitig die Erzmenge geringer und dadurch eine Frachtersparnis erzielt. Die Unkosten der Spateisensteinröstung sind verhältnismäßig gering, da man in der Regel nur wenige Prozent Koks braucht und die Arbeitslöhne pro t Rohspat gewöhnlich unter 33 Pf. bleiben.

Die Brikettierung der Eisenerze spielt in vielen Fällen eine bedeutende Rolle. Es gibt namentlich in Norwegen enorme Mengen von eisenhaltigen Massen, welche bis 30 % Eisen bei einem solchen Rückstand haben, daß weder an einen Export, noch an eine unmittelbare hüttenmännische Verwertung an Ort und Stelle gedacht werden kann. In solchen Fällen muß eine Anreicherung auf der Grube durchgeführt werden, die in einer Zerkleinerung und Aufbereitung besteht. Die Brikettierfrage hängt deshalb aufs engste mit der Eisenerzaufbereitungsfrage zusammen. Bei der Separation, die gewöhnlich mit magnetischen Apparaten vorgenommen wird und die sich besonders gut bei dem stark magnetischen Magneteisen, in neuerer Zeit aber auch bei Eisenglanz bewährt, erhält man meist ein sehr reines Magneteisen, welches häufig 60 % und mehr Eisen hat, und, soweit die chemische Zusammensetzung in Frage kommt, erstklassiges Erz darstellt. Dieses Feinerz kann aber nicht ohne weiteres verschmolzen werden und bedarf deshalb der Brikettierung. Man vermischt zu diesem Zwecke das Erzpulver entweder mit einem Bindemittel oder rührt es mit Wasser an und bringt dann den Brei in eine Brikettpresse. Die Briketts werden in besonderen Öfen hohen Temperaturen ausgesetzt, bei welchen das Pulver etwas sintert.

In den Fällen, wo man die Brikettierung in unmittelbarer Nähe des Hochofens vornimmt, gelingt es leicht, ein Brikett herzustellen, welches im Hochofen ähnlich den natürlichen Erzen zu Eisen reduziert werden kann. Wesentlich schwieriger sind die Verhältnisse bei der Brikettierung auf der Grube, weil die Briketts dann auch transportfähig sein müssen. Wenn auch mit größter Wahrscheinlichkeit anzunehmen ist, daß man in naher Zukunft transport- und reduktionsfähige Briketts mit Vorteil und im großen herstellen kann, so halten doch vorläufig die reduktionsfähigen Briketts in der Regel noch keinen langen Transport ohne erheblichen Bruch aus.

Ist diese Frage gelöst, so dürfte bei den großen Vorräten derartiger Erze an der Nord- und Westküste von Norwegen der Eisenerzmarkt keine geringe Verschiebung erfahren; und diese Verschiebung erstreckt sich nicht nur auf die Produktionsgebiete — es kommen eine ganze Anzahl von Lagerstätten in Frage, die sich heute noch nicht produktiv beteiligen können — sondern auch auf die Erzqualität. Da man bei der Separation den Phosphorgehalt des Erzes vom Eisenerz trennen kann, wird dann das Verhältnis der Thomas- zu den Bessemererzmengen ein völlig anderes.

Die Stellung Deutschlands unter den Eisen und Eisenerz produzierenden Staaten der Welt ergibt sich aus folgender Tabelle.

Welt-Roheisen-Produktion

Erzeugungsmenge in 1000 metrischen Tonnen.

Länder	1908	1909	1910	1911
Deutsches Reich mit Luxemburg	11 814	12 918	14 739	15 280
Österreich-Ungarn	1650	1958	2010	2095
Rußland	2801	2871	2740	2865
Italien	112	208	215	235
Spanien	380	389	367	353
Frankreich	3391	3632	4032	4410
Belgien	1206	1632	1803	2103
Schweden	563	443	604	633
Großbritannien und Irland	9438	9819	10 380	9874
Canada	573	688	752	837
Vereinigte Staaten	16 191	26 108	27 637	24 027

Welt-Eisenerz-Produktion.

Länder	1907	1909	1910	1911
Deutsches Reich mit Luxemburg	27 697 000	25 504 000		
Österreich-Ungarn: Zusammen	4 170 000	4 456 000	4 534 000	4 672 000
Davon: in den im Reichsrate vertretenen Königreichen und Ländern	2 540 000	—	—	—
Davon: in den Ländern der ungarischen Krone	1 480 000	—	—	—
Davon: in Bosnien und Herzegowina	150 000	—	—	—
Rußland	5 700 000	5 115 000	5 638 000	—
Italien	518 000	—	—	—
Spanien	9 896 000	8 786 000	8 667 000	10 044 000
Frankreich	10 008 000	11 890 000	14 606 000	16 300 000
Algier	958 000	891 000	1 064 000	1 073 000
Belgien	316 000	—	—	—
Schweden	4 479 000	3 886 000	5 353 000	6 154 000
Großbritannien und Irland	15 983 000	15 042 000	15 470 000	15 769 000
Canada	278 000	ca. 200 000	—	—
Vereinigte Staaten	52 955 000	51 976 000	57 803 000	42 487 000
Norwegen	139 000	—	—	—
Griechenland	769 000	531 000	618 000	—
Zusammen	136 556 000			

IV. Die Versorgung Deutschlands mit Manganerzen.

Das Metall Mangan spielt keine wesentliche Rolle, da man nur für die Legierung mit Eisen (Ferromangan) Verwendung hat. Es interessiert hier also ausschließlich das Manganerz.

a) Deutschlands Stellung auf dem Manganerzmarkt.

Die deutsche Manganerzproduktion (Tabelle S. 160) betrug im Jahre 1909 nur 474 t im Werte von 24000 Mk. loco Grube und im Jahre 1910 166 t im Werte von 19000 Mk. Diese Zahlen weichen ganz wesentlich von denjenigen ab, die man in anderen statistischen Zusammenstellungen findet. Die Ursache liegt darin, daß man früher den Unterschied zwischen Eisen-Manganerzen und Manganerzen nicht kannte, und einen großen Teil derjenigen Brauneisensteine, welche 12—30% Mangan haben und infolgedessen heute zu den Eisen-Manganerzen gerechnet werden, zu den reinen Manganerzen zählte.

Von der Förderung des Jahres 1909 waren 254 t ohne Aufbereitung oder mit Handaufbereitung absetzbar; sie hatten einen Wert von 23000 Mk. In die Aufbereitungsanstalt kamen 220 t; sie lieferten 56 t Verbrauchserze im Werte von 11000 Mk., so daß der Durchschnittswert 50,6 Mk. pro t beträgt.

Die gesamte Förderung des Jahres 1910 war ohne Aufbereitung absetzbar. Der Durchschnittswert beträgt 114,5 Mk. pro t, ist also ein außerordentlich hoher, da es sich um reiche Erze mit sehr hohem Mangangehalt — sogenannte Zweckerze hauptsächlich zur Sauerstoffherstellung — handelt.

Die Hauptmanganmenge, welche deutsche Erzgruben liefern, ist nicht in Manganerzen, sondern in Eisen-Manganerzen enthalten. Von diesen Brauneisensteinen mit 12—30% Mangan wurden im Jahre 1909 266685 t im Werte von 2115000 Mk. und 1910 266825 t im Werte von 2195000 Mk. gewonnen.

Von der Förderung des Jahres 1909 waren 206432 t ohne Aufbereitung oder mit Handaufbereitung absetzbar. Sie hatten einen Wert von 1661000 Mk., 29521 t gingen in die Aufbereitung, sie lieferten 19167 t Konzentrate im Werte von 249000 Mk. Der Durchschnittswert pro t Roherz betrug also 7,93 Mk.

Die Förderung des Jahres 1910 war ebenfalls zum bei weitem größten Teile — 214629 t — ohne Aufbereitung oder mit Handaufbereitung verkäuflich; der Wert ab Grube betrug 1769000 Mk. In der Aufbereitungsanstalt wurden 33730 t verarbeitet, sie lieferten 22078 t Erz, welche ab Aufbereitungsanstalt 281000 Mk. Wert hatten; der Durchschnittswert für 1 t Roherz betrug 8,23 Mk.

Auch in den Eisenerzen mit bis 12% Mangan, deren Förderung aus der Zusammenstellung Seite 158 hervorgeht, steckt eine erhebliche Manganmenge, über die leider keine genauen Zahlen vorliegen.

Die Einfuhr erreichte im Jahre 1910 (siehe die Tabelle) 487872 t Manganerz. Davon stammten aus dem europäischen Rußland 97.447 t aus dem asiatischen Rußland 227833 t, aus Britisch-Indien 117412 t und aus Brasilien 38306 t. Alle importierten Erze zeichnen sich durch einen hohen Mangangehalt aus.

Die Ausfuhr betrug im Jahre 1910 4559 t.

Der deutsche Verbrauch an Manganerzen ist demnach im Jahre 1910 zu ca. 484000 t anzunehmen. Vom Gesamtverbrauch Deutschlands liefern also die heimischen „Manganerzlagerstätten im strengen Sinne des Wortes“ nur einen verschwindenden Bruchteil, so daß fast der gesamte Manganerzkonsum durch Einfuhr gedeckt werden muß, und zwar liefern Rußland ca. $^2/_3$, Indien ca. $^1/_4$ und Brasilien $^1/_{12}$ (siehe Tabelle).

Produktion, Ein- und Ausfuhr Deutschlands an Manganerz.

I. Manganerz.

A. Produktion in metr. t			B. Einfuhr in metr. t		C. Ausfuhr in metr. t	
1908	1909	1910	1909	1910	1909	1910
392	474	166	384445	487872	4488	4559
			davon aus			
			Europ. Rußland			
			67820 . . .	97447		
			Asiat. Rußland			
			153519. . .	227833		
			Britisch-Indien			
			94290 . . .	117412		
			Brasilien			
			53344 . . .	38306		

Der deutsche Verbrauch beträgt also 1910 ca. 484000 t.

II. Das Metall **Mangan** wird nicht in der Großindustrie verwandt.

Vom Gesamtverbrauch Deutschlands decken die heimischen Manganerzlagerstätten im strengen Sinne des Wortes nur einen verschwindenden Bruchteil, fast alles wird durch Einfuhr verschafft, und zwar von Rußland ca. $^2/_3$, von Indien ca. $^1/_4$, von Brasilien ca. $^1/_{12}$.

b) Die deutschen Manganerzlagerstätten.

Reine Manganerze, von denen Deutschland, wie oben angegeben, nur eine sehr geringe Menge hat, finden sich überwiegend auf zwei Lagerstättengruppen (Gänge und metasomatische Vorkommen).

Die Gänge von Elgersburg, Öhrenstock und Ilmenau (Fig. 67). Am Nordrande des Thüringer Waldes kommen hochinteressante Manganerzgänge im Porphyr des Rumpelsberges und Mittelberges bei Elgersburg vor. Es sind hier entweder Gänge mit Breccienstruktur oder gangähnliche Trümerzonen, in welchen von Spalten aus der Porphyr metasomatisch hauptsächlich in Hartmanganerz umgewandelt wurde. Fast alleinige Gangart ist Schwerspat; Pyrolusit ist häufig, Braunit und Hausmannit sind charakteristisch.

Bei Öhrenstock treten analoge Gänge teils im Porphyr, teils im Melaphyr, bei Friedrichroda im Melaphyrkonglomerat auf.

Die Qualität der Thüringer Manganerze ist eine ausgezeichnete, die Produktion aber nur sehr gering.

Ähnliche Manganerzgänge in Eruptivgesteinen wurden früher bei Ilfeld am Südrande des Harzes gebaut. Die Erze finden sich hier zwischen Ilfeld, Sülzhayn und Werna in der Landdrostei Hildesheim auf schmalen Gängen in dem vom Oberrotliegenden überlagerten Porphyrit. Am Mönchsberge ist das Gestein mit Manganerzen derart durchtrümert, daß man die Masse steinbruchsartig gewinnen konnte. Die Gänge setzen meist nur 10—12 m, ausnahmsweise bis 63 m nieder.

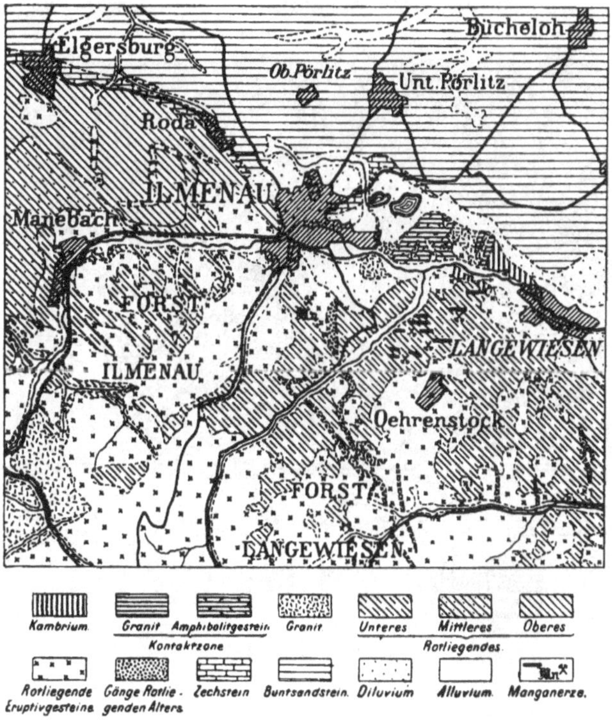

Fig. 67. Die Manganerze von Ilmenau und Elgersburg. (Nach Geol. Spezialkarte der Kgl. Geol. Landesanstalt.)

Charakteristisch für alle derartigen Manganerzgänge ist die verhältnismäßig geringe Teufe der Manganerzführung; sie gehen in der Regel in der Tiefe in Eisenerzgänge über. Man hat deshalb an Spaltenfüllungen von oben gedacht (Deszension S. 61).

Die metasomatischen Vorkommen Deutschlands. Diese Lagerstätten führen in der Hauptsache Brauneisenstein mit einem erheblichen Mangangehalt und Konkretionen reicher Manganerze. In allen Fällen sind Kalke von Spalten oder von der Oberfläche aus metasomatisch (S. 65) umgewandelt worden.

Die Gruben Amalienhöhe, Concordia, Elisenhöhe und Schloßberg im Bingerbrücker Devonkalkzuge haben eine für deutsche Verhältnisse erhebliche Produktion derartiger Erze. Die beiden ersten liegen linksrheinisch im Soonwald, die letztgenannte rechtsrheinisch im Rheingaugebirge. Die Gebiete bestehen aus hora 4—5 streichenden, steil südlich einfallenden, unterdevonischen Quarzit- und Tonschieferschichten und diesen aufgelagertem Stringocephalenkalk, welcher die Erzlagerstätten birgt.

Lokal vergesellschaftet mit den Seite 134 geschilderten Roteisenerzlagern der Gegend von Wetzlar und Dillenburg treten Brauneisenerzvorkommen auf, die ebenfalls durch Umwandlung von Kalk

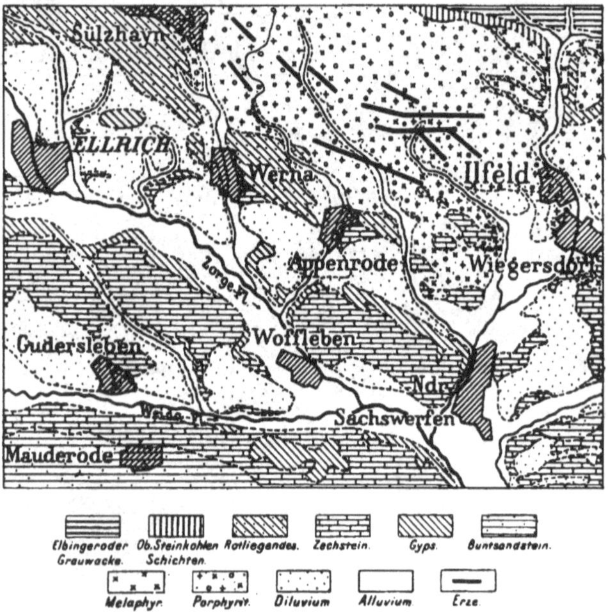

Fig. 68. Die Manganerze von Ilfeld.
(Nach Geol. Spezialkarte der Kgl. Geol. Landesanstalt.)

entstanden und große Taschen im Stringocephalenk alkausfüllen. Die Lagerstätten, in welche der Kalk in großen Klippen hineinragt, haben zum Teil bedeutende Erzvorräte, die in der Hauptsache aus mehr oder weniger manganreichem Brauneisen bestehen; in ihm liegen Konkretionen von Manganerz. (Siehe auch S. 134 u. 139.)

c) Fremde für Deutschland wichtige Lagerstätten.

Die russischen Vorkommen. Rußland dürfte zu den manganerzreichsten Ländern der Welt gehören. Vor wenigen Jahren noch hatte es die Führung auf dem Manganerz-Weltmarkt; während des letzten Jahrzehntes fand man aber so bedeutende Lagerstätten in Britisch-Indien, daß dieses seit 1908 an der Spitze der Produktion steht.

An drei Lokalitäten wird in Rußland Manganerz in beträchtlicher, aber sehr schwankender Menge gewonnen, nämlich im Kaukasus, im Gouvernement Jekaterinoslaw und im Ural.

Als Maßstab, welche Rolle diese drei genannten Vorkommen im Rußland spielen, mögen folgende Angaben dienen:

Im Jahre 1900 wurden ungefähr $^8/_9$ der Gesamtproduktion vom Kaukasus geliefert, während nur $^1/_9$ auf Jekaterinoslaw und nur eine verschwindende Menge auf den Ural kam. In den letzten Jahren hat sich das Verhältnis aber wesentlich verschoben.

Das Vorkommen von Tschiatura. Dieses hervorragende Erzvorkommen liegt am Kwirilabach, 42 km nördlich der Station Kwirila der Bahn Poti-Tiflis, mit welcher es durch eine Schmalspurbahn verbunden ist. Das vom Kwirilabach durchflossene Gebiet bildet im Bereich der Manganerzlagerstätten ein von zahlreichen Tälern durchschnittenes niedriges Plateau, welches aus fast ungestört liegenden Tertiär- und Kreideschichten besteht; sie lagern auf dem das Grundgebirge bildenden Granit und Syenit. Das Eozän besteht zu unterst aus farbigen Sanden; auf ihnen liegt das 2 bis 5 m mächtige Manganerzlager mit 5—12 festen Pyrolusitbänken, die durch sandige erzärmere Schichten getrennt sind. Die Erze sind häufig oolithisch. Das Hangende wird von jüngeren tertiären Sanden mit Kalksteinen gebildet.

Der Mangangehalt beträgt bei den festen Bänken durchschnittlich 56 %, außerdem enthalten die Erze Al_2O_3, BaO, Kieselsäure, Wasser usw.

Produktion und Export haben namentlich in den 90er Jahren rasch zugenommen. Die für die Ausfuhr in Betracht kommenden Häfen sind Poti und Batum. Die Ausfuhr kaukasischer Erze betrug aus dem Hafen Poti im Jahre 1908 23443636 und aus dem Hafen Batum 1293576 Pud (à 16,4 kg).

Gouvernement Jekaterinoslaw. Die östlich und westlich von Nikopol am Dnjepr liegenden Manganerzlager sind in den letzten Jahren mehr in den Vordergrund getreten. Der westliche Distrikt befindet sich an einem Nebenflusse des Dnjepr, dem Tschertomlyk und am Solenaja, einem Nebenflusse des Basaluk.

Die auf einem Gebiete von 20000 ha auftretenden Manganerzlager bestehen aus Pyrolusitknollen, die entweder regellos in einem durch Manganerz dunkel gefärbten, sandig tonigen Gestein oligozänen Alters verteilt sind oder regelmäßige Schichten bilden. Die Mächtigkeit der erzführenden Lage kann bis 3 m erreichen, bleibt aber meist unter 1,5 m. Das Liegende bildet mitunter Glaukonitsand, das Hangende meist plastischer Ton.

Der östliche, von dem westlichen durch altkristallines Gebiet getrennte Distrikt liegt bei den Dörfern Krasnogrigorjewka und Gorodistsche. Wie am Solonaja und Tschertomlyk tritt das Manganerz in Knollen und auf größere Strecken aushaltenden Lagern in sandigtonigen, oligozänen Gesteinen auf; das Liegende des Flözes besteht aus einer 0,2—0,7 m mächtigen Schicht mit 1—2 cm großen Pyrolusitknollen.

Beim Dorfe Norosselik, am Inguletz, unterhalb des bekannten Eisenerzvorkommens von Krivoi Rog, treten ebenfalls Manganerze auf, die dieselben Lagerungsverhältnisse wie die Vorkommen von Nikopol aufweisen und auch oligozänes Alter haben.

Der Mangangehalt der Erze im Distrikt Jekaterinoslaw schwankt zwischen 43 und 56%.

Während die beiden genannten russischen Lagerstätten für die deutsche Eisenindustrie von der größten Wichtigkeit sind, kommt das Vorkommen im Ural für Deutschland nicht in Betracht.

Von der aus Rußland nach Deutschland gelangenden Einfuhr des Jahres 1910 stammen also 227833 t aus dem Kaukasus und 97447 t aus dem europäischen Rußland.

Die Manganerzlagerstätten Britisch-Indiens. Unsere Kenntnis der indischen Vorkommen ist verhältnismäßig jung; die Produktion hat sich aber sehr schnell gehoben. Sie erreichte im Jahre 1907 mit 902291 t das Maximum und fiel dann 1908 auf 674315 und 1909 auf 642675 t; 1910 betrug sie wieder 813722 t.

Sie verteilte sich im Jahre 1909 auf folgende indische Provinzen:

Bengalen	55060 t
Bombay	17657 t
Zentralindien	10324 t
die zentralen Provinzen	381285 t
Madras	138754 t
Mysore	39895 t

Die Änderungen in der Gesamtproduktion Indiens gehen aus der Zusammenstellung S. 167 hervor.

Die genauer untersuchten indischen Manganerzvorkommen liegen in drei getrennten Distrikten:

1. Vizagapatam und Bimlipatam an der Küste des Indischen Ozeans, 500 Meilen nördlich von Madras, 2. der Nagpurdistrikt im Westen der zentralen Provinzen, der bei Wardha im Westen beginnt und sich über Kampthi nach Bandhara im Osten und Ramtek und Balaghat im Nordosten erstreckt und 3. der Jabalpur- oder Gosalpurdistrikt im Norden der zentralen Provinzen.

Die zahlreichen übrigen indischen Vorkommen, die bisher nur geringere Bedeutung haben, müssen hier leider vorläufig unberücksichtigt bleiben.

Im Vizagapatamdistrikt finden sich viele Stellen mit oxydischem Manganerz in einem ca. 100 engl. Quadratmeilen großen Gebiet, welches zwischen der als Eastern Ghats bekannten Gebirgskette und der Bay von Bengalen ungefähr in der Mitte zwischen den Städten Madras und Kalkutta liegt. Die East Coast Railway durchschneidet den im allgemeinen ebenen Erzdistrikt und berührt den Hafen Vizagapatam, von dem aus die Erzverschiffung stattfindet.

Der Nagpurdistrikt (Wardha, Kampthi, Ramtek, Baandara, Balaghat). Die Erze treten in roten Tonen auf und bilden Konkretionen; sie sind blauschwarz und mattglänzend.

Eine Analyse eines Musters von Ramtek ergibt nach C. von Schwarz 57,2% Mangan.

Der Jabalpur- oder Gosalpurdistrikt. Die Pyrolusitvorkommen von Gosalpur kennt man seit 1875.

Der Pyrolusit tritt in der Regel in Verbindung mit Quarziten auf, welche wahrscheinlich an der Basis der sogen. Loragruppe liegen und als Gosalpurquarzite bezeichnet werden. Die Gesteine bilden eine ausgeprägte Mulde westlich von Gosalpur, die mehr oder weniger deutlich in südöstlicher Richtung bis Murhasan und Körlwas und in nordwestlicher Richtung bis zur eigentlichen Lora Range zu verfolgen ist. Die Verbreitung der manganerzführenden Schichten ist eine sehr ausgedehnte.

Die brasilianischen Vorkommen. Die Manganerzproduktion Brasiliens bewegt sich, wie aus der Tabelle über Welt-Manganerzproduktion (S. 167) hervorgeht, fast ständig in aufsteigender Richtung:

Die wichtigsten Manganerzlagerstätten Brasiliens liegen in folgenden Distrikten: 1. Minas Geraes mit der Miguel Burnier Mine; 2. Lafayette oder Queluz in der Nähe von Ouro Preto mit Barrosa, Morro da Mina, Piquery und Sao Gonçalo; 3. Bahia bei Nazareth in der Nähe von San Salvador; 4. Matto grosso südlich von Corumba; 5. der Amazonendistrikt mit Macuara und Nhamunda.

Die Lagerstätten liegen fast alle in großer Entfernung von der Küste, können aber trotzdem mit Vorteil gebaut werden.

Die Morro da Mina Mangan Comp. förderte im Jahre 1905 65753 t und exportierte 78067 t; im Jahre 1906 betrug die Ausbeute 86032 t mit einem Export von 66362 t. Bei den später entdeckten Lagerstätten von Nazareth in Bahia und denjenigen von Queluz in Minas Geraes treten die Erze in Form von Gängen und linsenförmigen Massen in kristallinen Gesteinen verschiedener Art auf, die man eventuell unter dem Sammelnamen Gneis zusammenfassen kann. Diese Gesteine bilden das Grundgebirge und werden von jüngeren Eruptivgesteinen durchsetzt. Der sogenannte Queluzit besteht hauptsächlich aus Manganoxyd und einem Gemenge von Mangan- und Tonerdesilikat. Vorläufig gewinnt man nur die Erzpartien in der Nähe der Erdoberfläche.

Am eingehendsten studiert dürften die Vorkommen im Staate Minas Geraes sein, in dem man die Manganerzdistrikte von Miguel Burnier und Queluz neben einer ganzen Anzahl kleiner Vorkommen kennt, die zwischen Miguel Burnier und der Stadt Ouro Preto liegen (siehe S. 166).

Der Manganerzdistrikt von Miguel Burnier zwischen Kilometer 500 und 504 an der Zentralbahn nach Ouro Preto ist der bedeutendste Brasiliens. Das Grundgebirge bildet hier der Glimmerschiefer, welcher von einem über 10 m mächtigen, weißen dolomitischen Kalkstein mit 1,5% Mangan überlagert wird. Auf ihm liegt eine vollkommen zersetzte, bis 20% Mangan enthaltende Gesteinsmasse von sehr verschiedener Zusammensetzung. Sie bildet das Liegende des teilweise über 3 m mächtigen Manganerzlagers, welches sehr reines, fast derbes Hartmanganerz führt.

Scott schätzt die abbauwürdige Erzmenge auf 2 Millionen t. Die Qualität des Erzes ist ganz vorzüglich, denn eine größere Durchschnittsprobe von 2 Waggons ergab über 55% Mangan bei 0,03—0,02% P.

Der Queluz-(La Fayette-)Distrikt. Im Gegensatz zu den Vorkommen des vorgenannten Distriktes finden sich hier die Manganerze in enger Verknüpfung mit Granit und Gneis. Die Lagerstätten lassen sich gruppieren in ein westliches Gebiet der Piquery- und Sao Gonçalo-Minen, ein mittleres im Gebiete der außer Betrieb befindlichen Barrosa-Grube und ein östliches, dessen äußerste Betriebe die Morro da Mina- und Agua Limpa-Gruben sind. Die Erze liegen bei allen Fundpunkten im Ton, der bei Piquery durch Verwitterung des Granites und bei Sao Gonçalo und Barrosa durch Verwitterung eines eigentümlichen Schiefergesteines entstanden zu sein scheint. Charakteristisch für alle Vorkommen ist ein hoher Graphit- und niedriger Eisengehalt.

Das Erz des Distriktes Lafayette hat 50—55% Mn und ist fast immer mulmig, arm an Phosphor (0,05—0,07%) und Kieselsäure (1—3,5%), hat aber einen Wassergehalt von 14—20%.

Nach Vorratsberechnungen, die allerdings übertrieben zu sein scheinen, wären die Manganerzlagerstätten Brasiliens in der Lage, den Manganerzbedarf der Welt für einen Zeitraum von einigen Jahrhunderten zu decken, und zwar mit einem Erz, welches 50% Mangan und nur Spuren von Schwefel und Phosphor bei wenig Rückstand enthält.

Infolge der mächtigen, ausgedehnten Manganerzlager dürfte also Brasilien berufen sein, später eine große Rolle auf dem Manganerz-Weltmarkte zu spielen, eine viel bedeutendere, als in der heutigen Produktion zum Ausdrück kommt. Wenn der Manganerzbergbau vorläufig nicht die wünschenswerte Entwickelung zeigt, so dürfte die Ursache hauptsächlich an den inneren Verhältnissen des Landes liegen, zu denen das auswärtige Kapital vorläufig noch kein Vertrauen hat. Solange dieser Zustand währt, ist kaum Aussicht vorhanden, daß ein plötzlicher Aufschwung des brasilianischen Manganerzbergbaues eintritt, der nur mit Hilfe fremden Kapitals durchzuführen ist.

d) Die Marktverhältnisse und Weltproduktion.

Die Zusammensetzung der Manganerze unterliegt sehr bedeutenden Schwankungen. Die Erze haben 30 bis über 60% Mangan, ein geringer Eisengehalt ist meist vorhanden, der Rückstand wechselt sehr. Die Anforderungen, welche an gute Manganerze gestellt werden, sind hohe.

Das Mangan wird zur Herstellung von manganhaltigem Eisen, sogen. Spiegeleisen und Ferromangan verwandt.

Wie bei den Eisenerzen spielt der Phosphorgehalt eine wesentliche Rolle. Er darf bei einem Mangangehalt von 48—50% nicht mehr als 0,2—0,3% betragen und muß um so niedriger sein, je geringer der Mangangehalt ist; bei Erzen, welche nur ca. 30% Mangan enthalten, darf man nicht über einen Phosphorgehalt von 0,15% hinausgehen.

Erstklassige Manganerze haben in der Regel 50—60% Mangan. Sie werden in den Vereinigten Staaten, wenn sie nicht mehr als 0,1% Phosphor und 8% Kieselsäure haben, mit 28 cents per Unit (pro % pro t) bezahlt. Ein 60proz. Erz hat also dann einen Wert von 67,2 Mk. pro t.

Das russische Erz hat ca. 50% Mangan, nicht mehr als 0,17% Phosphor und 9% Kieselsäure; es wird im europäischen Hafen mit 0,65—1,28 Mk. per Unit bewertet.

Japanische Erze erreichen in abgesiebten Stücken bis 115 Mk. pro t.

Für deutsche Erze berechnet man für 50% MnO_2 ca. 20 Mk. und zahlt ca. 1 Mk. für jedes Prozent über 50.

Deutschlands Stellung unter den Manganerz produzierenden Staaten geht aus folgender Tabelle hervor:

Manganerzproduktion der Welt in metr. t

Länder	1907	1908	1909	1910
Indien	916770	685135	652958	813722
Rußland	995282	362303	574938	668050
Brasilien	236778	250000	240774	253953
Österreich	16756	16656	29966 (Österreich und Ungarn)	28964 (Österreich und Ungarn)
Ungarn	8198	10601		
Japan	20586	11130	8708	11120
Spanien	41504	16945	7827	8607
Frankreich	18200	15865	9378	7925
Schweden	4334	4616	5212	5762
Großbritannien	16356	6409	2812	5554
Italien	3654	2750	4700	4200
Bosnien	7000	6000	5000	4000
Ver. Staaten	Einige Tausend Tonnen			
Kuba	30486	1492	2976	Keine Angabe
Queensland	1134	1403	613	805
Deutschland	Einige Hundert Tonnen (400—500)			
Griechenland	11139	10750	5374	41
Neu-Seeland	26	Nichts	6	5
Belgien	2100	7130	6270	Nichts
Chile	Keine Angabe	1	Keine Angaben	
Portugal	1374	Keine Angaben		
Canada	1	Nichts	Nichts	Nichts
Columbien	Keine Angaben			

Die Höhe der Weltproduktion unterliegt bedeutenden Schwankungen, je nach der Konjunktur und den politischen Verhältnissen Rußlands. Im allgemeinen beträgt die Manganerzproduktion der Welt bei normaler Konjunktur ca. 1500000 t.

V. Die Versorgung Deutschlands mit Chromerzen.

a) Deutschlands Stellung auf dem Chromerzmarkte.

Zuverlässige Zahlen über den Konsum von Chromerzen sind nur schwer zu erhalten. Deutschland hat keine eigene Produktion, da bei uns Chromerz nur in verschwindenden Mengen in einigen Serpentingebieten (z. B. Frankenstein i. Schl., Silberberg i. Schl. und Grochau im Zoptengebirge) vorkommt. Das Erz hat hier aber nur mineralogisches und kein wirtschaftliches Interesse.

Wie aus der folgenden Tabelle hervorgeht, wurden im Jahre 1908 16974 t und im Jahre 1909 22018 t nach Deutschland eingeführt. Für diese Einfuhr kommen nicht nur die europäischen Lagerstätten, sondern auch diejenigen Australiens bezw. Neukaledoniens in Frage.

Einfuhr von Chromerz nach Deutschland.

1907	19508 t
1908	16974
1909	22018
1910	24470
1911	11022

Da nicht anzunehmen ist, daß wesentliche Mengen des eingeführten Erzes zu Spekulationszwecken in Deutschland aufgestapelt werden, dürfte sich die Einfuhr mit dem Konsum decken. Der deutsche Chromerzmarkt ist also kein umfangreicher.

b) Über die für Deutschland in Frage kommenden Chromerzlagerstätten.

Da Deutschland keine eigenen Chromerzgruben hat, kommen nur die ausländischen in Betracht und von diesen hauptsächlich diejenigen in Kleinasien, Griechenland und Neukaledonien; die von Großbritannien ausgeführten Erze stammen nicht aus England, sondern dürften von Neukaledonien eingeführt sein.

Alle genannten Chromitlagerstätten treten in Peridotiten und aus diesen entstandenen Serpentinen auf, welche an und für sich 0,2—0,5, ausnahmsweise sogar 1% Cr_2O_3 enthalten.

Die Erzkörper in den Peridotiten und Serpentinen sind meist nur von geringem Umfange, häufig haben sie nur Fuß- bis Kopfgröße. Ihre Verteilung ist eine ganz unregelmäßige, wenn auch an einigen Stellen, wie z. B. im nördlichen Norwegen (Insel Hestmandö) eine gewisse Häufung im zentralen Teile der Massive beobachtet werden kann. Die Lagerstätten sind magmatische Aussonderungsprodukte.

Interessant ist die Beziehung zwischen der Größe der Lagerstätten und dem Umfang der Eruptivmassive, die sich an einigen Orten feststellen läßt. Es enthalten nämlich kleine Eruptivmassive nur kleine Chromitausscheidungen, während die größeren Lagerstätten ausschließlich in umfangreicheren Massiven auftreten.

Die gegenwärtig wirtschaftlich wichtigsten Chromeisensteinvorkommen, welche auch für Deutschland eine wesentliche Rolle spielen, finden sich in Kleinasien, Rußland und Neukaledonien.

Die Lagerstätten Kleinasiens liegen a) nahe der Südwestküste Anatoliens ungefähr gegenüber Rhodos (Makri) und b) südlich und südwestlich vom Olymp (Daghardy).

Kleinere Vorkommen kennt man in der europäischen Türkei, Serbien, Bosnien (Dubostica), der Herzegowina, im Banat bei Orsova, in Steiermark (Kraubat), in der Bukowina, in Norwegen usw.

Die oft genannten uralischen Vorkommen der Gegend von Jekaterinenburg und Nischne Tagilsk, von denen bei dem Aufkommen der Chromfarbenindustrie das erste Erz stammte, waren jahrzehntelang so gut wie in Vergessenheit geraten, fördern aber wieder seit einigen Jahren in erheblicher Weise.

Australasien. Die Chromerzlagerstätten wurden in Neu-Südwales im Jahre 1882 entdeckt; die größte Jahresproduktion erreichte man 1889 mit 5240 t. Seit der Zeit hat die Gewinnung abgenommen, so daß gegenwärtig so gut wie kein Erz transportiert wird.

Die Chromerzlagerstätten Victorias können wegen Transportschwierigkeiten nicht mit Vorteil bearbeitet werden.

Auch von Westaustralien und Tasmanien kennt man gegenwärtig keine bauwürdigen Vorkommen. Geringe Mengen werden aus Neuseeland verschifft; hier leidet der Bergbau an den Transportverhältnissen.

Der Hauptproduzent aus Australien importierter Chromerze ist Neukaledonien. Hier entdeckte man die Vorkommen im Jahre 1884. Man gewinnt das Erz namentlich im südlichen Teile der Insel. Am wichtigsten ist die Tiebaghigrube, die annähernd 4000 t per Monat mit 55—67% Chromoxyd liefert. An zweiter Stelle steht die Lucky Hit mit einem ärmeren, 30 bis 40%haltigem Erz.

Die Fracht von Neukaledonien nach Europa beträgt gegenwärtig 28 sh per t. Der Erzpreis versteht sich auf der Basis von 50% Chromoxyd fob Noumea. Er betrug durchschnittlich im Jahre 1909 1£ 14 sh 6 d pro t.

Die Erze aus Kleinasien werden gegenwärtig in Deutschland hauptsächlich als feuerfestes Baumaterial verwendet, während reiche australische Erze den anderen angeführten Zwecken (Seite 170) dienen.

c) Marktverhältnisse und Weltproduktion.

Die Weltproduktion geht aus folgender Tabelle hervor:

Chromerz-Weltproduktion in metr. t

Länder	1905	1906	1907	1908	1909	1910
Neu-Süd-Wales	53	15	30	—	—	—
Bosnien u. Herzegowina	286	320	—	—	—	—
Kanada	7781	8960	5721	7225	1627	—
Neukaledonien	51374	57367	31552	29818	32136	—
Griechenland	8700	11550	—	12430	—	—
Ver. Staaten	40	317	355	280	208	—
Kleinasien und europ. Türkei	ca. 23000	—	—	—	—	—
Rußland	27046	16969	25528	25800	—	—
Indien	2751	4443	—	7000	—	—

Die Weltproduktion ist im Laufe der Jahre schnell gestiegen. Während man im Jahre 1890 nur ca. 20000 t Chromerz brauchte, erreichte der Konsum im Jahre 1910 ca. 80000 t.

Die Verwendung der Chromerze ist mannigfaltig. Man benutzt sie in erheblichen Mengen in den Stahlwerken zum Ausfüttern der basischen Hochöfen. Hierbei ist auch ein hoher Kieselsäuregehalt von bisweilen mehr als 10% kein Hindernis. Man begnügt sich bei ihnen mit einem Chromoxydgehalt von 40—43%. Die reichen Chromerzkonzentrate dagegen werden in der chemischen Industrie verwendet zur Herstellung von Chromaten; die Erze müssen für diesen Zweck möglichst 50% Chromoxyd haben, unter 48% geht man selten herunter. Deutschland bezieht diese Erze hauptsächlich aus Australien bezw. Neukaledonien.

Eine andere Verwendung des Chromerzes ist die zur Herstellung von Eisen- und Stahllegierungen, welche man seit den 60er Jahren des vorigen Jahrhunderts kennt. Anfangs verwandte man hierfür 50- bis 60proz. Chromoxyd. Krupp braucht Chrom für Panzerplatten.

Wichtig wurde außerdem die Herstellung von Ferrochrom, für welches nur Chromeisen mit möglichst hohem Chrom- und geringem Kieselsäuregehalt gebraucht werden kann. Im elektrischen Ofen lassen sich dann Legierungen mit 60% Chrom herstellen.

Auf dem deutschen Chromerzmarkt haben sich die Verhältnisse gegen früher insofern verschoben, als jetzt für die besseren Chromerzsorten mit einem Chromoxydgehalt von 52—56%, wie man sie zur Chromsalzfabrikation verlangt, als Bezugsquelle in erster Reihe Neukaledonien in Betracht kommen. Die geringen Sorten zur Ausfütterung von Hochöfen mit einem Gehalte von 40—43% werden meist in Kleinasien und Neukaledonien gefördert.

Die bedeutende Einfuhr australischer Erze nach Deutschland hatte eine verhältnismäßig große Entwertung zur Folge.

Der Preis für Chromerz ist trotzdem ein ziemlich hoher. Im Jahre 1909 wurden für 50proz. Erz 85—88 Fr. und für jedes Prozent Cr_2O_3 mehr 2,70 Mk. Zuschlag bezahlt. Im Jahre 1910 verkaufte man 50proz. Erze in Neukaledonien mit nur 24 Mk. loco Grube und 34 Mk. fob Numea. Der Preis ist ein anormal niedriger, weil Ende 1909 noch erhebliche Vorräte vorhanden waren. Es kommt hierzu die Erzfracht von Neukaledonien nach London über Sidney, welche 1910 ca. 28 sh für Segelschiffe betrug.

In Deutschland bezahlte man in Hamburg für 50proz. Erze 56 bis 60 Mk. pro t, plus 2,50 Mk. für jedes Mehrprozent, und für geringere Erze mit 40—42% Cr_2O_3 43—45 Mk.

VI. Die Versorgung Deutschlands mit Blei-Silber-Zinkerzen.

a) Die Deckung des deutschen Blei-Silber-Zinkerzbedarfs.

Die Erze der drei Metalle treten in engster Vergesellschaftung meist auf denselben Lagerstätten auf, so daß eine Trennung ohne Aufbereitung gewöhnlich unmöglich ist.

Produktion, Ein- und Ausfuhr Deutschlands an Bleierz und Blei.

I. Bleierz.

A. Produktion in metr. t			B. Einfuhr in metr. t			C. Ausfuhr in metr. t		
1908	1909	1910	1908	1909	1910	1908	1909	1910
156861	159852	167313 mit 83532 t Bleiinhalt (Gewinnbar 58472 t)	153597 Davon aus Australien:	111017 86250 t im Wert von 16387000 Mk.	112151 93481 t im Wert von 16827000 Mk. Bleiinhalt ca. 115000 t	1189	2909	2361 mit ca. 66 % = 1580 t Bleiinhalt
						also ohne jede Bedeutung		

Verbrauch 1910 = ca. 277100 t mit einem Bleigehalt von ca. 197000 t. Nach Abrechnung von 30 % Aufbereitungs- und Hüttenverlust 137900 t gewinnbares Blei.

II. Blei.

A. Produktion in metr. t			B. Einfuhr in metr. t			C. Ausfuhr in metr. t		
1908	1909	1910	1908	1909	1910	1908	1909	1910
164079	167918	157900	77218	76930	81541	29967	31674	30997
				Davon aus Belgien 20009	29063			
				„ Ver. Staaten 26767	20331			
				„ Australien 12074	8791			
				„ Spanien 8844	13917			

Der Verbrauch an Rohblei betrug 1910 ca. 208440 t, davon gewinnbar aus einheimischen Erzen 58472 t = ca. $^1/_3$; fast $^2/_3$ bezog man aus dem Auslande. An erster Stelle steht in bezug auf Erz- und Metalleinfuhr Australien.

Im Jahre 1910 betrug die deutsche Förderung an Blei-Silber-Zinkerzen (nach der Zusammenstellung Seite 186) 2979860 t aus 84 Gruben mit durchschnittlich 10,6% Zink und 3,4% Blei im Roherz. Von dieser geförderten Roherzmenge waren ohne Aufbereitung oder mit Handaufbereitung absetzbar 816 t edle Silbererze mit durchschnittlich 0,36% Silber und einem Werte von 152000 Mk., 5566 t Galmei mit einem durchschnittlichen Metallgehalt von 16,9% und einem Werte von 149000 Mk., 5300 t Zinkblende mit einem durchschnittlichen Metallgehalt von 40,4% und einem Werte von 343000 Mk. und 49430 t Bleiglanz mit einem durchschnittlichen Metallgehalt von 8,8% im Werte von 637000 Mk.

In die Aufbereitungsanstalt kam fast die ganze Förderung, nämlich 2913567 t, und es wurden gewonnen an edlen Silbererzen 268 t mit einem durchschnittlichen Silbergehalt von 0,44% im Werte von 71000 Mk., 117883 t silberhaltiger Bleiglanz mit einem durchschnittlichen Bleigehalt von 67,2% im Werte von 14087000 Mk., 521546 t Zinkblende mit einem durchschnittlichen Metallgehalt von 40,7% im Werte von 41742000 Mk. und 112620 t Galmei mit einem durchschnittlichen Zinkgehalt von 14,4% im Werte von 1728000 Mk.

Bleierz- und Bleikonsum (s. S. 181). Die Bleierzproduktion (s. S. 186) Deutschlands betrug also im Jahre 1910 an nicht aufbereiteten Erzen 49430 t mit 8,8% entsprechend einem Metallgehalt von 4256 t Blei und an aufbereiteten Erzen 117883 t mit einem durchschnittlichen Bleigehalt von 67,2% und einem Bleiinhalt von 79276 t Pb, im ganzen also 167313 t mit 83532 t Bleiinhalt.

Es wurden eingeführt nach Deutschland außerdem 112151 t, und zwar aus Australien 93481 t im Werte von 16827000 Mk. Da die Gehalte der Einfuhr nicht vorliegen, lassen sich die Zahlen nur schwer vergleichen, indessen ist bei dem größten Teile der Menge der Wert angegeben, so daß es immerhin möglich ist, gewisse Schlüsse auf den Bleigehalt der Einfuhr zu ziehen. Die deutsche Produktion hatte nach der Statistik des Reichsamts des Innern einen Wert von 14724000 Mk., die australische Einfuhr von 16827000 Mk.

Nimmt man an, daß die übrige Einfuhr annähernd gleich metallreich war, so würde ihr Wert annähernd 20,2 Millionen Mark entsprechen. Es dürfte also, verglichen mit dem Bleiinhalt der deutschen Produktion, in der Einfuhr ein Bleiinhalt von $\frac{20,2}{14,7} \cdot 83532$ t = ca. 115000 t gewesen sein.

Die Ausfuhr aus Deutschland betrug im Jahre 1910 nur 2361 t, hat also keine große Bedeutung. Auch hier dürfte es sich um Konzentrate handeln, die einen Bleigehalt von ca. 66% haben. Die Ausfuhr dürfte also annähernd 1580 t Blei enthalten.

Der Verbrauch Deutschlands an Bleierz betrug also im Jahre 1910 ca. 277103 t mit einem Bleigehalt von ca. 197000 t. Nach Abrechnung von 30% Aufbereitungs- und Hüttenverlust würden die Erze des Jahres 1910 137900 t gewinnbares Blei enthalten, davon entfallen auf die deutschen Erze ca. 58470 t.

Die Produktion an metallischem Blei betrug im Jahre 1910 157900 t, hierzu kam eine Einfuhr von 81541 t. Da die Ausfuhr 30997 t beträgt, erreichte der Verbrauch an Rohblei 1910 ca. 208440 t. Davon sind gewinnbar aus einheimischen Erzen unter Berücksichtigung von 30% Aufbereitungs- und Hüttenverlust 58472 t d. i. über ein Drittel. Fast zwei Drittel bezog man aus dem Auslande. An erster Stelle steht in bezug auf Metalleinfuhr Australien.

Zinkerz- und Zinkkonsum. Zinkerzproduktion (s. S. 186). Die deutsche Zinkerzproduktion war im Jahre 1910 nach den Mitteilungen des Reichsamts des Innern in den Nachrichten für Handel und Industrie folgende:

Von den geförderten Roherzen waren ohne Aufbereitung oder mit Handaufbereitung absetzbar 5566 t Galmei mit 16,9% Zink im Werte von 149000 Mk. und 5300 t Zinkblende mit 40,4% Zink im Werte von 343000 Mk.; wie oben gezeigt wurde, ging der bei weitem größte Teil der Blei-Silber-Zink-Roherze in die Aufbereitung, und es wurden hier gewonnen (s. S. 188) an Zinkblende 521546 t Zinkblende mit 40,7% Zink im Werte von 41742000 Mk. Die Gesamtproduktion an einheimischem Zinkerz betrug also 532412 t mit einem Durchschnittsgehalt von ca. 40% Zink in einem Werte von 42234000 Mk.

Hierzu kam die Einfuhr mit 240584 t nach der amtlichen Statistik, und zwar stammte der bei weitem größte Teil aus Australien mit 134591 t.

Die übrige Einfuhr kommt aus Belgien, Österreich-Ungarn, Spanien und Algier; da aber die Ausfuhr nach Belgien und Österreich-Ungarn noch höher ist als die Einfuhr (siehe die Tabelle), kommen diese beiden Länder für Deutschland bei der Zinkerzversorgung nicht in Frage. Spanien und Algier spielen im Verhältnis zu Australien und zur deutschen Produktion nur eine sehr geringe Rolle.

Der Verbrauch an Zinkerzen betrug also nach der Tabelle 713556 t. Da keine Gehalte der Ein- und Ausfuhr angegeben sind, lassen sich die Zahlen mit denjenigen der Produktion nicht ohne weiteres vergleichen. Indessen kann man annehmen, daß der Einfuhrüberschuß, für den hauptsächlich Australien und zwar die Lagerstätten von Broken Hill in Betracht kommt, so viel Zink enthält, wie die australische Produktion im allgemeinen, das ist 47%.

Die deutsche Produktion enthält 231350 t Zink (Aufbereitungsverlust 27% s. S. 81). Da aufbereitete Erze vorliegen, kann man sich bei der Berechnung des gewinnbaren Zinkgehaltes mit 15% Hüttenverlust begnügen; es sind also 196648 t gewinnbares Zink im inländischen Erz.

Die Zinkproduktion betrug nach der amtlichen Statistik im Jahre 1910 221395 t, die Einfuhr 41224 t, von denen allein 26727 t aus Belgien stammen. Die Ausfuhr ist erheblicher, sie erreichte 88701 t, und zwar gingen hiervon nach Großbritannien 38303 t, nach Österreich-Ungarn 20283 t.

Der deutsche Verbrauch an Rohzink betrug 1910 demnach 173918 t.

Produktion, Ein- und Ausfuhr Deutschlands an Zinkerz und Zink.

I. Zinkerz.

A. Produktion in metr. t			B. Einfuhr in metr. t			C. Ausfuhr in metr. t		
1908	1909	1910	1908	1909	1910	1908	1909	1910
320216 t Zink im Erz	312929 t Zink im Erz	316384 t Zink im Erz	199840	201110	240584	39450	52026	59440
			Davon aus			Davon nach		
			Belgien[1])	10430	14784	Belgien[1])	19618	23008
			Österreich-Ungarn	21653	20677	Österreich-Ungarn[1])	23753	28420
			Spanien	39512	20673			
			Algier	12467	6433			
			Australien	77543	134591			

Belgien und Österreich-Ungarn kommen also für die deutsche Versorgung **nicht** in Betracht.[1])

Da keine Gehalte der Ein- und Ausfuhr angegeben sind, lassen sich die Zahlen nicht ohne weiteres vergleichen. Zinkinhalt deutscher Erze 316384 t; davon in Aufbereitungsprodukten 231350 t und bei ca. 15% Hüttenverlust, ca. 196648 t gewinnbares Zink im inländischen Erz.

II. Zink.

A. Produktion in metr. t			B. Einfuhr in metr. t			C. Ausfuhr in metr. t		
1908	1909	1910	1908	1909	1910	1908	1909	1910
216490	219766	221395	32622	46990	41224	68925	82226	88701
				Davon aus Belgien			Davon nach Großbritannien	
				30400	26727		29221	38303
							Österreich-Ungarn	
							20948	20283

Der Verbrauch an Rohzink betrug 1910 — nur für dieses Jahr liegen vollständige Vergleichszahlen vor — 173918 t.

Deutschland kann also seinen Zinkverbrauch mit einheimischem Erz decken und noch ca. 23000 t an das Ausland abgeben.

[1]) Kommen für die Versorgung Deutschlands nicht in Frage, da die Ausfuhr nach diesen Ländern größer ist als die Einfuhr.

Deutschland ist also gegenwärtig bei Zink in der Lage, seinen gesamten Verbrauch mit einheimischen Erzen zu decken und noch ca. 23000 t an das Ausland abzugeben.

Silbererz- und Silberkonsum. Die Produktion an Silber-Roherz läßt sich in Deutschland nur zum kleinen Teile genau feststellen, da eine erhebliche Menge des Silbers aus Erzen stammt, die nur einen geringen akzessorischen Silbergehalt haben und in der Hauptsache auf Blei, Zink, Kupfer usw. verarbeitet werden.

Nach der Statistik des Reichsamts des Innern für das Jahr 1910 wurde in den geförderten Blei- und Zinkerzen ein Silbergehalt von 7,00 t berechnet. Er verteilte sich auf — ohne Aufbereitung oder nach Handaufbereitung — 816 t edle Silbererze mit 2,93 t Silberinhalt und in der Aufbereitung gewonnene 268 t Erze mit 1,17 t Silberinhalt. Der Rest von 2,90 t war in silberhaltigem Bleiglanz und silberhaltiger Zinkblende enthalten, und zwar ließ sich der Silbergehalt in der in Tabelle Seite 191 angegebenen Weise abstufen. Die bei weitem größte Menge, nämlich über 1500000 t, hatte also 100—250 g Silber.

Diese nur 7 t umfassende Silberstatistik ist aber unvollständig, da viele andere Erze, z. B. Kupfererze (s. Seite 109) ebenfalls Silbergehalte aufweisen, die im Roherz so gut wie nicht in Erscheinung treten, aber bei der Verhüttung zum größten Teil gewonnen werden.

Vollkommener ist die Statistik der Metallgesellschaft und metallurgischen Gesellschaft in Frankfurt a. M. Sie gibt für das Jahr 1910 ca. 160 t Silberinhalt in deutschen Erzen an.

Über die Silbererz-Ein- und Ausfuhr gibt es ebenfalls keine brauchbare Statistik.

Die Produktion an Silber betrug im Jahre 1910 420 t. Es wurden eingeführt 648 t, und zwar entfielen von dieser Einfuhr auf Großbritannien 581,1 t und auf Mexiko 29,1 t. Die Ausfuhr betrug 282 t, davon gingen nach Großbritannien 21,21 t.

Der Selbstverbrauch an Silber betrug also im Jahre 1910 786 t; davon wurden durch deutsche Erze gedeckt ca. 160 t = annähernd $^1/_5$, während $^4/_5$ aus dem Auslande bezogen werden.

Nicht berücksichtigt ist hierbei der Aufbereitungs- und Hüttenverlust, welcher ganz erheblich zu sein pflegt, so daß nicht ganz $^1/_5$ auf die einheimischen Erze entfällt.

Produktion, Ein- und Ausfuhr Deutschlands an Silbererz und Silber.

I. Silbererz.

A. Produktion in metr. t (Metall im Erz)			B. Einfuhr in metr. t			C. Ausfuhr in metr. t		
1908	1909	1910	1908	1909	1910	1908	1909	1910
154,6 t im Erz (Blei-Zinkerz und Kupferschiefer)	165,9 t im Erz	ca. 160 t im Erz	keine brauchbare Statistik					

Die deutschen Erze enthalten also 1910 meist als Beimengung (bis 700 g) von Blei- und Zinkerzen und Kupferschiefer ca. 160 t gewinnbares Silber.

II. Silber.

A. Produktion in metr. t			B. Einfuhr in metr. t			C. Ausfuhr in metr. t		
1908	1909	1910	1908	1909	1910	1908	1909	1910
407,2	406	420	334	720	648	302	344	282
				Davon aus Großbritannien			Davon nach Großbritannien	
				603,8	581,1		82,24	21,21
				Mexiko				
				105,8	29,1			

Silberverbrauch 1910: 786 t, davon durch deutsche Erze gedeckt ca. 160 t, d. i. $^1/_5$; aus dem Auslande werden in Erzen (häufig geringe Silbermengen) und als Metall bezogen $^4/_5$.

b) Die für Deutschland in Frage kommenden Blei-Zink-Silbererz-Lagerstätten.

Die einheimischen Vorkommen.

An erster Stelle steht Oberschlesien, welches im Jahre 1910 1295233 t Roherze lieferte.

Die oberschlesischen Lagerstätten gehören zu den metasomatischen Vorkommen, sind also durch Umwandlung aus Kalk entstanden (s. S. 65); sie treten lagerförmig im Muschelkalk auf. Die Hauptverbreitung der

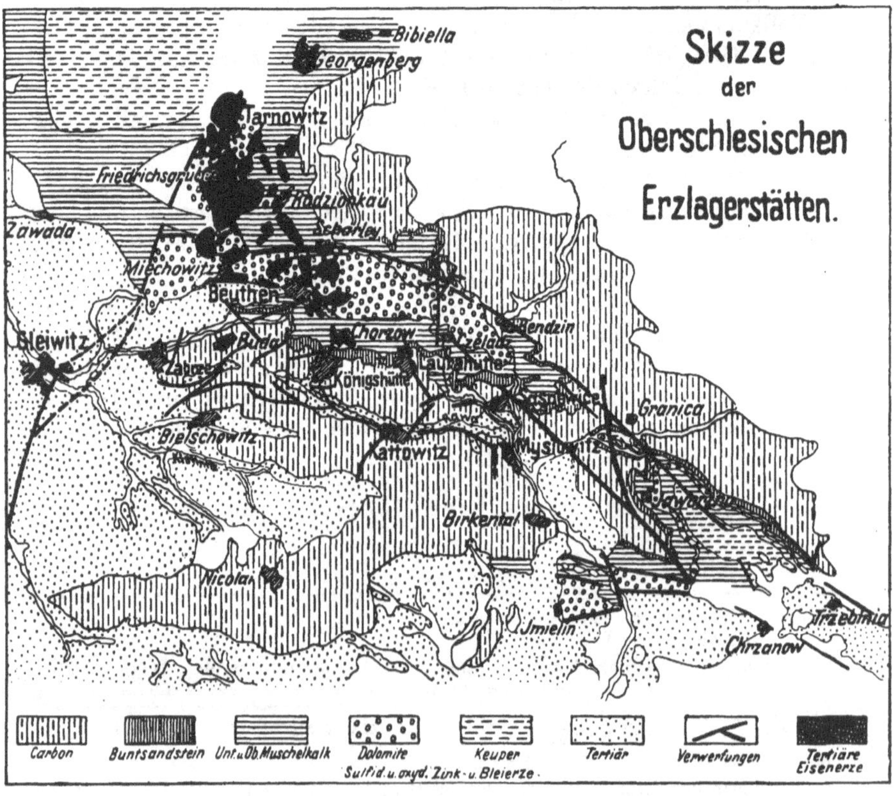

Fig. 69. (Nach R. Michael und Quitzow. Erzlagerstättenlehre Beyschlag-Krusch-Vogt.

Erzlagerstätten erstreckt sich auf die Beuthener und Tarnowitzer Muldengräben. Die Erzführung ist in dem Muschelkalkprofil auf das Verbreitungsgebiet des Dolomites im oberen Wellenkalk beschränkt (siehe Formationstabelle S. 86), und zwar liegen die erzführenden Dolomite auf dem sogenannten blauen Sohlenstein.

Häufig erscheinen die Erzmassen in zwei Lagern, von welchen das untere fast unmittelbar über dem blauen Sohlenstein liegt, während das obere mitten im Dolomit auftritt.

Beide Lager enthalten teils Bleierze (Tarnowitzer Mulde), teils vorwiegend Zinkerze (Beuthener Mulde). Die Mächtigkeit schwankt sehr, sie kann 1—12 m betragen.

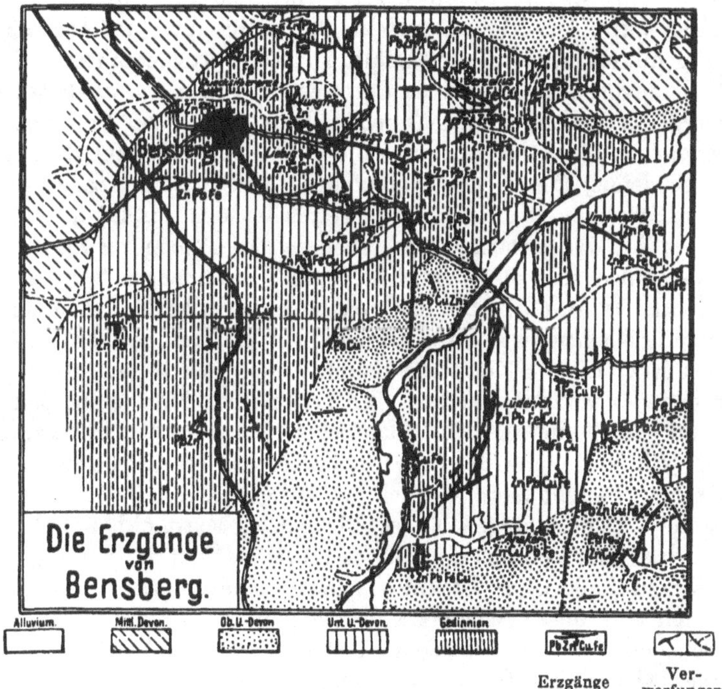

Fig. 70. (Nach Zeleny. Archiv für Lagerstättenforschung. Geol. Landesanstalt 1912.)

Die drei Haupterze sind Bleiglanz, Zinkblende und Markasit. Durch die bekannten Oxydationsprozesse sind sie z. T. oxydiert und zwar ist die Zinkblende in den oberen Sohlen in Galmei umgewandelt.

Die Produktion Oberschlesiens ist im Laufe der Jahrhunderte erheblich gestiegen, im Jahre 1791 betrug sie nur 16688 t Zink- und 910 t Bleierze, im Jahre 1897 dagegen 510686 t Zink- und 35847 t Bleierze.

Im Jahre 1910 wurden gefördert:

silberhaltiger Bleiglanz und silberhaltige Zinkblende: 1295233 t mit 16,1% Zink und 4% Blei;
silberhaltiger Bleiglanz: 18613 t mit 3,3% Blei;
Galmei: 219623 t mit 13,9% Zink.

Ohne weiteres absetzbar waren von dieser Förderung 4823 t Zinkblende mit 39,8% Zink und 6 t Bleiglanz mit 66,7% Blei, weitere 6 t Bleiglanz mit 83,3% Blei und 2938 t Galmei mit 13% Zink.

In der Aufbereitung wurden gewonnen 53571 t silberhalt. Bleiglanz mit 73,6% Blei und 660 t Bleiglanz mit 64,9% Blei, außerdem 399116 t Zinkblende mit 39,1% Zink und 111501 t Galmei mit 14,2% Zink.

Rechtsrheinischer Bezirk. An zweiter Stelle steht der Erzmenge nach der rechtsrheinische Bezirk, dessen wichtigste Repräsentanten die Gänge des Bergischen Hügellandes, der Holzappeler, der Emser und der Ramsbecker Gangzug sind.

Die Gänge des bergischen Hügellandes (Fig. 70) treten östlich von Köln auf. Das Gebiet besteht aus mittel- und unterdevonischen Schiefern mit untergeordneten Einfaltungen von mitteldevonischen Kalken. Im Unterdevon finden sich in der Gegend von Bergisch-Gladbach—Bensberg—Immekeppel und Engelskirchen eine große Zahl von Blei-Zinkerzgängen, deren wichtigste von den Gruben Lüderich, Bliesenbach, Weiß, Berzelius, Castor und Pollux ausgebeutet werden oder wurden.

Das Streichen der Gänge wechselt sehr, das Einfallen ist immer steiler als das des Nebengesteins, aber diesem gleichgerichtet.

Die Gänge sind bald einfache, bald zusammengesetzte im Sinne Naumanns (s. S. 63). Die ersteren haben geringe, die letzteren sehr bedeutende Mächtigkeit. Die Ausfüllung der ersteren besteht hauptsächlich aus Erz, die der letzteren hauptsächlich aus Nebengestein. Die streichende Ausdehnung ist zum Teil bedeutend. Man kennt den Maxgang auf ca. 1 km und das Lüdericher Gangssystem auf ca. 4 km Länge. Die Verteilung der Erze in den Gängen ist unregelmäßig. Die Gangfüllung besteht hauptsächlich aus Bleiglanz, Zinkblende und Spateisenstein. Der Silbergehalt des Bleiglanzes schwankt zwischen 200 und 7000 g und beträgt im Durchschnitt 500. Das Verhältnis von Bleiglanz zu Zinkblende ist ein sehr wechselndes. Bei vielen Gruben kann man eine obere Bleiglanzteufe von einer unteren Zinkblendeteufe unterscheiden (primäre Teufenunterschiede).

Die bedeutendste Grube ist diejenige des Lüderich, deren geschichtliche Nachrichten bis zum Jahre 1250 zurückreichen. Sie soll dem Erzbischof Konrad von Hochstaade die Mittel für den Bau des Kölner Domes geliefert haben. Die gegenwärtige Betriebsperiode datiert aus den 50er Jahren des vorigen Jahrhunderts, wo man erst lernte, aus der Zinkblende Zink herzustellen.

Die Produktion betrug 1880 21742 t Zinkerze und 6461 t Bleierze im Gesamtwerte von 1872689 Mk.; 1911 erreichte sie 12600 t Zinkblende und 1570 t Bleiglanz. Der Bergbau hat bis jetzt nur eine Tiefe von 80 m.

Der Holzappeler Gangzug (Fig. 71). Die Gänge liegen an der unteren Lahn in einem Gebiete, welches vorwiegend aus Unterdevon besteht. Die Schichten streichen nordöstlich und sind vielfach gefaltet; sie bestehen aus Tonschiefer, Grauwacke und Quarzit mit

Porphyroidschichten und Diabasen. Der Holzappeler Gangzug stellt eine streichende Verwerfung dar, die nicht durchweg Schichtenverschiebungen erzeugte. Er besteht aus fünf Erzgängen, und zwar einem Hauptgang, drei Nebentrümern und einem Quergang. Die Mächtigkeit des Hauptganges schwankt zwischen 0,6 und 7 m und scheint nach der Tiefe geschlossener zu werden. Auf Holzappel wurde er über 2200 m, auf Leopoldine und Luise über 1200 m verfolgt; nach der Tiefe kennt man ihn bis 342 m unter NN.

Im allgemeinen liegen zusammengesetzte Gänge vor, welche hauptsächlich silberhaltigen Bleiglanz, Zinkblende, Spateisen und etwas

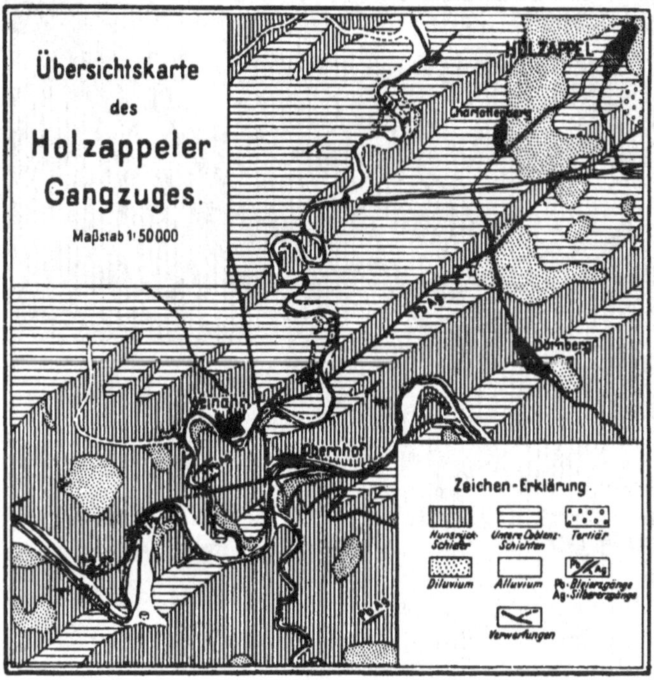

Fig. 71. (Nach Spezialaufnahmen der Kgl. Geol. Landesanstalt. Lagerstättenlehre von Beyschlag-Krusch-Vogt.)

Kupfererze neben Quarz führen. Die Verteilung der Erze ist ziemlich regelmäßig, da größere taube Mittel fehlen. Der Silbergehalt beträgt im Durchschnitt gegenwärtig nur ca. 50 g, steigt aber in der Zementationszone in den feinschweifigen Bleiglanzen bis 1500 g. Das Roherz der Grube Holzappel gehört zu den reichsten Blei-Zinkerzen Deutschlands. Die aus dem Roherz gewinnbare Bleimenge betrug in den Jahren 1905—1910 zwischen 5,3 und 7,8 und die gewinnbare Zinkmenge zwischen 11,1 und 16,3%, während die Blei-Zinkerze Deutschlands im Durchschnitt im ganzen nur ca. 3,4% Blei und 10,6% Zink hatten. Im Jahre 1910 lieferte die Grube Holzappel 3282 t Bleierze mit 72,73 g Silber pro t und 9650 t Zinkerze.

Der Emser Gangzug (Fig. 72). Die Emser Gänge liegen ungefähr 13 km westlich von denjenigen des Holzappeler Gangzuges in unterdevonischen Schichten (Ober-Koblenz und Koblenzquarzit). Sie setzen in Tonschiefern, Grauwacken und Quarzit auf, die zu nördöstlich streichenden Sätteln und Mulden gefaltet sind. Die Gangspalten zeigen sich zu Ganggruppen und Gangzügen vergesellschaftet, und zwar sind besonders bemerkenswert im Norden von Ems die Gangzüge von Hohe Buchen, Silberkaute, Merkur und im Süden der Stadt Malberg, Bergmannstrost und Friedrichssegen.

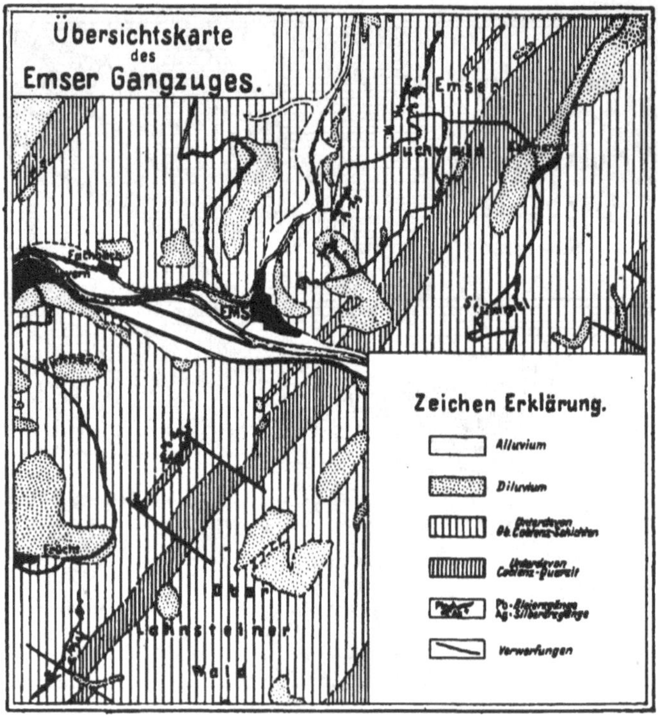

Fig. 72. (Nach Spezialaufnahmen der Kgl. Geol. Landesanstalt.)

Die bedeutendsten Gruben sind konsolidierte Friedrichssegen bei Ober-Lahnstein, Bergmannstrost und Merkur.

Das Auftreten der Erze ist eigenartig. Sie sind beschränkt auf eine Zone milder Grauwacken und Tonschiefer, deren Grenzflächen durch Lettenklüfte markiert sind (Liegender und Hangender Hauptbesteg). Die Erzmittel deren Länge von der Größe des Abweichungswinkels der Gangspalten gegen die erwähnten Grenzflächen abhängt, werden durch mehr oder weniger parallel verlaufende Klüfte in gegeneinander verschobene Stücke zerlegt. Die Grube Friedrichssegen hat mehr als 24 derartiger Stücke, von denen 17 erzführend sind und sich auf 1400 m Länge verteilen. Auf der Grube Merkur kennt man sieben

Gangmittel in 2300 m Längenerstreckung. Die Mächtigkeit der Mittel steigt bis zu 10, ausnahmsweise bis zu 20 m. Die Erze und Gangarten sind bald massig verwachsen, bald lagenförmig.

Die Haupterze sind silberhaltiger Bleiglanz, Zinkblende, Spateisen und Kupferkies, Hauptgangart ist Quarz. Beim Hauptgang Friedrichssegen sind Bleiglanz und Zinkblende annähernd in gleicher Menge vorhanden (8—9%), der Silbergehalt des reinen Bleiglanzes beträgt 500 g.

Bemerkenswert sind bei den Emser Gängen die Erze der Oxydations- und Zementationszone.

Die Grube Friedrichssegen soll schon zur Zeit der Römer gebaut worden sein. Die Gangmittel gingen in beträchtlicher Mächtigkeit und zum Teil edel zu Tage aus. Sichere geschichtliche Aufzeichnungen stammen aus dem Anfang des 13. Jahrhunderts, wo Kaiser Friedrich II. auf die Kölnischen Löcher eine Belehnung erteilte. Auch die Gruben Merkur, Bergmannstrost usw. haben ein hohes Alter; hier reichen die Nachrichten bis 1158 zurück.

Die Emser Gruben gehören gegenwärtig der Aktiengesellschaft für Bergbau, Blei- und Zinkfabrikation zu Stolberg und in Westfalen. Die Produktion betrug 1910 6442 t Bleiglanz und 7558 t Zinkblende, 222 t Kupfererz und 7044 t Spateisenstein.

Die Erzgänge von Ramsbeck liegen im östlichen Teile des Kreises Meschede im Revier Brilon im nördlichen Sauerland in einem 14 km langen und 12 km breiten Gebiet, welches aus den devonischen Ramsbecker Schichten, und zwar einer Wechsellagerung von Grauwacken und Tonschiefer besteht und von zahlreichen Verwerfungen durchsetzt wird.

Die recht wichtigen Blei-Zinkerzgänge streichen westöstlich; sie lassen sich trotz des nesterförmigen Charakters und der geringen Mächtigkeit der Erzführung im Streichen weithin verfolgen. Die Ausfüllung besteht aus Bleiglanz und untergeordnet Schwefelkies und Kupferkies mit wenig Spateisenstein aber viel Quarz. Die Erzführung ist absätzig und auf geringmächtige edle Mittel beschränkt, die mit ausgedehnten tauben Partien wechsellagern. Das wichtigste Erz ist der Bleiglanz mit 0,027—0,065% Silber, der stets mit Quarz und Zinkblende verwachsen ist.

Den früher stark zersplitterten Bergbaubesitz hat seit dem Jahre 1859 die Aktiengesellschaft für Bergbau, Blei- und Zinkfabrikation zu Stolberg und in Westfalen in ihrer Hand. Die Förderung betrug 1890 4025 t Bleierze, 2924 t Zinkblende und 1910 2113 t Bleiglanz und 7252 t Zinkblende.

Der ganze rechtsrheinische Bezirk, zu dem noch eine Reihe kleinerer Lagerstätten zum Teil metasomatischen Charakters gehören, lieferte im Jahre 1910 564329 t Roherz mit 6,9% Zink und 2,9% Blei. Davon konnten ohne Aufbereitung oder mit Handaufbereitung abgesetzt werden 477 t Zinkblende mit 47% Zink und 533 t Bleiglanz mit 61,5%

Blei. Die bei weitem größte Menge der Rohförderung, nämlich 574365 t, kam in die Aufbereitung; sie lieferte hier 22707 t silberhaltigen Bleiglanz mit 65,6% Blei und 2687 t Bleiglanz mit 62,8% Blei neben 67641 t Zinkblende mit 47,7% Zink und 1119 t Galmei mit 38,2% Zink. Der Gesamtwert der Rohförderung betrug ca. 9½ Mill. Mk. (s. im übrigen die Tabelle S. 188).

Der nächst wichtigere Bezirk ist der linksrheinische, welcher Blei-Zinkerz-Lagerstätten der verschiedensten Genesis umfaßt.

Während die sulfidischen Blei-Silber-Zinkerzgänge, welche auf der rechten Rheinseite so zahlreich auftreten, hier von untergeordneter Bedeutung sind, spielen die metasomatischen Lagerstätten und die Erzlager bzw. Imprägnationszonen eine hervorragende Rolle. Ein recht wichtiger Distrikt ist derjenige von Aachen (Fig. 73). Ein Komplex devonischer und karbonischer Schichten ist zu nordöstlich streichenden Sätteln und Mulden gefaltet und zum Teil übereinander geschoben, so daß Oberdevon, Kohlenkalk und produktives Karbon schmale nordöstlich streichende, miteinander abwechselnde Zonen bilden, in denen die jeweils älteren Glieder die Sättel, und die jüngeren die Mulden darstellen. Die Lagerstätten sind einerseits an die dolomitischen Kalkschichten der einzelnen Formatationsstufen, andererseits an Querstörungen gebunden, welche annähernd nordwestlich verlaufen. Von den Störungen aus ist der Kalk metasomatisch umgewandelt worden.

Im deutschen Gebiete unterscheidet man zwei Reviere, nämlich eins südwestlich der Stadt Aachen in der Nähe des neutralen Ländchens Moresnet (Konzessionsgebiet der Vieille Montagne) und ein zweites im Osten von Aachen bei Stolberg, wo die Aktiengesellschaft für Bergbau-, Blei- und Zinkfabrikation zu Stolberg und in Westfalen unter anderem die bedeutende Grube Diepenlinchen betreibt. Die Erze treten in devonischen Kalken und im Kohlenkalk auf. Wie bei fast allen metasomatischen Lagerstätten, ist die Form eine sehr unregelmäßige.

Die Mächtigkeit der Gangspalten, mit denen die metasomatischen Lagerstätten verknüpft sind, ist im widerstandsfähigeren Schiefer eine geringere als im leicht auflöslichen Kalkstein. An Erzen treten Zinksulfid — meist in Form der Schalenblende —, Bleiglanz und nur ausnahmsweise Schwefelkies und Markasit auf. In der Nähe der Tagesoberfläche sind die Erze zersetzt und zwar Zinkblende zu Galmei, Bleiglanz zu Weißbleierz, Bleivitriol usw., und Markasit zu Brauneisen. Infolge der umfangreichen Oxydationsprozesse spielt die Oxydationsmetasomatose auf diesen Lagerstätten eine bedeutende Rolle.

Das Mengenverhältnis von Zinkblende, Bleiglanz und Schwefelkies ist in den primären Teufen im Durchschnitt annähernd 30 zu 2 bis 4 zu 6 bis 25.

Die wirtschaftliche Bedeutung des Distriktes geht aus folgenden Zahlen hervor: Die preußischen Gruben der Altenberger Berggewerkschaftsgesellschaft (Eschbruch, Schmalgraf, Fossey, Lontzen) und ihre belgische Grube Mützhagen lieferten 1909 30948 t Haufwerk, welches 938 t Galmei, 12289 t Zinkblende und 800 t Bleiglanz ergab.

Die der Aktiengesellschaft für Bergbau-, Blei- und Zinkfabrikation zu Stolberg und in Westfalen gehörige Grube Diepenlinchen lieferte im Betriebsjahre 1910 an Aufbereitungserz 9611 t Zinkblende und 1626 t Bleiglanz.

Das zweite wichtige Blei-Zinkerz-Vorkommen der linken Rheinseite liegt am Nordrande der Eifel, beginnt im Norden zwischen Kommern und Mechernich und erstreckt sich am Bleiberge entlang über Kahlenberg und Dottel bis nach Call auf eine Länge von 9,4 km. Die Erze sind in eigenartiger Weise an den Bunt-

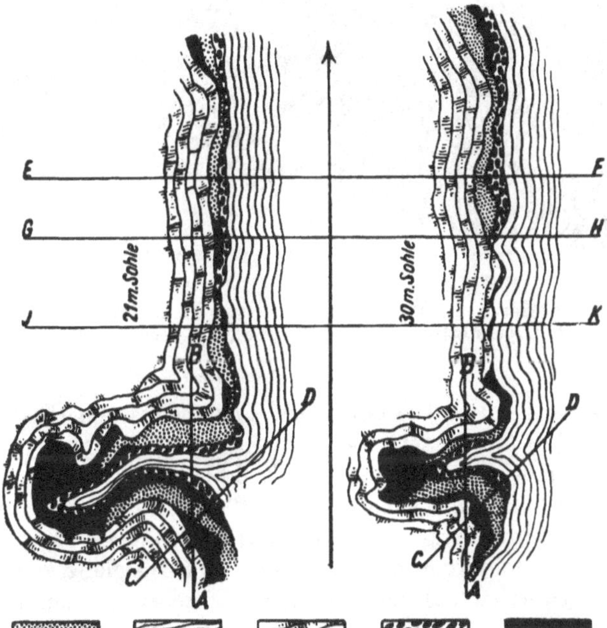

Fig. 73. Horizontalschnitt der Zink- u. Bleierzgrube St. Pauli bei Welkenreadt. (Nach Lagerstättenlehre von Beyschlag-Krusch-Vogt.)

sandstein gebunden, in welchem sie mehr oder weniger rundlich Konkretionen von meist nur mehreren Millimeter Durchmesser bilden. Die durch ein Erzbindemittel ausgezeichneten Konglomerate werden Wackendeckel genannt. Der milde Sandstein liefert dem Gewichte nach 0,15—1,5% Blei, welches 0,027% Silber enthält. 1 cbm Erz ergibt 2,5—25 kg Blei und 0,065 g Silber. Wenn die Gehalte auch gering sind, so ist die Verbreitung der Ablagerung, die aus zwei Knottenerzbänken besteht, doch bedeutend.

Der Bergbau der Knottensandsteine läßt sich bis zum Jahre 1629 verfolgen; seit 1852 wurde er mittels Tagebau betrieben, während neuerdings wieder der unterirdische Bergbau bevorzugt wird. Welche Bedeutung der Distrikt hat, dürfte daraus hervorgehen, daß in den 70er Jahren die Produktion an Blei 10—15000 t und die an Silber 2300 bis 3700 kg jährlich betrug. Der gegenwärtige Bergbau ist leider weniger umfangreich. Im Jahre 1900 wurden zu Mechernich 262126 cbm Knottensandsteine gefördert und daraus 22145 t Erz gewonnen (1 t Erz aus 11,84 cbm Haufwerk).

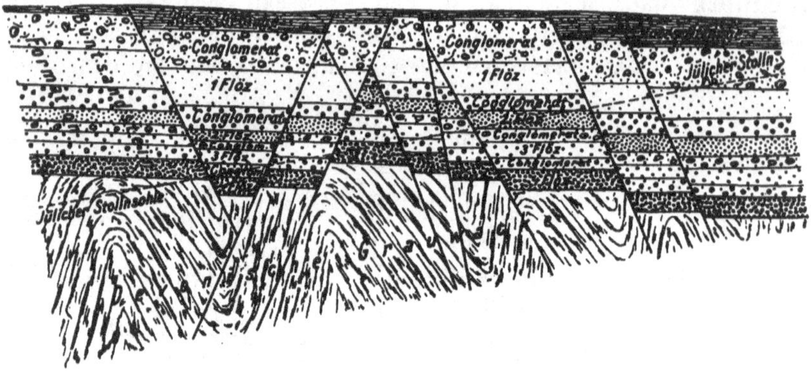

Fig. 74. Profil durch die Bleierzlagerstätte von Kommern und Mechernich. (Nach Lagerstättenlehre von Beyschlag-Krusch-Vogt.)

Die gesamte Produktion des linksrheinischen Distriktes erreichte im Jahre 1910 nach der Statistik des Reichsamts des Innern 138942 t silberhaltigen Bleiglanz und Zinkblende mit 13,3$^0/_0$ Zink und 2,9$^0/_0$ Blei und 382978 t silberhaltigen Bleiglanz mit 3$^0/_0$ Blei. Der Wert dieser Rohförderung betrug ca. 3911000 Mk.

Von dieser Rohförderung waren nur 20 t Bleiglanz mit ca. 45$^0/_0$ Blei direkt verwertbar. Beinahe die ganze Förderung gelangte zur Auf-

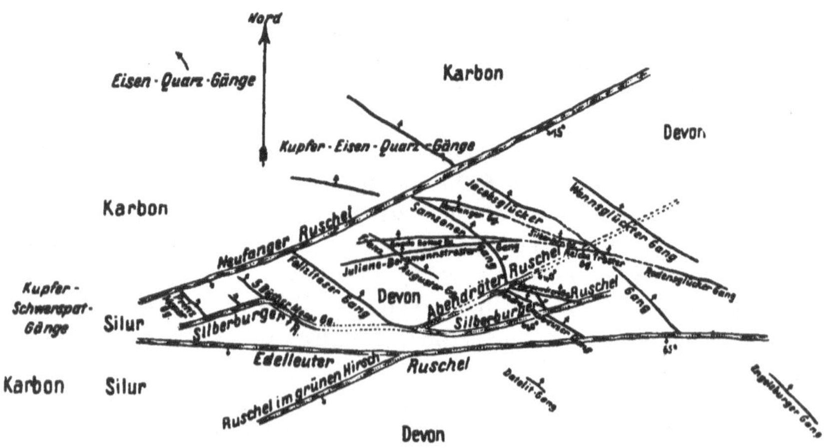

Fig. 75. Gangkarte von St. Andreasberg im Harz. (Nach Werner.)

bereitung. Hier wurden gewonnen an silberhaltigem Bleiglanz 3806 t mit 64,8% Blei und 17384 t mit 54% Blei und an Zinkblende 30083 t mit 41,3% Zink.

Von größerer Bedeutung ist in Deutschland nur noch der Harzer Bezirk. Während bis vor kurzer Zeit noch die Silbererzgänge von St. Andreasberg in Frage kamen, beschränkt sich der Betrieb gegenwärtig ausschließlich auf die Gänge des Clausthaler Plateaus, die in der Gegend von Grund, Wildemann, Clausthal, Lautenthal, Bockswiese und Schulenberg liegen, das ist ein Distrikt von 18 km Länge und 8 km Breite. Die Lagerstätten stellen zum größten Teil mit Erzen und Gang-

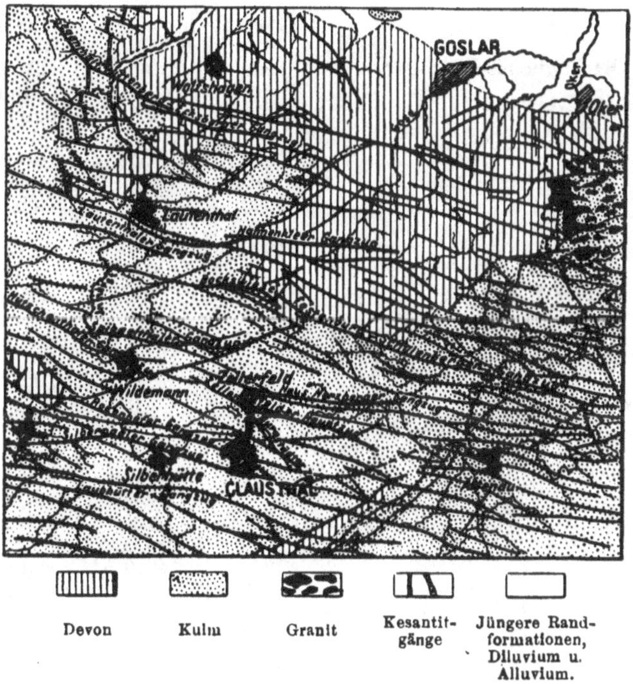

Fig. 76. Die Gangzüge des Clausthaler Plateaus.

arten ausgefüllte Verwerfungsspalten dar (Fig. 76). Sie streichen im allgemeinen ostsüdlich und sind zu Zügen vergesellschaftet, deren streichende Ausdehnung 8—10 oder noch mehr km beträgt. Das Nebengestein wird durchweg von den Schiefern und Grauwacken der Kulmformation gebildet.

Der Form nach liegen in der Regel zusammengesetzte Gänge im Sinne v. Cottas vor, die meist im Liegenden ein deutliches Salband zeigen. Ihre Mächtigkeit ist infolgedessen bedeutend; sie erreicht bis 40 m und hält bis zur erreichten Tiefe von ca. 910 m an.

Die Gangfüllung besteht vorzugsweise aus Bleiglanz mit 100 bis 3000 g Silber, Zinkblende, Kupferkies und Quarz. Die Beteiligung des

Förderung von Blei-, Silber- und Zinkerzen im Gebiete des Deutsch

Fortlaufende Nr.	Wirtschaftsgebiet		Zahl der in Förderung gewesenen Betriebe	Gattung der Erz
1	Linksrheinischer Bezirk	1909	10 (2)	silberhaltiger Bleigl und Zinkblende
		1910	10 (2)	desgl.
		1909	5	silberhaltiger Bleigl
		1910	4	desgl.
2	Rechtsrheinischer Bezirk . . .	1909	29	silberhaltiger Bleigl und Zinkblende
		1910	27	desgl.
		1909	6	silberhaltiger Bleigl
		1910	6	desgl.
		1909	1 (1)	Galmei
		1910	1 (1)	desgl.
3	Harzer Bezirk	1909	3	silberhaltiger Bleigl und Zinkblende
		1910	3	desgl.
		1909	5	silberhaltiger Bleigl
		1910	5	desgl.
4	Oberschlesischer Bezirk	1909	24	silberhaltiger Bleigl und Zinkblende
		1910	im Jahre 1909	desgl.
		1909	22	silberhaltiger Bleigl
		1910	im Jahre	desgl.
		1909	1910	Galmei
		1910		desgl.
5	Erzgebirgischer und Schwarzwaldbezirk	1909	6	Silbererze, silberhalti Bleiglanz und Zi blende, Galmei
		1910	6	desgl.
	Deutsches Reich	1909	89 (3)	Blei-, Silber- und Zi erze
		1910	84 (3)	desgl.

Anmerkung: Die Zahlen in der Klammer in Spalte 3 beziehen sich auf diejeni sind bei den Haupterzen gezählt.

Reiches in den Jahren 1909 und 1910 nach Wirtschaftsgebieten.

Jahresförderung von Roherz			Von der geförderten Roherzmenge sind ohne Aufbereitung oder mit Handaufbereitung abgesetzt worden		In der Aufbereitungsanstalt sind verarbeitet worden	Wert der in der Aufbereitungsanstalt verarbeiteten Roherze
Menge t	Durchschnittlicher Metallgehalt in %	Wert ab Grube 1000 Mk.	Menge nach dem Reintrockengewicht t	Durchschnittlicher Metallgehalt in %	Erze der eigenen Gruben t	1000 Mk.
136487	13,6	2390	—	—	131573	2575
	3,1					
138942	13,3	2753	—	—	141259	2904
	2,9					
350477	3,3	1158	49 Bleiglanz	63,3	334322	1149
382978	3,0	1178	20 Bleiglanz	45,0	369704	1177
554950	7,8	9378	495 Zinkblende	50,5	574112	9563
	2,7		132 Bleiglanz	58,3		
564329	69,9	9311	477 Zinkblende	47,0	574365	9430
	2,9		533 Bleiglanz	61,5		
33895	14,2	484	175 Bleiglanz	21,7	33710	470
23807	8,2	320	—	—	23792	318
1576	30,0	60	1576 Galmei	30,0	—	—
6284	23,1	138	2114 Galmei	21,7	4127	65
137198	8,8	2831	—	—	140738	2892
	2,6					
134732	11,0	3308	—	—	134479	3302
	2,6					
147121	8,1	2109	54174 Bleiglanz	8,0	88214	1149
130174	8,5	2205	48865 Bleiglanz	8,0	73186	1290
1272091	16,2	22348	9022 Zinkblende	42,1	1276741	24493
	4,4		22 Bleiglanz	68,2		
1295233	16,1	23548	4823 Zinkblende	39,8	1293738	26083
	4,0		6 Bleiglanz	66,7		
18699	3,3	64	11 Bleiglanz	72,7	18688	63
18613	3,3	55	6 Bleiglanz	83,3	18607	54
231316	12,9	1836	14837 Galmei	11,6	165793	1243
219623	13,9	2300	2938 Galmei	13,0	209989	1088
71967	—	908	991 edle Silber-	0,25	57408	760
	3,2		erze			
	2,6		1095 Galmei	20,4		
65145	—	858	816 edle Silber-	0,36	70321	726
	4,5		erze			
	2,6		514 Galmei	19,9		
2955777	—	43566	991 edle Silber-	0,25	2821299	44357
	10,6		erze			
	3,7		17508 Galmei	13,8		
			9517 Zinkblende	42,6		
			54563 Bleiglanz	8,3		
2979860	—	45974	816 edle Silber-	0,36	2913567	46437
	10,6		erze			
	3,4		5566 Galmei	16,9		
			5300 Zinkblende	40,4		
			49430 Bleiglanz	8,8		

Betriebe, die Blei- und Zinkerze neben anderen Erzen gewonnen haben. Diese Betriebe

Fortlaufende Nr.	Wirtschaftsgebiet	Jahr	Edle Silbererze: Menge nach dem Reintrockengewicht t	Edle Silbererze: Berechneter Silbergehalt t	Edle Silbererze: Durchschnittlicher Silbergehalt in %	Silberhaltiger Bleiglanz: Menge nach dem Reintrockengewicht t	Silberhaltiger Bleiglanz: Durchschnittlicher Bleigehalt in %	Zinkblende: Menge nach dem Reintrockengewicht t	Zinkblende: Durchschnittlicher Zinkgehalt in %	Galmei: Menge nach dem Reintrockengewicht t	Galmei: Durchschnittlicher Zinkgehalt in %
			In der Aufbereitungsanstalt sind gewonnen worden								
1	Linksrheinischer Bezirk . . .	1909	—	—	—	3464	65,0	28993	41,6	—	—
		1910	—	—	—	3806	64,8	30083	41,3	—	—
		1909	—	—	—	17243	53,0	—	—	—	—
		1910	—	—	—	17384	54,0	—	—	—	—
2	Rechtsrheinischer Bezirk . .	1909	—	—	—	21868	64,2	71129	44,9	—	—
		1910	—	—	—	22707	65,6	67641	44,7	—	—
		1909	—	—	—	3645	71,2	—	—	—	—
		1910	—	—	—	2687	62,8	—	—	—	—
		1909	—	—	—	—	—	—	—	—	—
		1910	—	—	—	—	—	—	—	1119	38,2
3	Harzer Bezirk	1909	—	—	—	4713	74,8	18819	54,2	—	—
		1910	—	—	—	4490	75,5	21474	54,9	—	—
		1909	—	—	—	9728	63,0	214	43,5	—	—
		1910	—	—	—	9479	65,9	202	39,6	—	—
4	Oberschlesischer Bezirk . . .	1909	—	—	—	57378	71,5	393733	37,3	—	—
		1910	—	—	—	53571	73,6	399116	39,1	—	—
		1909	—	—	—	745	63,0	—	—	—	—
		1910	—	—	—	660	64,9	—	—	—	—
		1909	—	—	—	—	—	—	—	107011	15,6
		1910	—	—	—	—	—	—	—	111501	14,2
5	Erzgebirgischer und Schwarzwaldbezirk	1909	272	0,35	0,13	3838	41,3	2217	45,4	—	—
		1910	268	1,17	0,44	3099	44,0	3030	45,5	—	—
	Deutsches Reich . . .	1909	272	0,35	0,13	122622	65,8	515105	39,2	107011	15,6
		1910	268	1,17	0,44	117883	67,2	521546	40,7	112620	14,4

Nebengesteins an der Ausfüllung der Gangspalten ist eine bedeutende. Die Struktur der Gänge ist meist eine lagenförmige seltener eine massige. Die Erze sind nicht regelmäßig verteilt, sondern bilden Erzfälle, d. h. in die Tiefe setzende Konzentrationszonen.

Die Bedeutung der Harzer Lagerstätten geht aus folgender Übersicht (s. S. 186) hervor.

Im Jahre 1908 lieferten 8 Gruben 265000 t Roherz (silberhaltiger Bleiglanz und Zinkblende) mit einem durchschnittlichen Metallgehalt von 7% Blei und 8,7% Zink. Das Erz hatte auf der Grube einen Wert von 4140000 Mk.

Im Jahre 1910 betrug nach der Statistik des Reichsamts des Innern die Förderung an silberhaltigem Bleiglanz und silberhaltiger Zinkblende 134732 t mit 11% Zink und 2,6% Blei und außerdem an silberhaltigem Bleiglanz 130174 t mit 8,5% Blei. Der Gesamtwert der Rohförderung wird zu 5,5 Mill. Mk. ab Grube angegeben. Von dieser Rohförderung waren 48865 t sofort absetzbar, obgleich sie nur 8% Blei enthielten. Der Rest kam in die Aufbereitung und lieferte (s. S. 188) an silberhaltigem Bleiglanz 4490 t mit 75,5% Blei und 9479 t mit 65,9% Blei, außerdem an Zinkblende 21474 t mit 54,9% Zink und 202 t mit 39,6% Zink.

Die oben nicht skizzierten Blei-Zinkerz-Lagerstätten Deutschlands haben nur eine geringe Bedeutung. Der früher so wichtige erzgebirgische Bezirk (Gänge im Gneis) und der Schwarzwaldbezirk zusammen hatten z. B. im Jahre 1910 (s. S. 186) eine Förderung von 65145 t Roherz mit 4,5% Zink und 2,6% Blei im Werte von 858000 Mk. Der Freiberger Distrikt, welcher in früheren Zeiten zu den bedeutendsten Blei-Silber-Zinkerz-Distrikten der Welt gehörte, ist leider so gut wie abgebaut.

c) Die für Deutschland in Frage kommenden fremden Lagerstätten.

An erster Stelle stehen die Vorkommen von Broken Hill in Neu-Südwales (Australien), die in hochgradig umgewandelten altpaläozoischen Schiefern auftreten. Die Lagerstätten haben im Querschnitt die Form von Sätteln. Die Ausfüllung besteht im unzersetzten tieferen Teile aus einer massigen bis dichten Verwachsung von Bleiglanz und Zinkblende, die sich durch einen erheblichen Silbergehalt auszeichnet.

An der Ausfüllung beteiligen sich Quarz, Granat und Rhodonit reichlich. Sie stammen zum Teil aus dem Nebengestein, dessen charakteristische Bestandteile Granat-Quarzgesteine sind. Bei der Zersetzung durch den Einfluß der Atmosphärilien entstand zunächst der Tagesoberfläche ein eiserner Hut von erheblicher Höhe. Unter ihm liegen die Kaolinerze. Es sind Anhäufungen von durch Zersetzung aluminiumhaltiger Silikate entstandenem Kaolin, der von den sekundären Silber- und Bleilösungen durchtränkt wurde und ihnen zum großen Teil den Schwermetallgehalt entzog. Die Kaolinerze liegen auf den Zementationserzen,

Förderung von Blei-, Silber- und Zinkerzen im Gebiete des Deutschen Reiches in den Jahren 1909 und 1910 nach der mineralogischen Bezeichnung und dem Silbergehalt.

Mineralogische Bezeichnung der Erze		Jahresförderung von Roherz: Menge t	Jahresförderung von Roherz: Durchschnittlicher Metallgehalt in %	Von der geförderten Roherzmenge sind ohne Aufbereitung oder mit Handaufbereitung abgesetzt worden: Menge nach dem Reintrockengewicht %	Durchschnittlicher Metallgehalt in %	In der Aufbereitungsanstalt sind verarbeitet worden Erze der eigenen Gruben t	In der Aufbereitungsanstalt sind gewonnen worden: Edle Silbererze: Menge nach dem Reintrockengewicht t	Edle Silbererze: Durchschnittlicher Silbergehalt in %	Silberhaltiger Bleiglanz: Menge nach dem Reintrockengewicht t	Silberhaltiger Bleiglanz: Durchschnittlicher Bleigehalt in %	Zinkerze (Zinkblende, Galmei): Menge nach dem Reintrockengewicht t	Zinkerze: Durchschnittlicher Zinkgehalt in %
Silbererz, zum Teil gemischt mit silberhaltigem Bleiglanz und Zinkblende.	1909	50596	— 2,7	991 edle Silbererze	0,25	37132	272	0,13	2730	43,3	152	26,3
	1910	42284	2,2	816 Silbererze	0,36	47973	268	0,44	2073	46,1	116	21,0
Silberhaltiger Bleiglanz und Zinkblende mit einem Silbergehalt auf die Tonne:												
bis 50 g	1909	277441	10,9 2,1	—	—	283949	—	—	5332	68,3	54581	35,6
	1910	190421	10,9 2,0	320 Zinkblende 480 Bleiglanz	44,1 60,8	193180	—	—	2658	69,9	39775	34,1
50—100 g.	1909	60870	7,4 3,1	—	—	61804	—	—	2173	70,8	7824	44,8
	1910	165871	9,5 2,6	—	—	166871	—	—	3905	75,4	25014	41,7
100—250 g.	1909	1135906	16,8 4,7	9247 Zinkblende 84 Bleiglanz	42,3 53,6	1132925	—	—	55562	72,1	366735	37,9
	1910	1208143	16,5 4,0	4980 Zinkblende 6 Bleiglanz	40,2 66,7	1227102	—	—	52571	74,1	380134	40,0
250—500 g.	1909	280315	10,6 2,4	38 Zinkblende	50	296708	—	—	8608	68,6	40777	46,5
	1910	212636	8,7 3,1	—	—	213483	—	—	8391	68,3	29192	44,6

über 500 g	1909	362619	7,7	232 Zinkblende	53,9	364203	—	—	16120	64,1	44822	47,4
			3,3	70 Bleiglanz	67,1							
	1910	375604	8,2			362645	—	—	17467	66,0	47113	48,4
			3,2	53 Bleiglanz	67,9							
Silberhaltiger Bleiglanz mit einem Silbergehalt auf die Tonne:												
bis 50 g	1909	77752	8,3	54223 Bleiglanz	8,0	—	—	—	—	—	—	—
	1910	70565	8,2	48885 Bleiglanz	8,0	250	—	—	22	59,1	—	—
50—100 g.	1909	12461	21,6	—	—	12461	—	—	2732	74,2	—	—
	1910	12764	11,7	—	—	12764	—	—	2544	51,5	—	—
100—250 g.	1909	335737	3,0	—	—	335737	—	—	15509	50,8	—	—
	1910	366015	2,3	—	—	366015	—	—	15694	52,1	—	—
250—500 g.	1909	175	21,7	175 Bleiglanz	21,7	—	—	—	—	—	—	—
	1910	18613	3,3	6 Bleiglanz	83,3	18607	—	—	660	64,9	—	—
über 500 g	1909	127918	7,6	11 Bleiglanz	72,7	130587	—	—	13856	59,1	214	43,5
	1910	90523	8,7	—	—	90561	—	—	11898	61,8	202	39,6
Galmei	1909	233987	13,0	17508 Galmei	13,8	165793	—	—	—	—	107011	15,6
	1910	226421	14,1	5566 Galmei	16,9	214116	—	—	—	—	112620	14,4
Deutsches Reich	1909	2955777	—	991 edle Silbererze	0,25	2821299	272	0,12	122622	65,8	622116	35,2
			10,6		13,8							
			3,7	17508 Galmei	42,5							
				9517 Zinkblende	8,3							
				54563 Bleiglanz								
	1910	2979860	—	816 edle Silbererze	0,36	2913567	268	0,43	117883	67,2	634166	36,1
			10,6		16,9							
			3,4	5566 Galmei	40,4							
				5300 Zinkblende	8,6							
				49430 Bleiglanz								

und zwar:

	Galmei	
1909. . . .	107011	15,6
1910. . . .	112620	14,4
	Zinkblende	
1909. . . .	515105	39,2
1910. . . .	521546	40,7

welche eine trennende Schicht zwischen jenen und der primären Lagerstätte bilden. Sie zeichnen sich durch einen hohen Silbergehalt aus.

Die Genesis des Vorkommens ist noch heute recht umstritten, die Lagerstätte wird von mir als eine kontaktmetamorphe angesehen (s. S. 58). Auf die Entstehung durch Schwermetallösungen, die

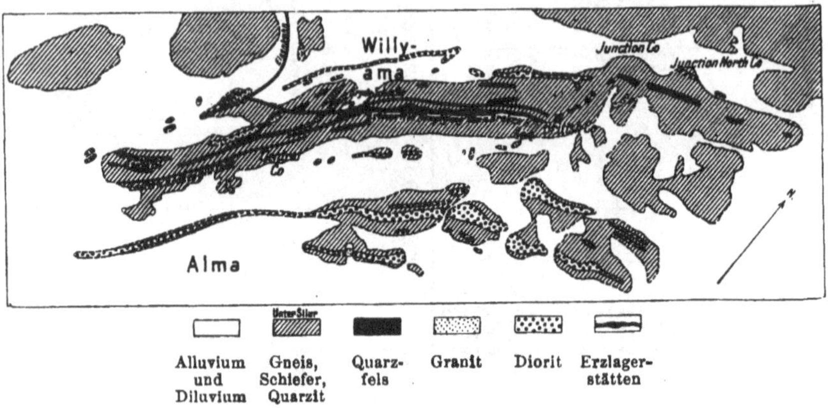

Fig. 77. Karte des Broken Hill-Gebietes. (Nach Jaquet.)

unmittelbar aus dem eruptiven Magma austraten, deuten das Vorkommen von Rhodonit und Granat hin; sie gehören zur Gruppe der sogenannten Kontaktmineralien.

Wegen der engen Vergesellschaftung von Blei, Zink, Granat, Rhodonit und Quarz ist die Aufbereitung der Erze eine recht schwierige. Bei den Broken Hill-Erzen versagte die gewöhnliche nasse Aufbereitung, und man war deshalb gezwungen, zu den magnetischen bzw. Öl- und Säureprozessen überzugehen.

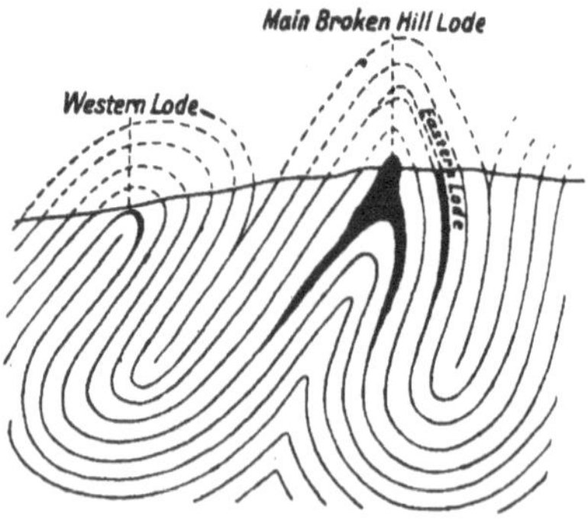

Fig. 78. Profil der Main Broken Hill- und Western Broken Hill-Lagerstätten.

Da Blei, Silber und Zink auf engste vergesellschaftet bei Broken Hill auftreten, kommt die Lagerstätte bei allen drei Schwermetallen als eine der bedeutendsten der Welt in Frage.

Die Zinkproduktion von Broken Hill ist ungefähr $^1/_5$ der Gesamtweltproduktion (siehe Tabelle Seite 199). Das Ausbringen an Zinkkonzentraten stieg von 57602 t im Jahre 1904 auf 468627 t im Jahre 1910, der Durchschnittsgehalt beträgt 47 % Zink. Von dieser Gesamtmenge wurden 120000 t von der Minerals Separation Co., 70000 t von der Sulphide Corporation, 87500 t von der Zinc Corporation und 95000 t von der Amalgamated Zinc produziert.

Die Minerals Separation Co. verarbeitete alte Rückstände, so daß die zukünftige Produktion geringer sein dürfte als diejenige im Jahre 1910.

Die Produktion von silberhaltigem Blei hatte in Neu-Südwales, und zwar hauptsächlich infolge der reichen Erträge der Broken Hill-Lagerstätten 3399674 £ Wert.

Wie in dem Kapitel über den deutschen Konsum gezeigt wurde, stammt bei weitem die größte Menge der eingeführten Blei- und Zinkerze aus dem Broken Hill-Distrikt.

Die Ermittelung der Quellen der deutschen Silbereinfuhr stößt auf recht bedeutende Schwierigkeiten. Zur Orientierung möchte ich aber nicht verfehlen, auf einige der Hauptsilberdistrikte der Welt mit wenigen Worten einzugehen.

Mexiko ist das silberreichste Land der Erde, welches gegenwärtig die höchste Silberproduktion aufweist. Die Lagerstätten sind an junge Eruptivgesteine gebunden, die hier große Gebiete einnehmen. Die Zone der Silbererzgänge erstreckt sich längs der Sierra Madre besonders an ihrem westlichen Abhange entlang und weiter südlich auf das zentrale von Bergketten umrahmte Hochplateau zu. Viele Erzgänge treten als Fortsetzung dieser Zone weiter westsüdwestlich im Staate Oaxaca auf, so daß die Länge der Erzzone innerhalb Mexikos nicht weniger als 2200 km beträgt.

Auf den Erzgängen ist Gold immer, wenn auch in ziemlich geringer Menge vorhanden, und zwar häufig ein Teil Gold auf 400 bis 140 Teile Silber. Der im Rhyolithporphyr aufsetzende Hauptgang der Grube Promontorio im Staate Durango lieferte vom 5. Dezember 1896 bis 18. August 1906 179,1 t Silber und 493,2 kg Gold. In demselben Gebiete treten neben den tertiären Silbererzgängen auch tertiäre Goldgänge auf. Hierher gehört beispielsweise der wichtigste Goldproduzent Mexikos, El Oro, ca. 100 km westnordwestlich von der Stadt Mexiko. Bleiglanz und Zinkblende treten neben den Gold- und Silbererzen auf den meisten Silbererzgängen auf und nehmen namentlich nach der Tiefe zu. Die Gesamtproduktion Mexikos schätzt man von 1851—1909 auf ca. 122500 t Silber und ca. 450 t Gold. Im Jahre 1910 betrug die Produktion Mexikos 2299,9 t Silber, 33,7 t Gold und 110000 t Blei.

Der mexikanische Bergbau ist sehr alt. Schon bei der Ankunft von Cortes im Jahre 1519 und 1520 fand man riesenhafte Schätze von Edelmetall bei den Azteken. Es begann dann der Bergbau bei Pachuca 1522, bei Zacatecas 1546, bei Durango und Guanajuato 1558. Zur Zeit der spanischen Verwaltung entwickelte sich der Bergbau auf Silber und Gold bedeutend; während und nach den Abhängigkeitskriegen folgte ein Rückgang und hierauf eine neue Blütezeit, die in den letzten 20 Jahren infolge des Baues vieler Eisenbahnen besonders intensiv war. Die hauptsächlichsten Silberdistrikte sind Pajuca und Real del Monte, 90 km nordöstlich Guanajato, ferner Veta Madre, 275 km, Zacatecas und Veta Grande, 525 km nordwestlich von Mexiko, außerdem Fresnillo im Staate Zacatecas, Catorze im Staate San Luis Potosi und Santa Eulalia im Staate Chihuahua.

Die mexikanischen Gänge sind ein vorzügliches Beispiel nicht nur für die sekundären, sondern auch für die primären Teufenunterschiede; denn in der unter den Zementationserzen folgenden primären Zone ist die Abnahme des Silbergehaltes nach der Tiefe bei den meisten Gruben unverkennbar.

Ähnliche Gänge liegen in den Cordilleren Südamerikas. So lieferte

Peru von 1533—1910	35000 t Silber
Bolivien von 1545—1910	48800 „ „
Chile von 1545—1910	6600 „ „

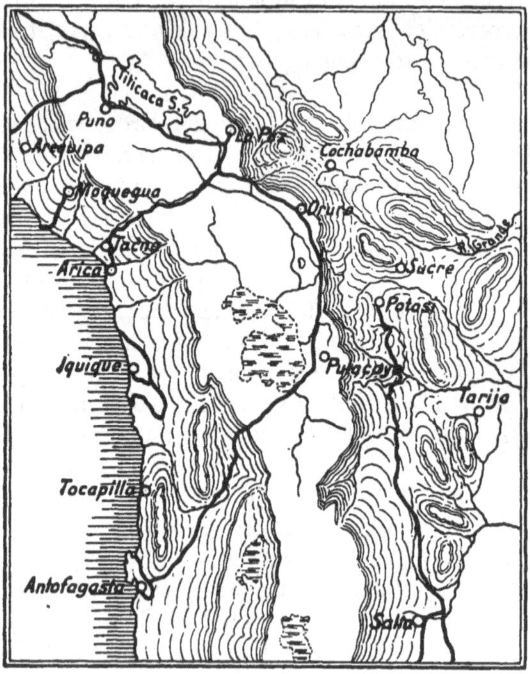

Fig. 79. Der Silber- und Silber-Zinnerzdistrikt Boliviens.

Im Jahre 1910 betrug die Silberproduktion bei

Kolumbien	43 t
Bolivien	218 „
Peru	218 „
Chile	202 „
Argentinien	2 „
Ecuador	2 „

Ein Teil der Silbererzgänge Boliviens führt Zinn. Hierauf komme ich bei dem Abschnitt über Zinn zurück, da die Erze zum großen Teil in Deutschland verarbeitet werden (Fig. 79).

Das Tonopah-Silberfeld in Nevada (Fig, 80) wurde 1900 entdeckt und liegt in ca. 1800 m Meereshöhe. Es gehört dem Westrande des Great Basin an. Die Lagerstätten sind gangförmig und treten in tertiären Eruptivgesteinen auf. Sie führen edle Silbererze mit etwas

Kupferkies, Schwefelkies und sehr wenig Bleiglanz und Zinkblende. Gangarten sind namentlich Quarz außerdem wenig Kalkspat usw. In der Nähe der Tagesoberfläche sind die Gänge zersetzt, und es haben sich sehr silberreiche Zementationszonen gebildet. Die Lagerstätten gehören zu den jungen Gold-Silbergängen; das Nebengestein ist stark propylitisiert.

Trotzdem der Distrikt erst vor 12 Jahren entdeckt wurde, lieferte er im Jahre 1908 nicht weniger als 7172396 Unzen = ca. 223 t.

Da die Erze goldhaltig sind, zeichnen sich die Gruben zu gleicher Zeit durch eine Goldproduktion aus, die in dem genannten Jahre 1624475 $ betrug. Das Verhältnis von Gold zu Silber ist also annähernd 1:100.

Japan. Über die Silbererzgruben Japans haben wir erst in den letzten Jahren Genaueres erfahren, da die frühere Literatur fast ausschließlich japanisch ist. Auch hier gehören die Lagerstätten der jungen Gold-Silbergruppe an, sind also an junge Eruptivgesteine gebunden. Der japanische Silbererzbergbau hat sich in den letzten Jahrzehnten außerordentlich gehoben. Während im Jahre 1870 nur 7,63 t Silber gewonnen wurden, betrug die Produktion im Jahre 1910 143,597 t neben 4,284 t Gold.

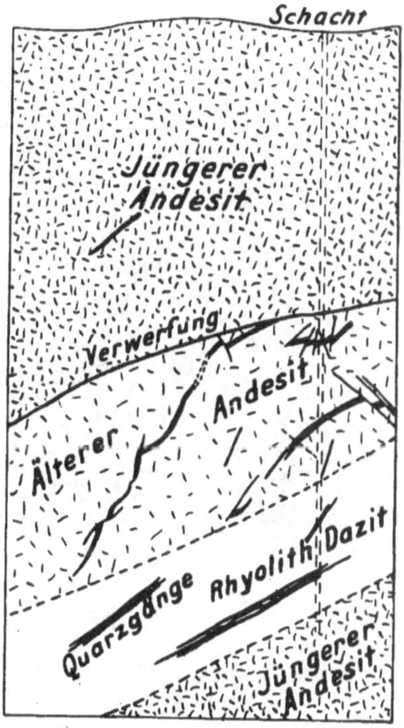

Älterer Andesit mit den Erzgängen. — Jüngerer Andesit. — Intrusiver Rhyolith-Dazit mit Erzgängen.

Fig. 80.
Profil durch die Montano-Tonopahgrube. (Beyschlag-Krusch-Vogt.)

Temiskaming in Canada. Einen wesentlich anderen Charakter haben die Silberlagerstätten von Temiskaming in Canada, welche im Jahre 1903 bei dem Bau einer Eisenbahn entdeckt wurden. Sie liegen im Westen am Nordrande des Temiskamingsees an der Grenze der Provinzen Ontario und Quebec.

Die steil stehenden und in sehr bedeutender Zahl auftretenden Erzgänge durchsetzen hauptsächlich die Konglomerate und Grauwacken des unteren Huron. Schon im Jahre 1909 hatte man ein ca. 20 qkm großes Gebiet in größerer und geringerer Entfernung von der neuen Stadt Cobalt als erzführend erkannt. Die Erzgänge haben im Durchschnitt nur 10 bis 15 cm, ihre Mächtigkeit schwankt im ganzen zwischen Messerrückenstärke und etwas über $^1/_2$ m. Die Ausfüllung besteht aus reichem und kompaktem Erz mit wenig Kalkspat und Quarz als Gangart. Die wichtigsten Erze sind Gediegen Silber, etwas Gediegen Wismut und arsenidische Kobalt- und Nickelerze. Die Zusammensetzung des durch Handscheidung gewonnenen Erzes ergibt einen abnorm hohen Silbergehalt von über 4%, nämlich 42—48 kg pro t Erz, außerdem 7 bis über 8% Kobalt und 3—5% Nickel. Eine Beziehung zu jungen Eruptivgesteinen ist nicht nachweisbar, so daß man die Gänge zur alten Blei-Silber-Zinkerzgruppe rechnen muß.

Namentlich in der Nähe der Tagesoberfläche ist der Silbergehalt ein ganz enormer, so daß kleinere Erzmengen mit 25% Silber, das sind 250 kg pro t, verkauft wurden.

Fig. 81. Kobalt-Hill-Gang. Gangspalte mehrmals im Einfallen verschoben bei nicht zerrissener Erzfüllung. Kobaltdistrikt. (Krusch, Untersuchung u. Bewertung. S. 331.)

Von der Gesamtmenge der in den Jahren 1904—1910 gewonnenen Metalle kommen 48368333 Dollar auf Silber und der Rest, also noch nicht 2%, auf die übrigen Metalle. Nach nur siebenjährigem Betriebe hat Temiskaming rund 2900 t Silber geliefert, das ist mehr als Freiberg im ganzen 19. Jahrhundert; im Jahre 1910 war Temiskaming mit rund 14% an der Silberproduktion der Welt beteiligt.

d) Marktverhältnisse und Weltproduktion.

1. Silber. Die Weltproduktion an Silber geht bis 1907 aus Tabelle Seite 197 hervor. Die Gesamt-Hüttenproduktion beträgt im Jahre 1910 ca. 7400 t, davon kommen auf Deutschland 420, auf Europa ca. 1507, auf Mexiko 1055 und auf Canada 509 t.

Die Bergwerksproduktion liegt gegenwärtig nur bis zum Jahre 1909 vor. Demnach hat Deutschland in silberhaltigen Erzen 165,9,

Europa 463,9, Mexiko 2299, die Vereinigten Staaten 1702, Mittel- und Südamerika 570 und Canada 867 t; Japan ist mit 133 t beteiligt. Die Gesamt-Bergwerksproduktion beträgt 6593 t.

Die Silberpreise sind von den verschiedensten Einflüssen abhängig, wie ich auf Seite 31 ausführte. Hierbei spielte die Neuentdeckung der gewaltigen Silbererzlagerstätten Mexikos und die Einführung der Goldwährung in vielen Ländern eine wesentliche Rolle, und schließlich macht sich auch heute noch der Einfluß eines Krieges in Ostasien erheblich bemerkbar.

Silberproduktion (Hüttenproduktion und Bergwerksproduktion.)[1]

Metrische Tonnen.

Länder	1907		1908		1909		1910
Deutschland	387,0	*158,3*	407,2	*154,6*	400,6	*165,9*	420,0
Großbritannien	528,1	*4,3*	623,2	*4,2*	619,8	*14,3*	536,1
Frankreich	47,0	*22,4*	61,0	*24,7*	63,7	*18,4*	60,0
Österreich-Ungarn	49,1	*55,0*	46,9	*55,1*	50,5	*31,1*	63,1
Belgien	177,0	—	225,8	—	271,3	—	264,7
Spanien u. Portugal	100,0	*127,4*	165,0	*129,9*	153,6	*148,3*	134,9
Italien	19,8	*23,0*	21,3	*21,0*	20,5	*24,5*	14,2
Rußland	5,0	*4,0*	4,2	*4,1*	4,1	*4,1*	4,9
Schweden	1,0	*1,0*	0,6	*1,1*	0,5	*0,9*	—
Norwegen	7,0	*6,3*	7,0	*7,0*	8,3	*6,6*	8,1
Türkei	1,5	*16,0*	1,5	*17,0*	1,5	*23,7*	1,5
Griechenland	—	*26,0*	—	*25,8*	—	*25,8*	—
Serbien	—	—	—	—	—	*0,3*	—
Zus. Europa	1322,5	*443,7*	1563,7	*444,5*	1594,4	*463,9*	1507,5
Ver. Staaten von Amerika	3555,1	*1757,8*	3669,8	*1631,1*	3877,8	*1702,1*	3891,9
Mexiko	800,0	*1901,9*	980,0	*2291,3*	1010,4	*2299,9*	1055,6
Zentral- und Südamerika	200,0	*552,3*	200,0	*574,3*	200,0	*570,2*	200,0
Canada	20,0	*397,5*	347,3	*687,6*	442,9	*867,1*	509,2
Zus. Amerika	4575,1	*4609,5*	5197,1	*5184,3*	5531,1	*5439,3*	5656,7
Australien	124,4	*593,6*	85,5	*534,2*	83,2	*508,8*	129,1
Japan	91,2	*88,2*	90,0	*118,2*	100,0	*133,1*	143,6
Ostindien	—	*10,0*	—	*15,9*	—	*14,5*	—
Afrika	—	*24,6*	—	*39,6*	—	*33,5*	—
Gesamt-Prod.	6113,2	*5773,6*	7003,6	*6336,7*	7336,6	*6593,1*	7436,9
Durchschn. Jahresprod. in Pence per Unze fein	32 6/10		26 1/3		25 5/8		26 5/8
Wert d. Prod. in 1000 Mk.	544700		504500		514500		541900

Während der Silberwert bis zum Jahre 1872 meist über 60 Pence (à 4 Pf.) per Unze Standard (31,1 g) war, ist er seitdem fast ständig gefallen; die Preise für die letzten 12 Jahre gehen aus folgender Zusammenstellung hervor:

[1] Die geraden Zahlen geben die von der Metallgesellschaft berechnete Hüttenproduktion an, die schrägen Zahlen die Bergwerksproduktion nach den Angaben des Münzdirektors der Vereinigten Staaten von Amerika.

1900	$28^1/_4$	Pence	per	Unze	Standard
1901	$27^3/_{16}$	„	„	„	„
1902	$24^1/_8$	„	„	„	„
1903	$24^3/_4$	„	„	„	„
1904	$26^2/_5$	„	„	„	„
1905	$27^4/_5$	„	„	„	„
1906	$30^7/_8$	„	„	„	„
1907	$30^3/_{16}$	„	„	„	„
1908	$24^2/_5$	„	„	„	„
1909	$23^3/_4$	„	„	„	„
1910	$24^2/_3$	„	„	„	„
1911	$24^4/_5$	„	„	„	„

2. Blei. Die Weltproduktion an Rohblei und das Verhältnis Deutschlands zu den übrigen Ländern ergibt sich aus Tabelle S. 199. Demnach betrug die Weltproduktion im Jahre 1910 1139700 t, Deutschland lieferte hierzu 159900 t.

Auch der Bleipreis unterliegt bedeutenden Schwankungen, er betrug beispielsweise im Jahre 1908 über 13 £, im Jahre 1894 9 £ 11 sh und im Jahre 1911 14 £ 3 sh 9 pence.

Die Preise von englischem Blei in London per lt (1016 kg) gehen aus folgender Übersicht hervor:

1900	17 £	3 sh	7 d
1901	12 „	14 „	1 „
1902	11 „	5 „	3 „
1903	11 „	14 „	9 „
1904	12 „	2 „	10 „
1905	13 „	17 „	7 „
1906	18 „	4 „	1 „
1907	19 „	12 „	5 „
1908	13 „	14 „	9 „
1909	13 „	6 „	$^1/_2$ „
1910	13 „	3 „	— „
1911	14 „	3 „	9 „

3. Zink. Die Weltproduktion an Rohzink und die Stellung Deutschlands im Vergleich zu den übrigen Ländern ergibt sich aus der Tabelle S. 199.

Sie beträgt demnach im Jahre 1911 895400 t, davon entfallen auf Europa 626205 und auf Deutschland 250393 t. Von der deutschen Produktion lieferten Rheinland-Westfalen 81458 und Schlesien 156174 t; die Vereinigten Staaten haben 267472 t.

Der Verbrauch in Deutschland steht (nach der Metallgesellschaft usw.) im Jahre 1911 mit 221800 t an zweiter Stelle, denn die die erste Stelle einnehmenden Vereinigten Staaten haben nur 253300 t. Es folgten Großbritannien mit 175700, Frankreich mit 82000, Belgien mit 64900 und Österreich-Ungarn mit 43500 t.

Bei der Bewertung der Erze spielt, je nach dem Erdteil und je nach der Lage der Hütte, die Fracht eine wesentliche Rolle. In allen Fällen wird der augenblickliche Metallpreis zugrunde gelegt, von dem man einen erheblichen Schmelzkostenabzug macht.

Man bezahlt beispielsweise für 61%igen Bleiglanz bei einem Bleipreis von 20 £ statt 400 Mk. nur 360 Mk. und für den Silbergehalt bei

Produktion von Rohblei (Nach Metallgesellschaft usw).

Metrische Tonnen.

Länder	1908	1909	1910	1911
Spanien	183300	184000	191900	171600
Deutschland	164100	167900	159900	161300
Frankreich	26100	26900	20200	23000
Großbritannien	29700	28200	29600	27100
Belgien	35700	40300	40700	30800
Italien	26000	22100	14500	16700
Österreich-Ungarn	14600	14000	17500	19600
Griechenland	16000	15300	16800	14300
Schweden	300	200	400	2600
Rußland	100	800	1200	1000
Türkei (asiatische)	11800	12100	12700	12400
Vereinigte Staaten	318400	353600	380600	384600
Mexiko	110000	118000	120700	120000
Canada	17100	20800	15000	10700
Japan	2900	3400	3500	3500
Australien	119000	77200	98800	99600
Übrige Länder	500	5800	15700	19000
insgesamt	1077100	1092600	1139700	1117800
Jahresdurchschnittspreis von fremdem Blei in London £	13.10.5	13.1.8	12.19.—	14.3.9
Wert der Prod. in 1000 Mk.	293100	285500	295000	—

Produktion von Rohzink.

Zusammengestellt von Henry R. Merton & Co., Ltd., London.

Metrische Tonnen.

Länder	1908	1909	1910	1911
Deutschland	216876	220080	227747	250393
Rheinland-Westfalen	73203	75173	78765	81458
Schlesien	140183	139690	140249	156174
Belgien	165019	167100	172578	195092
Holland	17257	19548	20975	22733
Großbritannien	54473	59350	63078	66954
Frankreich und Spanien	55819	56118	59141	64221
Österreich und Italien	12761	12638	13305	16876
Rußland	8839	7945	8631	9936
Produktion in Europa	531044	542779	565455	626205
Ver. St. von Amerika	189941	240446	250627	267472
Australien	1087	—	508	1729
Zusammen	722100	783200	816600	895400
Jahresdurchschnittspr. £	20.3.6	22.3.—	23.0.—	25.3.2
Wert der Prod. in 1000 Mk.	297200	348800	377700	453000

einem Silberpreis von 79,75 Mk. $7^3/_4$ Pf. per g. Während bei Bleiglanz die Blei- und Silberverluste sehr gering sind, können bei anderen Silbererzen ganz erhebliche Edelmetallverluste eintreten, so daß der Silbergehalt nur niedrig bewertet werden kann. Die Beschaffenheit der Erze spielt also bei Silber eine große Rolle.

Der Zinkgehalt bei Zinkerzen kann nicht voll bezahlt werden, da bei der Zinkverhüttung ein erheblicher Verlust eintritt. Die Hütte zieht bei der Zinkblende von dem Zinkgehalt zunächst 8% ab und bezahlt von dem Zinkpreis nur $^{95}/_{100}$. Indessen wird auch dieser Preis noch nicht voll vergütet, sondern es erfolgt noch ein Hüttenkostenabzug, welcher in der Regel zwischen 40 und 60 Mk. pro t Erz schwankt.

Als Beispiel kann also dienen, daß ein Bleiglanz mit 61% Blei bei einem Bleipreise von 20 £ mit 260 Mk. per t bewertet wird; wenn das Erz 100 g Silber enthält und der Silberpreis 79,75 Mk. per kg ist, bekommt man für den Silbergehalt noch 100×7,75 Pf. = 7,75 Mk. Für eine Zinkblende mit 45% Zink wird bei einem Zinkpreise von 24 £ 12 sh 6 d 115,10 Mk. für die Tonne bezahlt.

VII. Die Versorgung Deutschlands mit Nickel- und Kobalterzen, Nickel und Kobalt.

a) Deutschlands Lage auf dem Nickel- und Kobalterzmarkte.

Da die Nickel- und Kobalterze aufs engste miteinander verknüpft vorkommen, ist es angebracht, beide in einem Kapitel zu behandeln.

Die amtliche Statistik des Reichsamts des Innern gibt zwar keine genauen Zahlen über die Nickel und Kobalterzproduktion an, da die Zinn-, Kobalt-, Nickel- und Wismuterze zusammengefaßt sind. Jedenfalls geht aber aus den Zahlen hervor, daß Deutschland keine bedeutende Rolle bei der Kobalt- und Nickelerzproduktion spielt.

Eine andere Quelle gibt (siehe Seite 201) eine Nickelerzproduktion von 10042 t im Jahre 1910 im Werte von 200840 Mk. an. Diese Erze haben im allgemeinen nur einen Nickelgehalt von 2—3% und dürften hauptsächlich die Produktion von Frankenstein i. Schl. darstellen.

Die Einfuhr von fremdem Erz beträgt ca. 52000 t mit einem Nickelgehalt von 6—7%; die Ausfuhr ist ganz unbedeutend. Legt man bei den deutschen Erzen einen Nickelgehalt von 2,5% zugrunde, so konnten sie ca. 250 t Nickel liefern.

Die Nickelproduktion Deutschlands erreichte im Jahre 1910 4500 t. Über die Einfuhr und die Ausfuhr an Nickel stehen keine Zahlen zur Verfügung. Beide sind aber mutmaßlich unbedeutend, und die vom Nickelring regulierte Produktion dürfte annähernd gleich dem Verbrauch sein.

Nimmt man die eingeführten neukaledonischen Erze im Durchschnitt zu 6,5% an, so würden sie in der Lage sein, 3380 t Nickel zu liefern; die deutsche Produktion reicht, wie oben gezeigt wurde, für ungefähr 250 t aus. Da die Nickelproduktion 4500 t beträgt, müssen 870 t aus anderer Quelle stammen.

Deutschland kann mit einheimischen Erzen nur ca. $^{1}/_{18}$ des Konsums decken.

Kobalt. Deutschland hat so gut wie keine eigenen Kobalterze. Die geringe Menge, welche man auf sächsischen Gruben produziert, wird in den sächsischen Blaufarbenwerken verarbeitet und geheim gehalten. Auch über die Aus- und Einfuhr von Kobalterzen beobachtet man das strengste Stillschweigen, so daß nur bekannt ist, daß der größte Teil von Kobalterzen aus Neukaledonien stammt (Asbolan). — In den letzten Jahren erhielt Neukaledonien einen ernsthaften Konkurrenten in dem „Kobalt"distrikt in Canada.

Produktion, Ein- und Ausfuhr Deutschlands an Nickelerz, Nickel und Kobalt.

Nickel.

I. Nickelerz.

A. Produktion mit metr. t				B. Einfuhr in metr. t		C. Ausfuhr in metr. t	
1909		1910		1909	1910	1909	1910
10086	Wert 201720 Mk.	10042	Wert 200840 Mk.	ca. 47000	ca. 52000	Nichts oder unbedeutend	
mit ca. 2—3% gewinnbarem Nickel				mit 6—7% aus Neukaledonien			

Die deutsche Förderung dürfte — zu 2,5% Ni gerechnet — 1910 ca. 250 t Nickel zuliefern imstande sein.

II. Nickel.

A. Produktion in metr. t		B. Einfuhr in metr. t		C. Ausfuhr in metr. t	
1909	1910	1909	1910	1909	1910
ca. 3500	ca. 4500	Unbekannt und mutmaßlich unbedeutend.			

Die vom Nickelring regulierte Produktion dürfte annähernd gleich dem Verbrauch sein. Deutschland kann (siehe oben) 250 t liefern, die Erze Neukaledoniens ergaben zu 6,5% = 3380 t. Da die deutsche Metallproduktion 4500 t beträgt, müssen 870 t aus anderer Quelle stammen. Deutschland kann mit einheimischen Erzen nur ca. $^{1}/_{18}$ des Konsums decken.

Kobalt.

Deutschland braucht ca. 100000 kg Kobaltoxyd, die es selbst produziert und hat so gut wie keine eigenen Kobalterze, sondern bezieht die Rohmaterialien aus Neukaledonien (Asbolan) und untergeordnet aus dem Kobaltdistrikt in Canada.

Deutschland braucht also ca. 100000 kg Kobaltoxyd, die von den Blaufarbenwerken hergestellt werden. Zuverlässige Ziffern über die Jahresproduktion lassen sich allerdings nicht angeben, da der Markt, wie mir die Firma Fleithmann & Witte in Iserlohn in liebenswürdiger Weise mitteilt, vollkommen gestört ist (Seite 207).

b) Nickel- und Kobaltlagerstätten Deutschlands.

Zwei Arten von Lagerstätten bedürfen der Erwähnung, nämlich 1. das Garnieritvorkommen von Frankenstein i. Schl. und 2. der sulfidisch-arsenidische Erzgangdistrikt von Schneeberg in Sachsen.

α) Nickelerzvorkommen. Frankenstein in Schlesien. Hier treten in dem Serpentinzuge, der sich nördlich von Frankenstein erstreckt und durch vier Hügel topographisch ausgezeichnet ist, Pimelith- usw.-vorkommen auf.

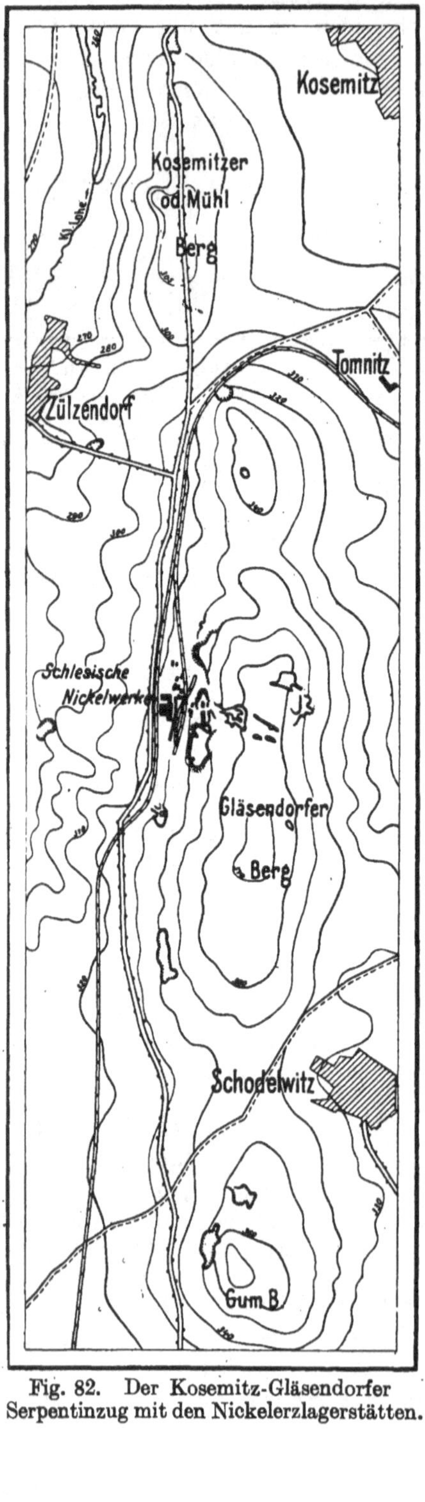

Fig. 82. Der Kosemitz-Gläsendorfer Serpentinzug mit den Nickelerzlagerstätten.

Unter Pimelith versteht man wasserhaltige Nickel-Magnesia-Silikate, deren Nickelgehalt recht schwankend ist, im allgemeinen aber bei reicheren Erzen zwischen 3 und 7% beträgt.

Die Form der Lagerstätten ist eine ganz unregelmäßige. Sie bilden Zersetzungszonen des Serpentins, in denen häufig von der ursprünglichen Serpentinsubstanz nur der Eisengehalt übrig blieb, während alle anderen Bestandteile fortgeführt wurden. Diese als „Rotes Gebirge" bezeichnete Masse wird durchtrümert einerseits von Magnesit- und Kerolith-, andererseits von Pimelithgängen, deren Verlauf am besten mit demjenigen der Wurzeln eines Baumes zu vergleichen ist; ihre Mächtigkeit überschreitet nur selten mehrere Zentimeter. Da aber breitere Zonen des Serpentins mit den grünen Nickelerzen imprägniert sind, kann trotz der geringen Mächtigkeit der Nickelerztrümer der Vorrat ein erheblicher sein.

Die Genesis dieser Lagerstätten ist eine hochinteressante. Der Serpentin hat bei Frankenstein an und für sich — auch in frischem Zustande — einen erheblicheren Nickelgehalt, der durch die Tätigkeit der Tagewässer an bestimmten Stellen ausgelaugt und in Form von Pimelith usw. wieder abgesetzt wurde. Die Pimelithlagerstätten gehören also zu den wenigen, bei denen man von

Lateralsekretion im strengen Sinne des Wortes sprechen kann. Am wenigsten zersetzt ist das „Grauerz" von Frankenstein, welches auch jetzt noch Serpentinnatur zeigt. Am weitesten ist die Zersetzung bei dem grünen Knötchenerz fortgeschritten. Es stellt eine rotbraune Eisenerzmasse dar, die von einer Unmenge von grünen Nickelerznestern durchspickt ist und keinerlei Ähnlichkeit mehr mit dem Serpentin zeigt. Zwischen beiden stehen die Durchtrümerungszonen mehr oder weniger zersetzten Serpentins mit den grünen Pimelith-usw.-Adern.

Die Bedeutung von Frankenstein geht aus der amtlichen Statistik hervor. Im Jahre 1909 lieferte die Grube ca. 10080 t Erz und im Jahre 1910 10040 t. Der durchschnittliche Nickelgehalt dürfte unter 3% bleiben. Trotz des geringen Gehaltes sind die Vorräte von Frankenstein nicht zu unterschätzen. Schon jetzt dürfte nach meiner Schätzung eine vieljährige Förderung als fertig zum Abbau aufgeschlossen gelten.

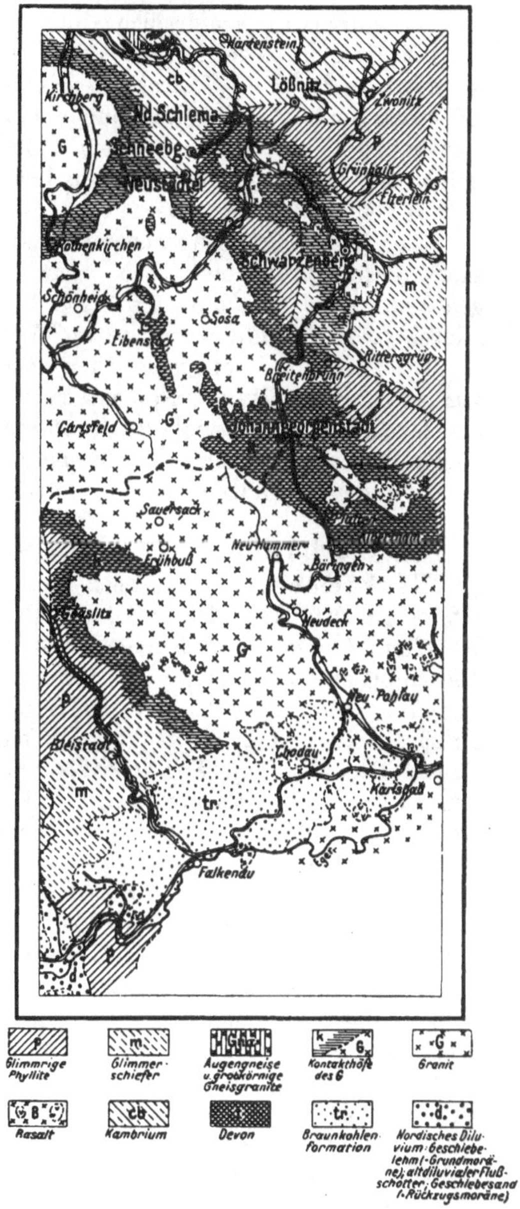

Fig. 83. Übersicht der obererzgebirgischen Bergwerksdistrikte mit Schneeberg, Nieder-Schlema, Neustädtel usw. i. M. 1:500000. (Nach Beyschlag-Krusch-Vogt.)

β) Kobalterzvorkommen. Schneeberg. Die zweite Kategorie von Lagerstätten liegt in Sachsen in der Umgegend von Schneeberg. Hier treten in den kristallinen Schiefern des alten Schiefergebirges und zugleich in der Region der großen Granitstöcke Kobalt-Wismuterzgänge mit quarziger Gangart auf. Die Gänge haben sowohl Kobalt- als Wismuterze und sind auf einem Raum von nur 5 km Länge und 3 km Breite derart gehäuft, daß man über 150 erschlossen hat und das ganze Ganggebiet als ein gewaltiges Stockwerk bezeichnete. Die Mächtigkeit der Gänge schwankt zwischen 2 cm und 3 m. Die Ausfüllung besteht zum größten Teil aus vererztem und verkieseltem Nebengestein neben Speiskobalt, Wismutkobaltkies und anderen sulfidisch-arsenidischen Kobalt- und Nickelerzen.

Die Geschichte des Bergbaus geht bis zum Jahre 1470 zurück; 1478 kannte man bereits 167 Gruben. Während man zuerst ausschließlich Silbererze förderte, ging man um die Mitte des 16. Jahrhunderts zur Gewinnung der Kobalterze über; 1540 wurde die erste Blaufarbenmühle errichtet; 1635 erfolgte die Gründung des großen Blaufarbenwerkes von Nieder-Pfannenstiel und 1644 desjenigen von Ober-Schlema.

Die Gruben des Schneeberger Kobaltfeldes, die jetzt dem Königl. sächs. Staatsfiskus und den sächsischen Privat-Blaufarbenwerken gehören, hatten im Jahre 1907 eine Produktion von 214,5 t Kobalt-, Nickel- und Wismutkonzentrate im Werte von 357844 Mk.

Im Mittelalter gab es in Deutschland noch eine größere Anzahl von Blaufarbenwerken. Namentlich waren die Gänge in der Zechsteinformation im Bereiche des Kupferschiefers durch ihre Kobalt- und Nickelerzführung berühmt. Heute spielen sie keine Rolle mehr. — Irgendwelche Bedeutung haben also die deutschen Kobalterzlagerstätten nicht.

c) Fremde, für Deutschland wichtige Lagerstätten.

Neukaledonien. Wie oben Seite 201 ausgeführt wurde, stammt ein erheblicher Teil des in Deutschland verarbeiteten Nickel- und Kobalterzes aus Neukaledonien östlich von Australien (Fig. 84). Die Insel ist überaus reich an Serpentinen; von einem Flächeninhalt von über 16000 qkm nimmt der Serpentin allein 6000 ein und ein einziges Feld umfaßt 3500 qkm. In diesen Eruptivfeldern von Thio, Canala, Honailou am Berge Kaala und Neporri gibt es eine große Anzahl von Garnieritlagerstätten. So kannte man im Jahre 1889 nicht weniger als 1200 Nickelvorkommen, zu denen noch 300 Asbolanlagerstätten kommen.

Der Aufbau der Vorkommen ist fast genau derselbe wie bei Frankenstein i. Schl. Die Mächtigkeit der Garnieritgänge beträgt nur ausnahmsweise 1 m; meist sind es schmale Schnüre, die das Nebengestein nach allen Richtungen durchsetzen. Um 1 t Erz zu erhalten, muß man häufig 5—10 cbm abbauen. Auch hier bilden die Lagerstätten Zersetzungszonen nickelreichen Serpentins durch von der Tagesoberfläche eindringende Wässer, und die Nickelerzführung reicht nur bis zu einer Tiefe von 145 m.

Während bei Frankenstein i. Schl. Asbolan keine Rolle spielt, treten in Neukaledonien neben den Nickelerzen die Asbolane auf, die ein Gemenge von Manganoxyd bzw. Hydrat mit Kobaltoxyd darstellen. Obgleich ursprünglich im Serpentin Kobalt und Nickel gemeinsam in Form von Silikat enthalten waren, sind beide bei den sekundären Umwandlungsprozessen der Lagerstätten getrennt worden, so daß heute die Garnieritgänge so gut wie frei von Kobalt und die Asbolangänge so gut wie frei von Nickel sind.

Die neukaledonischen Vorkommen bilden die gewaltigste Nickelerzkonzentration der Welt. Bis Ende 1909 wurden 1731000 t Garnierit

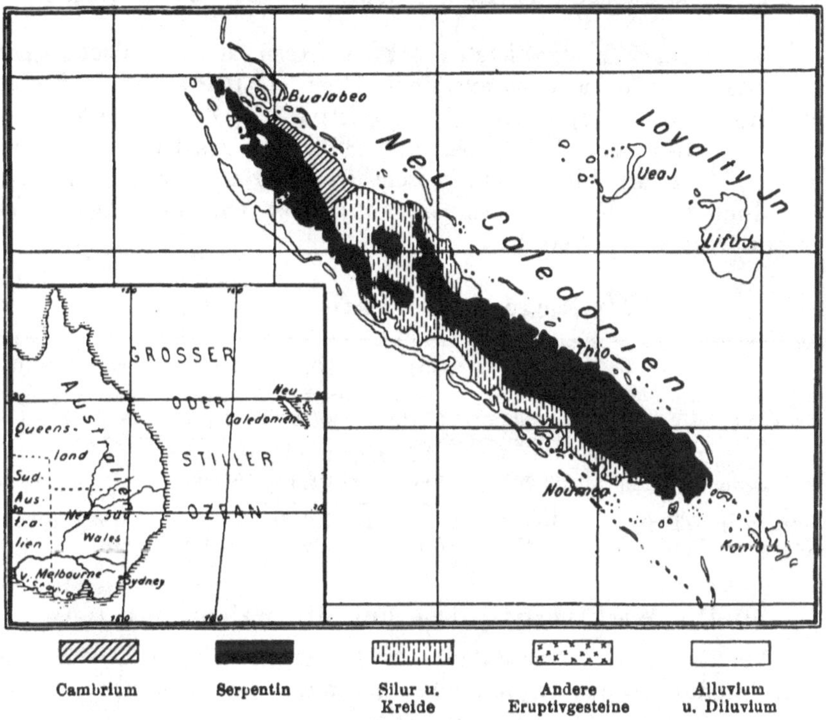

Fig. 84. Die Serpentindistrikte Neukaledoniens mit den Nickel- und Kobalterzlagerstätten. (Nach Fuchs und De Launay.)

gewonnen, aus denen man 105000 t metallisches Nickel darstellte. Die Produktion entspricht also einem durchschnittlichen Nickelgehalt von $6^0/_0$. Der bisherige Bergbau erschöpfte zahlreiche Lagerstätten, da man aber viele neue Vorkommen in Angriff genommen hat, ist die Produktion trotzdem im Steigen begriffen. Gegenwärtig sind 40 Gruben oder Tagebaue im Betriebe.

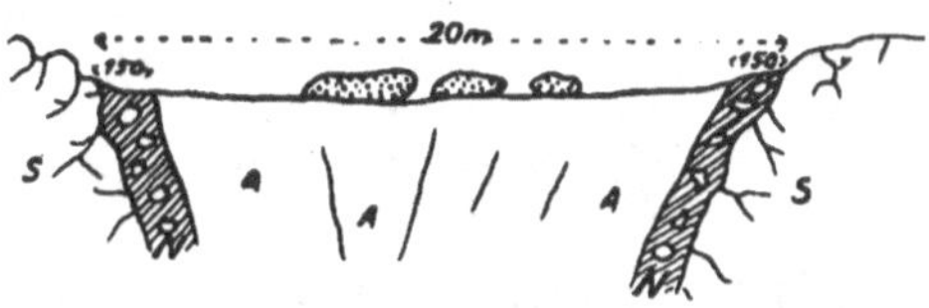

S = Serpentin, A = rotes Gebirge, N = Nickelerz.

Fig. 85. Profil der Nickelerzgrube Poncelet (Distrikt Brandy in Neukaledonien). (Nach M. Levat.)

An Asbolan mit meist 3—4 $^0/_0$ Kobalt gewinnt man 2000—6000 t jährlich, so daß bis zum Jahre 1904 in annähernd 20 Jahren ca. 60000 t mit durchschnittlich 3,5 $^0/_0$ exportiert wurden.

Die Gesamtproduktion von Neukaledonien betrug nach der amtlichen französischen Statistik im Jahre 1908 108036 t Nickelerz im Werte von 3241092 Fr. und 2358 t Kobalterz im Werte von 361905 Fr. Die Ausfuhr erreichte in den genannten Jahren 119028 t Nickelerz und 3323 t Kobalterz.

Die Einfuhr von neukaledonischem Nickelerz nach Deutschland betrug (siehe Tabelle Seite 22) im Jahre 1910 ca. 52000 t (Fig. 4).

Kanada. In den letzten Jahren haben die neukaledonischen Lagerstätten, wie ich oben ausführte, einen ernsthaften Konkurrenten in dem Temiskamingdistrikt (Kobaltdistrikt) in Kanada bekommen (Fig. 81), den ich S. 195 bei den Silbererzlagerstätten schilderte, da der Wert des Silberinhalts wesentlich höher ist, als derjenige des Kobaltinhaltes. Kobalt ist in diesem Distrikt eine Beimengung, die gegenwärtig wenig Wert hat.

Welt-Nickelerzproduktion in metr. t.

	1905	1906	1907	1908	1909	1910
Kanada (Nickel im Erz)	8565	9745	9610	8685	11921	—
	Erzmenge ca. 50 mal so groß					
Neukaledonien (Erz) .	125289	118890	119000	108000	—	—
Deutschland (Erz) . .	10848	ca. 10000			10086	10042
Norwegen (Erz) . . .	5477	6081	5781	5190	—	—

d) Die Marktverhältnisse und die Weltproduktion.

Die Nickelerz-Weltproduktion geht aus der obigen Tabelle, die Nickelproduktion aus der folgenden Zusammenstellung hervor.

Produktion von Nickel aus neukaledonischen, kanadischen und deutschen Erzen und Zwischenprodukten.

	Deutschland[1])	Frankreich	England	Verein. Staaten v. Nordamerika und Kanada	Gesamtproduktion[2])	Ungefährer Preis per kg Mk.
1907	2600	1800	3200	6500	14100	3,50
1908	3000	1400	3000	7000	14600	3,25
1909	3500	1200	3200	9000	17300	3,25
1910	4500	1500	3500	10000	20100	3,25

Die Verwertung des Nickels im großen kennt man seit dem Jahre 1825, in dem Geitner die erste Hütte errichtete. Von 1805 an benutzt

[1] Die für Deutschland angegebenen Zahlen umfassen nur die Produktion im Königreich Preußen, außerdem wird im Königreich Sachsen Nickel gewonnen, doch sind über die Höhe dieser Produktion, die nicht bedeutend ist, keine Angaben zu erlangen.

[2] Die gesamte Nickelproduktion stammt, ausgenommen ganz geringe Mengen Erz, die in Deutschland, Norwegen und den Vereinigten Staaten von Nordamerika gefördert werden, aus neukaledonischen und kanadischen Erzen.

man Nickel zu Münzen, und zwar legiert man in der Regel 25% Nickel mit 75% Kupfer; Österreich nimmt allerdings fast reines Nickel.

Die Entdeckung der neukaledonischen Lagerstätten Mitte der 70er Jahre des vorigen Jahrhunderts bewirkte, daß Ende des vorigen Jahrhunderts große Mengen Nickel auf den Weltmarkt kamen. Man begann dann mit der Fabrikation von Nickel-Panzerplatten und seitdem wird die Hauptmasse des Metalls für diesen Zweck verwandt, während ein kleinerer aber immerhin erheblicher Teil für Neusilber und Gebrauchsgegenstände benutzt wird.

Die Preise für Nickelerze sind in den letzten Jahren sehr heruntergegangen. So wurde für neukaledonisches Erz mit 7% Gehalt im Jahre 1912 0,75 Fr. per kg Metall bezahlt.

Der Nickelpreis ist im Laufe der letzten Jahrzehnte erheblich heruntergegangen, er schwankt (siehe die Tabelle S. 206) gegenwärtig zwischen 3,25 und 3,80 Mk. per kg.

Das Metall Kobalt spielt auf dem Markte keine Rolle, da man nur seine Verbindungen, und zwar namentlich das Oxyd für die Herstellung von Blaufarben benutzt.

Die Welt-Kobaltproduktion ist nicht genau festzustellen, da Amerika seit der Entdeckung des Temiskamingdistriktes große Mengen geringwertiger Kobaltpräparate herstellt. Man schätzt die Weltproduktion auf 250000 kg; davon braucht Deutschland jedenfalls mindestens 100000.

Während Kobaltoxyd vor einigen Jahren noch 13,50 Mk. per kg kostete, beträgt der Preis seit 1911 nur ca. 6—7 Mk.

Kobalterze sind gegenwärtig im Preise ebenfalls sehr gefallen. 4%ige Asbolane werden in Neukaledonien zu 3 Fr. per Unit angeboten, ohne Käufer zu finden; in den kanadischen Erzen bezahlt man bis 5% Kobalt im Erz überhaupt nicht; 50 Fr. für die Tonne werden bei 6—8%, 100 Fr. bei 8—12% und 150 Fr. bei mehr als 12% vergütet.

Sowohl der Nickel- als der Kobaltmarkt werden von Ringen kontrolliert, und zwar Nickel von dem Nickelring Le Nickel und Kobalt von der Kobaltkonvention. Während der Nickelring noch eine straffe Organisation zeigt, hat die Kobaltkonvention in den letzten Jahren infolge der Entdeckung der reichen Gänge von Temiskaming versagt.

VIII. Die Versorgung Deutschlands mit Quecksilber und Quecksilbererzen.

a) Deutschlands Stellung auf dem Quecksilbermarkt.

Deutschland hat keine in Produktion stehenden Quecksilberlagerstätten, sondern deckt den ganzen Bedarf durch Einfuhr (siehe Tabelle S. 208). Bei dieser Einfuhr spielen die Quecksilbererze keine Rolle, da man gewohnt ist, sie an Ort und Stelle zu verhütten.

Die amtlichen statistischen Zusammenstellungen geben deshalb über Ein- und Ausfuhr von Quecksilbererzen keine Auskunft.

Da Deutschland keine Quecksilbererzproduktion hat und die Erze im allgemeinen nicht transportiert werden, gibt es auch keine erhebliche eigene Quecksilberproduktion, wohl aber eine Ein- und Ausfuhr.

Die Quecksilbereinfuhr betrug im Jahre 1910 836 t, die Ausfuhr im genannten Jahre 34 t. Der Konsum Deutschlands an Quecksilber erreichte also 804 t, deren Herkunft aus der folgenden Übersicht hervorgeht:

Quecksilber-Ein- und Ausfuhr Deutschlands.

1. Deutschland hat keine Quecksilberlagerstätten.

2. Quecksilbererze werden im allgemeinen an Ort und Stelle verhüttet. Es ist also keine Ein- und Ausfuhr von Erzen nachweisbar.

3. Deutschland hat auch keine Quecksilberproduktion, wohl aber eine Ein- und Ausfuhr.

Quecksilbereinfuhr in metr. t		Quecksilberausfuhr in metr. t.	
1909	1910	1909	1910
723	836	29	34

Der Konsum Deutschlands im Jahre 1910 betrug 804 t, die aus den Quecksilberländern Spanien, Österreich und Italien importiert werden mußten.

b) Die Quecksilberlagerstätten Deutschlands.

Keine von ihnen wird augenblicklich ausgebeutet. Aus historischem Interesse sollen sie hier aber kurz Erwähnung finden.

Man kennt Vorkommen in der Pfalz bei Moschellandsberg, Potzberg und Kirchheimbolanden. Das Erz, meist Zinnober, tritt gewöhnlich in Gängen und mit diesen in Verbindung stehenden Imprägnationszonen in Sandsteinen, Konglomeraten und Schiefertonen der Ottweiler Schichten (oberstes produktives Karbon) auf; indessen fand man auch Erze in Melaphyren und Porphyren.

Am weitesten verfolgt wurde der Gottesgabener Gang am Landsberg und der Gang des Alten Werkes auf 900 bzw. 400 m horizontaler Länge. In den oberen Teufen war der Erzreichtum recht beträchtlich, nahm aber bald nach der Tiefe ab, so daß die bauwürdigen Erze nur bis 200 m reichten. Die Ausfüllung der Spalten besteht aus Letten mit Zinnobererznestern, gediegen Quecksilber, Amalgam usw.

Mit Sicherheit läßt sich feststellen, daß die Lagerstätten teilweise schon zu Anfang des 15. Jahrhunderts in Betrieb waren. Sie spielten namentlich im 18. Jahrhundert eine bedeutende Rolle.

c) Fremde, für Deutschland wichtige Lagerstätten.

Es kommen hier nur die europäischen in Frage, und zwar Almaden in Spanien, Idria in Krain und der Monte Amiata in Toskana.

Almaden. Die Vorkommen liegen am Nordabhange der Sierra Morena in der Provinz Cuidad Real, in einer kahlen unfruchtbaren Hügellandschaft.

Almaden ist das bedeutendste Quecksilbervorkommen der Welt. Die Erze treten in einer hauptsächlich zum Silur gehörigen Schichtenfolge auf, und zwar kennt man als besonders reich drei steil einfallende, westöstlich streichende Züge eines porösen Quarzites. Früher war auf diesen drei unter den Namen San Pedro y San Diego, San Francisco und San Nicolas bekannten Quarzitzügen eine größere Zahl kleinerer Bergwerke verstreut. Gegenwärtig ist aber der gesamte Betrieb auf der reichen alten Hauptgrube in der Stadt Almaden konzentriert. Man kennt die mit Zinnober durchtränkten Quarzitzüge auf 200—250 m streichende Länge (Fig. 86).

Das Erz besteht hauptsächlich aus Zinnober mit etwas metallischem Quecksilber und wenig Schwefelkies. Gangarten sind Schwerspat und Dolomit.

Das Hauptlager ist 8—14 m mächtig und hat einen durchschnittlichen Quecksilbergehalt von 14—15%. Die Erze der ärmeren Lager gehen bis 2½% herunter; der Durchschnittsgehalt der ganzen Förderung — die Grube ist trotz des jahrhundertelangen Bergbaues erst

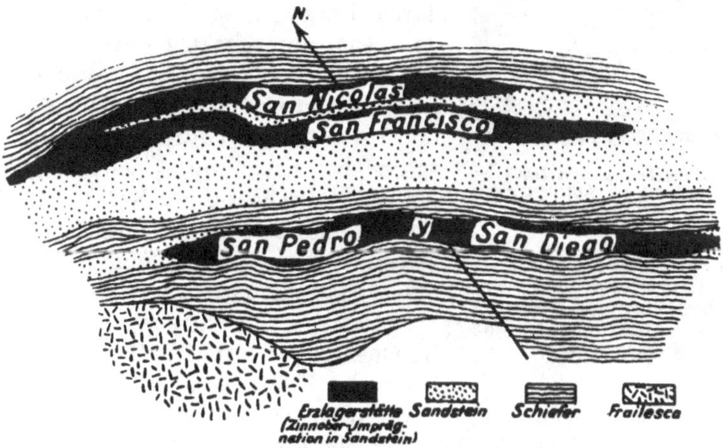

Fig. 86. Die Zinnober führenden Erzkörper Almadens. (Nach Beyschlag-Krusch-Vogt.)

375 m tief — beträgt 8%. Der Reichtum der Erze ergibt sich daraus, daß der Durchschnittsgehalt normaler bauwürdiger Quecksilbererze gewöhnlich 1% nicht überschreitet.

Almaden ist das Kleinod des spanischen Staatsschatzes. Die Produktion richtet sich ausschließlich nach der Lage des Quecksilbermarktes. Das Vorkommen liefert von der insgesamt 3500—4000 t betragenden Weltproduktion zwischen 900 und 1400 t.

In früheren Jahrhunderten (im 18. und in der ersten Hälfte des 19.), in denen man die kalifornischen Quecksilbergruben entdeckte, entnahm man den Gruben von Almaden etwas über die Hälfte des gesamten Quecksilberverbrauchs der Welt.

Idria in Krain (Fig. 78). Die Erzführung ist an die Schichten der unteren (Werfener) und der mittleren Trias (Guttensteiner und Wengener einschließlich der Skonzaschichten) geknüpft. Das Auftreten der Erze steht mit einer großen Störungszone in Verbindung, an welcher ältere paläozoische Sedimente auf stark gefaltete Triasschichten überschoben sind.

Die Form des Auftretens der Erze ist in dem nordöstlichen Barbara- und Theresiarevier eine völlig andere als in dem südwestlichen Josephirevier. Im ersteren konzentrieren sich die Quecksilbererze in den Skonzaschichten und gehen nur wenig in die hangenden Kalkkonglomerate hinein, so daß die Form eines 20 m mächtigen Lagers entsteht, dessen Liegendes im allgemeinen durch die Wengener Tuffe, weiterhin auch durch Guttensteiner Kalk gebildet wird. Der Erzgehalt gelangte durch Imprägnation in die Schichten; er ist sehr unregelmäßig und schwankend durch das Auftreten linsenförmiger Konzentrationen und Imprägnationen.

Z = Zinnober, Sch = schiefrige Zwischenlagen, RB = Reibungsbreccie, DC = Dolomitkonglomerat, DB = Dolomitbreccie.

Fig. 87. Gangbild von Idria. (Nordwestgrube.) Zinnobertrümer und -nester im Gestein. (Nach geolog. und bergm. Karten und Profile.)

Im Josephirevier dagegen treten zahlreiche streichende Verwerfungen auf, die oft 1 m mächtig mit Kalkbruchstücken erfüllt sind und als Bindemittel Zinnober zeigen. Die Spaltenfüllungen sind von Imprägnationszonen begleitet.

Das Erz von Idria ist meist Zinnober, da Quecksilber zurücktritt. Die Farbe wird bei den Erzen sowohl durch die Beimengung von bituminösen Substanzen, welche dunkel färben, als auch durch Kalk bedingt, der häufiger ein weißliches Aussehen hervorruft.

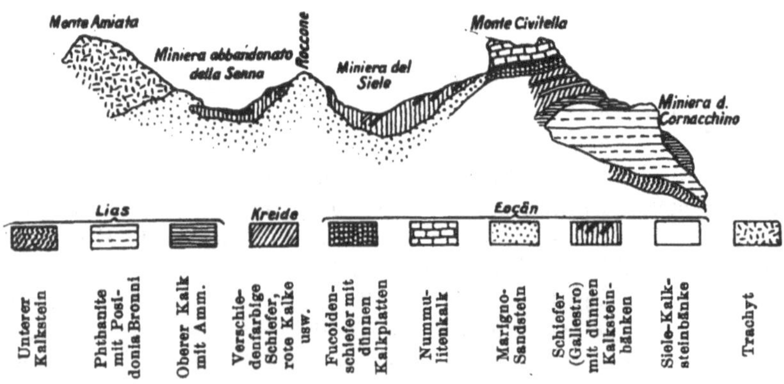

Fig. 88. Profil des Zinnobergebietes am Monte Amiata. (Nach Beyschlag-Krusch-Vogt.)

Die Jahresproduktion beträgt etwa 60000 t Erz in ca. 27000 cbm Haufwerk mit einem Gehalt von 500 t metallischem Quecksilber.

Monte Amiata (Fig. 88). An dem in Toskana liegenden Monte Amiata kommen die Zinnoberlagerstätten in engster Verbindung mit tertiären Eruptivgesteinen und namentlich mit Trachyt vor.

Die Erze finden sich in nächster Nähe des Eruptivgesteins in einer relativ sehr beschränkten nordsüdlichen Zone, die den Gipfel der Kuppe mitumfaßt. Die hier auftretenden Sedimentgesteine, welche, abgesehen vom Trachyt, Erze führen, gehören den verschiedensten Formationen an. Es sind am Cornacchino Kalke des mittleren Lias und Kalke und Kieselschiefer des oberen Lias, bei Abbadia San Salvatore Nummulitenkalk und eozäner Sandstein, bei Montebuono Nummulitenkalk und bei Siele usw. eocäne Schichten.

Das Quecksilbererz (Zinnober) kommt in diesen Formationen als Imprägnation im Ton, der zum Teil durch Auflösung des Kalkes entstand oder als Imprägnation im Kalk oder in Sandsteinen vor; sogar die jungen Schuttmassen sind mehr oder weniger mit Zinnober imprägniert.

Die Produktion betrug im Jahre 1905 372 t und im Jahre 1910 800 t.

d) Marktverhältnisse und Weltproduktion.

Die Quecksilberproduktion der Welt geht aus der folgenden Tabelle hervor. Preußen wird in den amtlichen statistischen Zusammenstellungen im Jahre 1908—1909 mit einer Produktion von 4—5 t angegeben; sie dürfte von importierten Erzen herstammen. Da die Quecksilbererze an Ort und Stelle verarbeitet werden, sind im allgemeinen die Haupt-Produktionsländer auch die Haupt-Metallausfuhrländer und

Quecksilberproduktion in metr. t.

Jahr	Spanien	Österreich-Ungarn	Rußland	Italien	Verein. Staaten von Amerika	Mexiko	Zusammen	Preis von spanischem Quecksilber in London per Flasche von 34,5 kg		Preis in San Francisco per Flasche von 76,5 lbs		
								höchster	niedrigster	höchster	Mittel	niedrigster
1905	853	570	318	369	1043	190	3300	£ 7.15.—	£ 7.1.—	$ 40.50	$ 39.75	$ 38.—
1906	1567	577	210	418	930	200	3700	„ 7.7.6	„ 6.17.—	„ 41.—	ca. „ 41.—	„ 40.—
1907	1212	567	130	423	712	200	3200	„ 8.5.—	„ 6.15.—	„ 45.—	„ 39.60	„ 38.—
1908	1065	630	49	—	680	200	3300	„ 8.10.—	„ 7.12.6	„ 45.12	„ 44.17	„ 42.25
1909	1000	609	7	771	683	200	3300	„ 9.17.6	„ 7.19.—	„ 51.—	„ 45.45	„ 42.95
1910	1000	694	4	800	—	200	3400	„ 9.15.—	„ 8.—.—	„ 50.90	„ 46.51	„ 41.50

Anmerkung: Die Vorräte von Quecksilber in London betrugen Ende 1901 ca. 54000 Flaschen (à 34,5 kg), 1902 ca. 52800 Flaschen, 1903 ca. 53227 Flaschen; 1904 waren sie nicht zu ermitteln.

Über die Produktion von Quecksilber in China, Japan, Chile und Peru sind zuverlässige Angaben nicht zu erhalten.

die übrigen die Haupt-Metalleinfuhrländer. Der Quecksilbermarkt wird im allgemeinen von der Firma N. M. Rothschild & Sons in London geregelt, die in geschickter Weise Überproduktion verhindert und dadurch einem Sinken der Preise vorbeugt.

Der Preis des Quecksilbers ergibt sich aus der Tabelle Seite 211, welche zeigt, daß neben einem Quecksilbermarkt in London ein solcher in San Francisco besteht.

Infolge der künstlichen Regulierung des Marktes geben die Produktionszahlen der Länder nur einen bedingten Anhalt für die Erzvorräte der Gruben.

Almaden, das reichste Quecksilbervorkommen der Welt, wäre z. B. in der Lage, weit mehr Metall zu liefern, als heut der Fall ist.

Da Quecksilber flüssig ist, kann es nur in Flaschen gehandelt werden, welche in London 34,5 kg, in San Francisco 76,5 lbs (engl. Pfund) enthalten.

IX. Die Versorgung Deutschlands mit Zinnerzen bzw. Zinn.

a) Deutschlands Stellung auf dem Zinnerz- bzw. Zinnmarkte.

Die Zinnerzproduktion Deutschlands ist gegenwärtig nur eine geringe, da nur wenige Lagerstätten im sächsischen Erzgebirge einige Tonnen Konzentrate liefern. So werden beispielsweise 1908—1910 Altenberg mit 16,8 t, Zinnwald mit 1,2 t, Böhmisch-Zinnwald mit 1,2 t, Zinnstein und Geyer mit 50 t Zwitter (ärmere Zinnerze) genannt.

Produktion, Ein- und Ausfuhr Deutschlands an **Zinnerz** und **Zinn**.

I. Zinnerz.

A. Produktion in metr. t		B. Einfuhr in metr. t		C. Ausfuhr in metr. t	
1909	1910	1909	1910	1909	1910
wenige Tonnen Konzentrate		15243 Wert 20667000 Mk.	17347 Wert 26709000 Mk.	182	25
		also sehr reiche Erze		also unbedeutend	
		Davon Bolivien			
		13099	15925		

Die Zinnerzproduktion Deutschlands ist unerheblich. Fast alles Erz wird aus Bolivien importiert.

II. Zinn.

A. Produktion in metr. t		B. Einfuhr in metr. t		C. Ausfuhr in metr. t	
1909	1910	1909	1910	1909	1910
8995	11295	13537	14297 (s. S. 3)	5425	7530

Der Verbrauch Deutschlands an Zinn betrug 1910: 18100 t, von denen $^{11}/_{18}$ im Inland aber aus fremden und zwar meist bolivianischen Erzen hergestellt wurden.

Im Gegensatz zu dieser geringen Produktion steht im Jahre 1910 eine Zinnerzeinfuhr von 17347 t im Werte von 26,7 Mill. Mk., und davon entfallen allein auf Bolivien 15925 t, so daß also fast die gesamte Einfuhr von Südamerika gedeckt wird.

Die Ausfuhr betrug 1910 nur 25 t.

Die deutsche Zinnproduktion erreichte 1910 11295 t, hierzu kommt die erhebliche Einfuhr von 14297 t; die Ausfuhr betrug im genannten Jahre 7530 t.

Der Verbrauch Deutschlands an Zinn erreichte 1910 18100 t, von denen $^{11}/_{18}$ im Inland, aber aus fremden, und zwar meist bolivianischen Erzen hergestellt wurden.

b) Die Zinnerzlagerstätten Deutschlands.

Wie ich bereits erwähnte, spielt die deutsche Zinnerzförderung nur eine ganz verschwindende Rolle. Die deutschen Zinnerzlagerstätten im sächsischen Erzgebirge sind mit den dortigen Graniten aufs engste verknüpft. In dem östlichen Granitzuge liegen die Vorkommen von Graupen in Böhmen, Zinnwald an der sächsisch-böhmischen Grenze, Altenberg, Glashütte und Dippoldiswalde; im westlichen Granitzuge kennt man die Zinnerzlagerstätten von Schlackenwald, Platten,

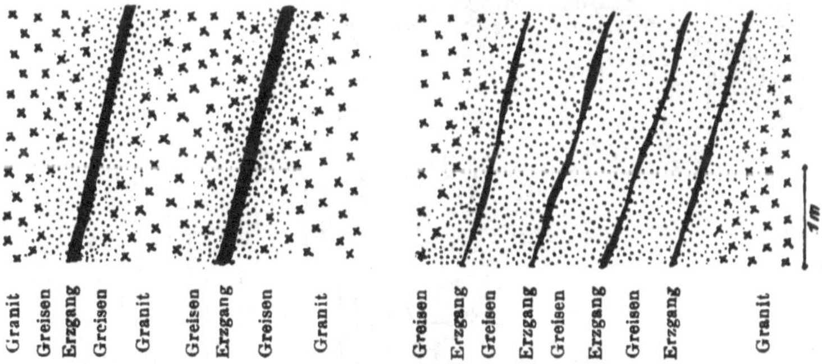

Fig. 89. Beispiele von Zinnerzgängen mit Greisenzonen im Granit. (Nach Neve Forster bzw. Beyschlag-Krusch-Vogt.)

Johanngeorgenstadt und Eibenstock, östlich davon liegen in der Nähe Geyer, Greifenstein und Ehrenfriedersdorf, während Marienberg und Seifen ziemlich abseits gelegen sind.

Die Form der Zinnerzlagerstätten ist charakteristisch; meist ist sowohl der Granit als das unmittelbare Nebengestein von in der Regel wenig mächtigen Gängen und diese begleitenden Imprägnationszonen derart durchschwärmt, daß die ganze Masse in einer Breite von mitunter mehreren 100 m abgebaut werden kann. In anderen Fällen treten mächtigere Gänge auf, wie z. B. die Flöze von Zinnwald.

Der durchschnittliche Zinngehalt beträgt gewöhnlich unter 1%. Am längsten bekannt, nämlich seit dem 12. Jahrhundert, sind die Lagerstätten bei Graupen, die zum Teil im Gneis und zum Teil im Quarzporphyr auftreten. Die erzgebirgischen Vorkommen waren zusammen mit denjenigen von Cornwall (Fig. 90) der Ausgangspunkt für die geologischen und genetischen Untersuchungen der Zinnerz-Ganggruppe. Danach entstanden die Zinnerze durch pneumatolytische Prozesse, welche in engster Verknüpfung mit dem Empordringen des Granitmagmas Platz griffen, und zwar zu einer Zeit, als das Magma oberflächlich bereits erstarrt war. Das Nebengestein wurde bei diesen Prozessen hochgradig umgewandelt.

Altenberg, welches im Jahre 1458 entdeckt wurde, hatte zuerst eine erhebliche Zinnproduktion von 300 t; Zinnwald (Fig. 91) wird seit

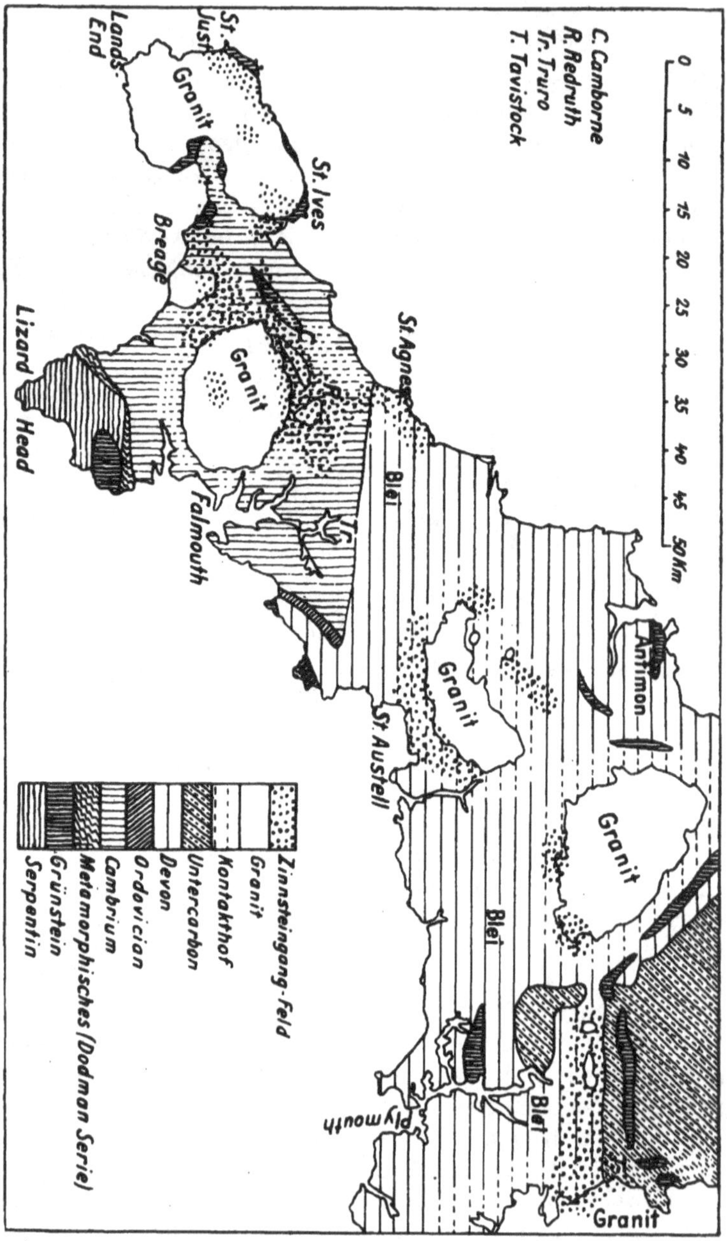

Fig. 90. Geologische Karte der Cornwallhalbinsel (nach Mac Alister) mit den zinnführenden Graniten.

dem 15. Jahrhundert ausgebeutet und hatte seine Glanzperiode um die Mitte des 16. Jahrhunderts; der Bergbau von Geyer stammt aus dem

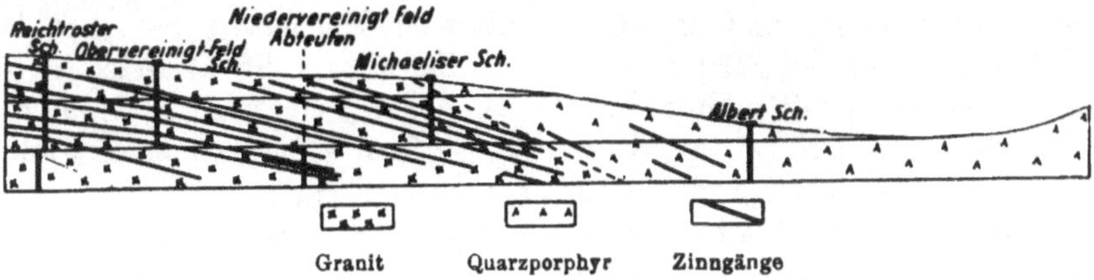

Fig. 91. Zinngänge im Zinnwalder Granitstock.
(Nach Blatt Zinnwald der geol. Spezialkarte.)

Jahre 1315 und ist ebenso wie derjenige von Ehrenfriedersdorf so gut wie vollkommen zum Erliegen gekommen.

Rohzinn-Produktion in metr. t. (Nach Metallgesellschaft usw.).

Länder	1908	1909	1910
Straits-Verschiffungen, insgesamt[1]	63690	61540	57500
England:			
a) Produktion aus inländ. Erzen	5133	5282	4800
b) Produktion aus ausländ. Erzen[2]	11614	11888	13055
Bangka-Verkäufe in Holland	11710	12150	13631
Deutschland[2]	6375	8995	11295
Australien	6700	6450	8700
Billiton-Verkäufe in Holland und Java	2270	2280	2240
Singkep-Verkäufe	—	—	—
Rohzinn-Produktion insgesamt ca.	107500	108600	111200
Durchschnittlicher Jahrespreis von Rohzinn £	133.2.6	134.15.6	155.6.2
Wert der Produktion in 1000 Mk.	292000	294300	347300

[1] Die Straitsverschiffungen verteilen sich auf Europa und Amerika einerseits und Ostasien andererseits wie folgt:

Straits-Verschiffungen	1908	1909	1910
Nach Europa und Amerika	61460	59477	55453
Nach den Straits Settlements, Britisch-Indien und China	2230	2063	2037

[2] Die englische Produktion aus ausländischen Erzen, sowie die deutsche Produktion stammen zum größten Teil aus bolivianischen Erzen.

NB. In der obigen Zusammenstellung sind mangels zuverlässiger Unterlagen nicht berücksichtigt: a) Die unbedeutende Produktion der europäischen Länder aus inländischen Erzen — mit Ausnahme von England; b) die Ausfuhr von Siam und Niederländisch Indien nach Britisch Indien, China, Korea und Japan; c) der Selbstverbrauch der Straits Settlements, Siams und Niederländisch Indiens; d) die Produktion Chinas.

c) Fremde für Deutschland wichtige Zinnerzvorkommen.

Die wichtigsten für Deutschland in Frage kommenden Zinnerz produzierenden Länder sind Bolivien, Australien und Brasilien.

Bolivien (Fig. 79, S. 179). Bei weitem der größte Teil des eingeführten Zinnerzes stammt aus Bolivien. Die Lagerstätten gehören der jungen Gold-Silber-Gruppe an. Seit langem bekannt sind die Silber-Zinkerzvorkommen in der östlichen Cordillerenkette, der sogenannten Binnencordilleren, und in der abflußfreien Hochebene zwischen ihr und der westlichen Küstencordillere. Hier liegen die höchsten Bergwerke der Erde mit zum Teil mehr als 5000 m, der höchste Gipfel der östlichen Cordillere, der Illampu, hat 7513 m. Die Zinnerze werden von den Orten La Paz und Oruro aus exportiert.

Während der Distrikt früher ausschließlich durch seinen Silberbergbau berühmt war — man beutete die reichen Erze der oberen Zone aus —, tritt in der letzten Zeit der Zinnbergbau mehr und mehr in den Vordergrund. Die Lagerstätten des nordwestlichen Teiles der Binnencordillere liefern fast ausschließlich Zinnerz mit ganz untergeordneten Silber-, Wismut-, Wolfram- und Antimonerzen. Das für den Zinndistrikt charakteristische Erz ist ein verkieseltes Gestein, welches von einem Netzwerk von mit Zinnstein und Schwefelkies ausgefüllten Klüftchen und Äderchen durchschwärmt wird; sie schließen sich zuweilen zu derben Erzlinsen und Nestern zusammen. In der Regel ist der Zinngehalt des Schwefelkieses mit bloßem Auge nicht zu erkennen; seltener finden sich größere Einsprengungen von Zinnstein im Kies. Die bauwürdigen Partien haben 3—6% Zinn, der Gehalt steigt aber gelegentlich bis 15%.

Die Lagerstätten zeichnen sich durch eine ausgeprägte Oxydationszone aus, die meist bis 60, seltener bis 300 m Tiefe reicht. Sie besteht aus Brauneisen mit braungefärbten Gesteinsbruchstücken und unverändertem Zinnstein.

Der Zinninhalt der bolivianischen Produktion betrug nach den statistischen Zusammenstellungen der Metallgesellschaft zu Frankfurt a. M. im Jahre 1910 23000 t, während 1905 13000, 1900 6950 und 1885 225 t angegeben werden.

Der Zinndistrikt Bolivias, welcher jetzt annähernd $^1/_5$ der Zinnproduktion der Welt liefert, hat sich also recht schnell entwickelt.

Australien (Fig. 92). Zinnstein scheint in den australischen Staaten reichlich vertreten zu sein und besonders zeichnen sich Tasmanien, Neu-Süd-Wales und Queensland durch einen bemerkenswerten Reichtum aus. Die primären Lagerstätten gehören dem gewöhnlichen Zinnsteintypus an, d. h. es sind Vorkommen, welche durch Pneumatolyse im engsten Anschluß an granitische Intrusionen entstanden sind. Meist liegen Gänge vor, die in oder in der Nähe von Granit bzw. im Quarzporphyr (Mount Bischoff) auftreten. An den in der Regel wenig mächtigen Spaltenfüllungen ist der Granit durch die aus dem Magma austretenden Gase und Dämpfe in Greisen umgewandelt, der ebenfalls mit Zinnstein imprägniert ist.

In der Nähe der primären Lagerstätten finden sich infolge der großen Widerstandsfähigkeit des Zinnsteins häufig Seifen, die zum Teil fluviatil, seltener eluvial sind.

Am wissenschaftlich interessantesten ist das Vorkommen vom Mount Bischoff in Tasmanien, wo ein steiler, kegelförmiger Berg, der aus mutmaßlich silurischem (s. S. 86) Schiefer, Sandstein und Dolomit besteht, von einer Anzahl von Quarzporphyrgängen durchsetzt wird; sie sind um die Spitze des Berges radial angeordnet.

Die primären Erze sitzen zum Teil in den umgewandelten Quarzporphyrgängen, zum Teil bilden sie Spaltenfüllungen. Sie bestehen aus Zinnstein, Wolframit, Arsenkies mit viel Quarz, Topas und Flußspat.

Der Bergbau geht nur untergeordnet auf den primären Lagerstätten um. Wirtschaftlich sehr wichtig sind die an der Oberfläche liegenden, als „Face" bezeichneten Trümmerlagerstätten, die jedenfalls zum Teil als eluvial aufgefaßt werden müssen. Fluviatile Seifen kommen zwar vor, spielen aber keine Rolle.

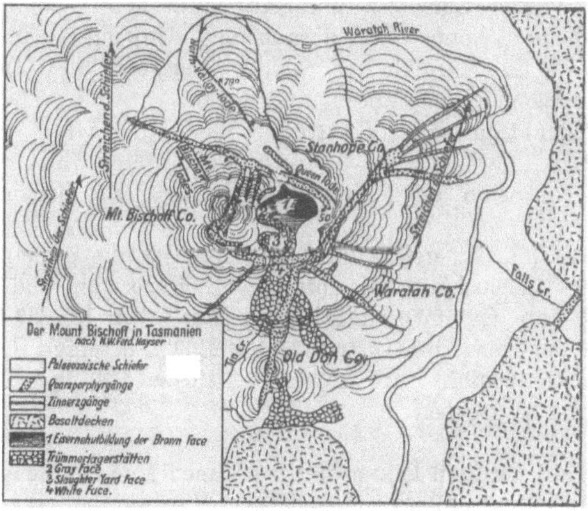

Fig. 92. **Die Zinn führenden Quarzporphyrgänge des Mount Bischoff.**

Der Bergbau am Mount Bischoff begann Anfang der 1870er Jahre und ergab infolge des Reichtums der Trümmerlagerstätten eine glänzende Ausbeute, so daß die Hauptgesellschaft, die Mount Bischoff Tin Mining Comp., im Laufe von 30 Jahren (von 1870—1907) rund 41 Millionen Mark Dividende verteilte. Bis Ende 1902 wurden rund 40000 t Zinn produziert.

In den letzten Jahren machten sich am Mount Bischoff dieselben Erfahrungen geltend, wie bei anderen Bergbaugebieten, wo der Bergmann zunächst die Seifen ausbeutete. Die anfänglich schnell steigende Produktion nimmt plötzlich mit der Erschöpfung der Seifen ab und erholt sich erst wieder langsam infolge der Entwickelung des Bergbaues auf den primären Lagerstätten.

Ein zweites Zinnfeld Tasmaniens beuten die Blue-Tier-Zinngruben aus, die in einem postsilurischen Granit (s. S. 86) auftreten.

Die Erzlagerstätte liegt fast horizontal und ähnelt in mehr als einer Beziehung dem Vorkommen von Zinnwald.

In Neu-Südwales kommt Zinn in der Nähe der Grenze von Queensland im Vegetable Creek Distrikt und in der Emmaville-Division vor. Das Erz tritt in der Grenzzone zwischen Granit und Tonschiefer in einer Breite von $1^1/_2$ englischen Meilen auf. Ungefähr $^1/_3$ der bisherigen Produktion dieser Kolonien stammt aus Gängen, der Rest aus Seifen.

Die Zinnfelder von Queensland bilden in geologischer und topographischer Beziehung eine Fortsetzung derjenigen von Neu-Süd-Wales.

Der Herberton-Distrikt, welcher eine ziemliche Berühmtheit erlangte und viele Jahre hindurch den größten Teil der Produktion von Queensland lieferte, liegt in einem felsigen, granitischen Gebiet. Die Gänge führen Zinnstein und Kupfererz neben Wolframit und Wismuterzen und können am besten mit denjenigen von Cornwall verglichen werden. Annähernd $^2/_3$ der Zinnproduktion Queenslands stammt aus Gängen und nur $^1/_3$ aus Seifen.

Die Produktion von Victoria, Westaustralien und Südaustralien ist gering. In Greenbushes treten Zinnerzgänge im Granit auf und sind mit eluvialen und fluviatilen Seifen vergesellschaftet.

Produktion. In den letzten Jahren waren die beiden führenden Zinndistrikte Queenslands diejenigen von Herberton und Chillagoe, welche 1910 eine Gesamtproduktion im Werte von 193666 £ lieferten. Hieran war der Herberton-Distrikt mit 139333 £ beteiligt. Die gesamte australische Zinnausfuhr wird im Jahre 1910 zu 5448 lg t Konzentrate und Blockzinn angegeben.

Brasilien. In den letzten Jahren kamen kleinere Mengen reichen Zinnerzes nach Deutschland aus Brasilien. Hier werden wenig mächtige, aber anscheinend sehr reiche Zinnerzgänge, die im Anschluß an Granit auftreten, ausgebeutet.

Südafrika. Für Deutschland dürften vielleicht auch die Vorkommen von Südafrika in der Zukunft eine größere Bedeutung haben, wenn sie das halten, was sie versprechen. Man beutet in der Hauptsache reiche Zinnsteinseifen aus, deren Konzentrate einen hohen Preis auf dem Kontinent erzielen.

An der Zinneinfuhr Deutschlands war im Jahre 1910 an erster Stelle Indien mit $^9/_{14}$ der Gesamteinfuhr beteiligt. Es dürfte deshalb angebracht sein, auf die indischen Lagerstätten mit wenigen Worten einzugehen.

Bei weitem am wichtigsten ist die Malakka-Halbinsel mit den Inseln Bangka, Billiton usw. Diese zum großen Teil aus Granit bestehenden Gebiete bilden den wichtigsten Zinndistrikt der ganzen Erde.

Man gewinnt den Zinnstein fast ausschließlich aus Seifen, wenn auch einige Gruben primäre Lagerstätten ausbeuten. Der Zinnstein findet sich sowohl als primärer Bestandteil des Granites, als auch auf Gängen, die den Granit nach allen Richtungen durchziehen und mit Greisenzonen vergesellschaftet sind; Zinn führender Pegmatit ist nicht selten und schließlich treten Zinnsteingänge im Kalkstein auf. Die Seifen-

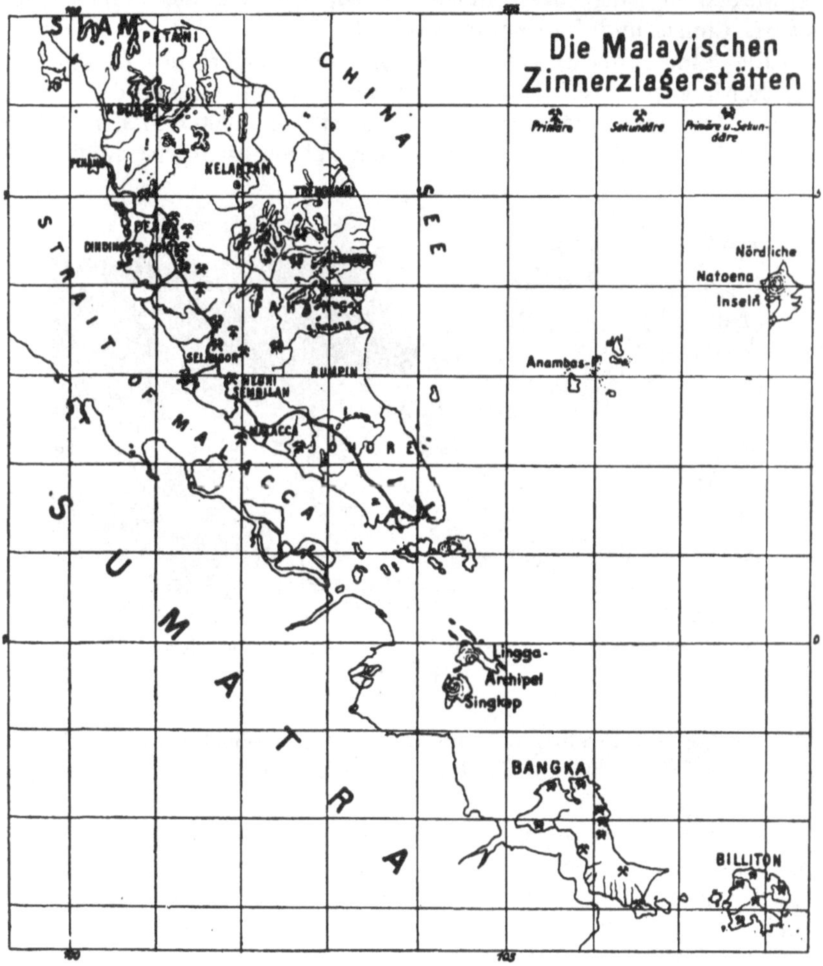

Fig. 93. (Nach Beyschlag-Krusch-Vogt.)

lagerstätten, welche durch Zerstörung der eben genannten primären Vorkommen entstanden, sind durchaus nicht immer alluvial, sondern in vielen Fällen eluvial. Von besonderem Interesse sind die großen Schlotausfüllungen im Kalk.

Bei den Seifen liegen gewöhnlich zu oberst zinnerzarme und unbauwürdige Schichten (Werburden), die aus Sand und Ton bestehen und bis 12, ja sogar bis 16 m Mächtigkeit haben können. In ihrem

Liegenden, und zwar meist unmittelbar auf dem anstehenden Gestein folgt das 0,1—0,25 m, gelegentlich wohl auch 1 m starke Erzlager (Kaksa), welches auf Bangka und Billiton gewöhnlich 2—4% Zinn enthält, während die Seifen von Malakka den Werburden einbegriffen, nur 0,1—0,15% Zinn haben.

Die Lagerstätten von Malakka waren bereits im Altertum bekannt, sie wurden im Mittelalter namentlich zur Deckung des großen Zinnbedarfs Chinas und Indiens ausgebeutet.

Die Zinnerzproduktion begann auf Bangka im Anfang des 18. Jahrhunderts, auf Billiton dagegen erst zu Anfang der 1850er Jahre. Die Jahresproduktion Bangkas ist von 5000 t in den Jahren 1850—1880 auf 10—12000 in den letzten Jahren gestiegen; auf Billiton

Fig. 94. Hydraulische Abbau der Gopeng Tin Co. bei Gopeng (Perak). (Nach Wolff.)

dagegen fiel die Produktion, und zwar von 4—5000 t in den 1870er bis 1890er Jahren bis auf 2—2500 in der letzten Zeit. Die Produktion von Singkep ist geringer.

Auf der Westseite von Malakka hat der Bergbau in den letzten Jahrzehnten einen bedeutenden Aufschwung genommen. Die Seifen verteilen sich namentlich auf die Verbündeten Malayischen Staaten Perak, Selanger, Negri Sembilan, Pahang und Javore im südlichen Teile der Halbinsel.

Die Gesamtproduktion dieser Staaten betrug von 1890—1905 11374841 Pikuls (à 60,5 kg); im Jahre 1908 gewann man 854065 Pikuls. Im Jahre 1909 wurden schätzungsweise 200000 Arbeiter beschäftigt. Die Zinnproduktion des Jahres 1910 wird im ganzen zu 44579 t in den vier Malayischen Staaten angegeben.

Die Lagerstätten Malayas sind die wichtigsten der Welt; sie lieferten im Jahre 1910 ungefähr 60% der Weltproduktion. In den letzten Jahren ist die Produktion infolge der Verarmung der Lagerstätten zurückgegangen. Werden nicht neue reiche Vorkommen entdeckt, ist auf eine weitere Steigerung der Produktion im malayischen Archipel nicht zu rechnen.

d) Die Zinnmarktverhältnisse und die Weltproduktion.

Die Rohzinnproduktion der Welt und das Verhältnis Deutschlands zu den übrigen Staaten geht aus der obigen Tabelle S. 215 hervor.

Die deutsche Produktion stammt, wie oben ausgeführt wurde, durchweg aus fremden Erzen.

Die Bewertung der Zinnerze ist um so komplizierter, je mehr Schwermetalle in den Erzen enthalten sind. Am einfachsten liegen die Verhältnisse bei Zinnstein, der gewöhnlich sehr rein ist. Man richtet sich nach dem Zinn-Tagespreise und zieht von ihm einen Schmelzlohn ab, der z. B. für australischen Zinnstein 150—300 Mk. pro t beträgt. Ein zweiter kleinerer Abzug findet in der Regel insofern statt, als die englischen lgt (à 1016 kg) nur als metr. t, also zu 1000 kg, und das englische £ des Preises nur zu 20 Mk. gerechnet wird. Ein 65%iger Zinnstein wird demnach in Hamburg beispielsweise pro t netto Trockengewicht mit 1979 Mk. bezahlt.

Bei den kompliziert zusammengesetzten Zinnerzen, wie denjenigen des Herberton-Distriktes und bei manchen bolivianischen lassen sich keine allgemeinen Regeln aufstellen.

X. Die Versorgung Deutschlands mit Wismuterzen.

a) Deutschlands Stellung auf dem Wismuterzmarkt.

Die deutsche Wismuterzproduktion ist gering, da nur die sächsischen Gruben eine kleine Menge liefern.

Die Bergreviere Scheibenberg, Johanngeorgenstadt und Schneeberg ergaben im Jahre 1910 245,709 t Wismut-, Kobalt- und Nickelerze im Werte von 425163 Mk. Die Förderung des Jahres 1909 betrug 288 t. Der Durchschnittswert der gesamten Erze wird im Jahre 1910 zu fast 165 Mk., im Jahre 1909 zu 163 angegeben.

Die fast ausschließlich auf die Gewinnung von Wismut angewiesene Grube Vereinigt Feld im Fastenberge bei Johanngeorgenstadt erzielte im Jahre 1910 nach dem vorliegenden Geschäftsberichte 8,40—15,36 Mark per kg.

Die gesamte verkaufte Wismutmenge betrug ca. 2 t; das Metall ist sehr rein.

Der deutsche Bedarf an Wismut ist nicht festzustellen, da das Wismutgeschäft auf der Geheimhaltung beruht.

b) Die deutschen Wismutlagerstätten.

Schneeberg liegt westlich von Annaberg in einer Landschaft, die aus Granit und kambrischen Schiefern mit Kontakterscheinungen besteht. Die Gänge setzen sowohl im Schiefer als auch im Granit auf, und zwar kann man eine ältere Gruppe von einer jüngeren unterscheiden.

Wismut führend ist nur die jüngere Gruppe mit edlen Silber- und quarzigen Kobalt-Wismut- und Eisenerzen. Die Zahl der Gänge ist gering; sie zeichneten sich früher durch einen seltenen Silberreichtum aus.

Der Bergbau geht noch heute auf diesen Kobalt- und Wismuterzgängen um, die sich über ein 10 qkm großes Gebiet mit dem Zentrum Neustädtel erstrecken.

Da die Gänge bereits unter den Kobalterzlagerstätten kurz geschildert wurden, soll hier nur die Wismutführung Erwähnung finden. Es treten sehr häufig auf: Gediegen Wismut und Wismutocker.

Die Erzführung soll in der Regel aufhören, sobald die Spalten aus den Schiefern in den Granit hineinsetzen.

Auch das Gangrevier von Johanngeorgenstadt in der Nähe der böhmischen Grenze südsüdöstlich von Schneeberg führt Wismuterze. Sie gehören der Silbererzformation an und sind sehr ähnlich denjenigen des Annaberger Reviers aber reicher an Wismut. Hier liegt die oben erwähnte Grube Vereinigt Feld im Fastenberge.

Die Bedeutung des Reviers für den Wismuterzbergbau ergibt sich aus der Produktion, die im Jahre 1905 52,3 t, im Jahre 1909 42,7 t Wismuterz betrug.

Das Schneeberger Revier wurde im Jahre 1471 entdeckt und verlieh dem Freiberger Bergbau, der zu jener Zeit im Rückgang begriffen war, neuen Glanz.

In Preußen liefern der Harz und der Schwarzwald geringe Wismuterzmengen. Die preußische Wismutproduktion schwankt sehr und erreicht höchstens wenige Tonnen.

c) Fremde für Deutschland wichtige Wismutlagerstätten.

Bolivien. Die Seite 215 geschilderten bolivianischen Silber-Zinn- und Zinnerzlagerstätten sind auch stellenweise durch ihre Wismuterzführung berühmt. Bolivia ist deshalb in der Lage, einen wesentlichen Teil der übrigens recht kleinen Wismut-Weltproduktion zu liefern, und zwar sind die Distrikte Tasna und Cherolque im Süden hauptsächlich beteiligt.

Die Produktion an Wismuterz hatte in Bolivien allein bei der Gesellschaft Aramayo, Francke & Co. Ltd., den bedeutendsten Produzenten (Tasnagruben), einen Wert von 150000 Dollar.

Der Wismutgehalt des bolivianischen Erzes betrug 1904 406 t, 1905 592 t, 1906 231 t, 1907 249 t und 1908 259 t.

Australien. Auch aus Australien bezieht Deutschland angeblich Erze, welche von Gängen herstammen, und zwar produzierte Queensland im Jahre 1908 Wismuterze im Werte von ca. 210000 Mk. und 1909 im Werte von 54000 Mk., Neu-Südwales 1909 für 32000 Mk. und Tasmanien für ca. 20000 Mk. Im allgemeinen blieb die australische Produktion in den letzten Jahren unter 20 t Erz, während sie von 1890—1895 mehr als 130 t erreichte (siehe Tabelle S. 223).

Produktion von Wismuterz, soweit Zahlen zu erhalten sind.
Metrische Tonnen.

	1906	1907	1908	1909	1910	1911
Neu-Südwales . . .	25	17	9	9	7	9
Queensland	7	6	22	11	22	10
Österreich	2,7	Nichts	Nichts	Nichts	Nichts	Nichts
Ungarn	2,0[1])	0,4[1])		Unbekannt		
Bolivien	231[1])	249[1])	259[1])	ca. 180	ca. 200	—
Peru	—	48[1])	9[1])	Unbekannt		

d) Marktverhältnisse und Weltproduktion.

Wismut wird hauptsächlich für leicht schmelzbare Legierungen und für chemische Präparate und Farben verwandt. Die oben genannte bolivianische Gesellschaft Aramayo, Francke & Co. stellt in ihrem Schmelzwerk erhebliche Mengen von Kupfer-Wismutmatte mit 12% Kupfer her. Man versucht daraus beide Metalle möglichst wirtschaftlich zu gewinnen.

Der europäische Wismutmarkt wird durch die Blaufarbenwerke Ober-Schlema bei Schneeberg und die Firma Johnson, Matthei & Co. in London kontrolliert, welche hauptsächlich bolivianische und australische Erze verhütten. Sie beherrschen den Weltmarkt, in den sie sich geteilt haben.

In der letzten Zeit widmet man den wismuthaltigen Bleierzen größere Aufmerksamkeit.

Der Preis für Wismuterze beträgt in New York 50 Cents per lb bei 50%igem Erz. Gemischte Erze sind häufig, ihre Bewertung ist recht kompliziert.

Unter den Wismutmarken ist das sächsische Wismut mit 99,77% am reinsten. Der Wismutpreis schwankt beträchtlich, er betrug in den letzten Jahren ca. 14—15 Mk. pro kg für Wismut und ca. 12 Mk. für Wismutnitrat. Die Verwendung des Wismuts spielt keine wesentliche Rolle auf dem Wismutmarkt; die Lage ist eine derartige, daß ein abnorm reiches Vorkommen kaum zu einer glänzenden Rentabilität führen würde.

Der Markt ist sehr schwankend, so daß sich unerwartete Änderungen jederzeit ergeben können.

XI. Die Versorgung Deutschlands mit Molybdänerz.

a) Deutschlands Stellung auf dem Molybdänerzmarkt.

An der Weltproduktion in Höhe von ca. 150 t Molybdänerz ist Deutschland so gut wie nicht beteiligt, da nur eine ganz geringe Menge Molybdänglanz im sächsischen Erzgebirge gewonnen wird. Deutschland ist also auf die Einfuhr angewiesen.

b) Die deutschen Lagerstätten.

Die geringe Förderung an einheimischen Erzen stammt hauptsächlich aus den Zinnerzgängen des sächsischen Erzgebirges. Hier

[1]) Gediegen Wismut.

tritt Molybdänglanz in enger Verknüpfung mit Zinnstein in Gängen auf, welche an den Granit gebunden sind. Molybdänglanz ist also zum Teil ebenso wie Zinnstein durch pneumatolytische Vorgänge gebildet worden.

Wegen der unregelmäßigen Verteilung des Molybdänglanzes schwankt die geringe Produktion recht erheblich. Um wie kleine Mengen es sich hier handelt, dürfte daraus hervorgehen, daß die Niederpöbeler Wolframit- und Molybdänglanzgrube (sogenannte Kupfergrube bei Sadisdorf) im Jahre 1907 nur 1,2 t Molybdänglanz lieferte. Die amtliche Statistik des Königreichs Sachsen (Jahrbuch für das Berg- und Hüttenwesen) gibt in dem 1911 erschienenen Bande für das Jahr 1910 überhaupt keine Molybdänglanzproduktion an.

c) Fremde, für Deutschland wichtige Vorkommen.

Australien. Da Molybdänerz einen verhältnismäßig hohen Preis hat, spielt der Transport keine erhebliche Rolle. Unter den Molybdänglanz produzierenden Gebieten steht an erster Stelle Australien mit 123 t im Jahre 1909 und 98 t im Jahre 1908; die Hauptproduzenten sind Queensland und Neu-Südwales.

Im Jahre 1910 produzierte Queensland 106 lg t Molybdänglanz im Werte von 12050 £ und Neu-Südwales 48 t im Werte von 5667 £.

Die Queensländer Produktion stammt fast ganz von Bamford und Wolfram Camp im Chilligoedistrikt, wo der Molybdänglanz zusammen mit Wolframit unter ähnlichen Verhältnissen wie in Sachsen auftritt.

Schweden und Norwegen. Sie weisen eine ziemlich beträchtliche Produktion auf, welche meist zwischen 30 und 40 t beträgt. Die norwegischen Lagerstätten liegen bei Flekkefjord und werden von einer englischen Gesellschaft ausgebeutet.

Schweden hat Molybdänglanzvorkommen auf der Insel Ekholmen im Westervikarchipel. Das Erz tritt hier im Hornblendegneis, vergesellschaftet mit dem Oxyd und mit Kupferkies, auf. Die Gänge sind 6 Zoll bis 2 Fuß mächtig und lieferten Klumpen reichen Molybdänglanzes bis zu 5 Pfund Gewicht.

Österreich. Abgesehen von den Molybdänglanz-Lagerstätten gibt es eine zweite Art von Molybdänerz-Vorkommen, welche Wulfenit, eine Blei-Molybdänverbindung ($PbMoO_4$) führen. Dieses Erz tritt auf metasomatischen Blei-Zinkerz-Lagerstätten auf und dürfte hier durch Oxydationsprozesse entstanden sein. Zu den größten derartigen Lagerstätten gehört das Wulfenitvorkommen von Bleiberg in Kärnten, dessen Produktion im Jahre 1910 152 t und 1911 98,8 t betrug.

d) Der Molybdänerzmarkt.

Man benutzt Molybdän hauptsächlich zum Härten des Stahls, dem es ähnliche Eigenschaften wie Wolfram, aber in weit stärkerem Maße gibt. Wenn Molybdän trotzdem nicht in der Menge verwandt wird, wie seinen vorzüglichen Eigenschaften zukommt, so liegt das daran, daß die Lagerstätten unzuverlässig sind und keine regelmäßige Förderung gestatten. Bisher ist es dem Molybdän deshalb noch nicht gelungen, Wolfram aus dem Felde zu schlagen.

Zweitens wird Molybdän in geringer Menge in der chemischen Industrie zur Herstellung gewisser Salze gebraucht, und in der letzten Zeit verwendet man Molybdänglanz für die drahtlose Telegraphie. Für die beiden zuerst genannten Zwecke scheinen die kleinen Lagerstätten vollkommen auszureichen.

Der Preis für Molybdänglanz betrug im November 1910 in Berlin 10 Mk. per kg Molybdän im Erz. In Amerika wurde für Erz mit 90—95% Molybdänglanz 400—450 $ per t gezahlt.

Der Wulfenit hat keinen festen Preis, da die Verunreinigungen eine große Rolle spielen. Die österreichischen Erze wurden nach Deutschland, England und Amerika verkauft. Der Gehalt an Molybdänsäure betrug 25—36%; es wurden 1912 60 Kronen für 100 kg bezahlt.

Im Jahre 1909 war die Molybdänerzförderung folgende:

Neu-Südwales	29 t
Queensland	94 t
Vereinigte Staaten	nichts
Norwegen	zwischen 30 und 40 t
Schweden	nichts
Österreich	59.6 t
Sachsen	nichts.

XII. Die Versorgung Deutschlands mit Arsenerzen.

a) Deutschlands Stellung auf dem Arsenerzmarkte.

Deutschland ist eines der Haupt-Arsenerzländer. An der Weltproduktion von ca. 20000 t hochhaltigen Arsenerzes ist Deutschland im Jahre 1909 mit ca. 1/4 beteiligt. Der Hauptproduzent ist die Grube Reicher Trost bei Reichenstein, welche im Jahre 1910 4462 t im Werte von 98 Mk. pro t lieferte; geringere Bedeutung hat die Grube Evelinens Glück bei Rothenzechau mit einer Förderung von 1308 t zu 62 Mk pro t.

Deutschlands Stellung auf dem Arsenerzmarkte war zeitweise hervorragend, da es zeitweise fast den ganzen Arsenkonsum der Welt deckte.

b) Die Arsenerzlagerstätten Deutschlands.

Reicher Trost bei Reichenstein. Das Vorkommen liegt am Nordabhange des Riesengebirges im Gebiete kristalliner Schiefer, die sich auf den Granit auflegen. Von besonderem Interesse sind die Kalke und Serpentingesteine, welche im Glimmerschiefer in schwankender Mächtigkeit auftreten und von unregelmäßigen Erzkörpern begleitet werden. Der Serpentin ist, ebenso wie die Erzvorkommen, durch Kontaktmetamorphose entstanden, und zwar stellen beide Verdrängungsprodukte des Kalkes dar.

Das bedeutendste von der Grube Reicher Trost ausgebeutete Vorkommen ist durch einen 1200 m langen, südsüdwestlich streichenden Pingenzug charakterisiert, welcher von den Eselpingen bis zum Follmersdorffer Wege reicht. Man kennt das Lager auf der vierten Tiefbausohle auf 140 m Länge, von da nimmt es bis zur neunten ab; seine Mächtigkeit erreicht bis 35 m. An der eigenartigen Form dürften Störungen hochgradig beteiligt sein (Fig. 20 S. 92).

Die Lagerstätte wurde von mir bereits bei den Goldvorkommen erwähnt; sie führt hauptsächlich Arsenikalkies und untergeordnet Arsenkies; beide Erze sind durch einen erheblichen Goldgehalt ausgezeichnet.

Der Bergbau begann im Jahre 1270 und ging zuerst auf Gold um. Im 18. Jahrhundert wurden dann die Arsenerze in Angriff genommen, aber erst im Jahre 1859 lernte man mit Hilfe des Chlorationsverfahrens aus den Arsenerzabbränden Gold gewinnen.

Evelinens Glück bei Rothenzechau. Rothenzechau liegt unweit Schmiedeberg im Kreise Hirschberg. Hier treten eine Reihe kurzer Gangtrümer von 1 bis 2,50 m Mächtigkeit im Talkschiefer auf. Sie führen Arsenerz und liefern im Durchschnitt ein Produkt mit 35% Arsen, 0,019% Silber und 0,00048% Gold.

Altenberg i. Schl. Altenberg ist für die Arsenerzgewinnung vorläufig von untergeordneter Bedeutung, da der Betrieb still liegt. Bei Kauffung im Katzbachgebirge treten im silurischen (s. S. 86) Tonschiefer und in diesen durchsetzenden Quarzporphyren ostwestlich streichende Erzgänge auf, von denen für die Arsenerzgewinnung der Bergmannstroster Gang, das ist der südlichste, am wichtigsten ist; das herrschende Erz ist hier Arsenkies. Die Gänge wurden von mir bereits bei den Goldlagerstätten erwähnt (S. 91), weil namentlich die nördlicheren durch einen hohen Goldgehalt ausgezeichnet sind. Altenberg hat keine Produktion.

Markirch in den Vogesen. Hier findet sich gediegen Arsen neben Arsenkies und Arsenikalkies auf Gängen. Die Lagerstätten sind heute ohne Bedeutung.

Geringe Mengen von Arsenkies kommen auf fast allen Erzgängen im sächsischen Erzgebirge, im Harz, Thüringer Wald usw. vor.

c) Fremde, für Deutschland wichtige Lagerstätten kommen infolge der reichlichen eigenen Produktion nicht erheblich in Frage, wenn auch fremde arsenhaltige Erze von einheimischen Hütten, z. B. in Freiberg, verarbeitet werden und daraus eine gewisse Menge von Arsenpräparaten hergestellt wird. Der Herkunftsort dieser Erze dürfte je nach den Angeboten schwanken.

d) Marktverhältnisse und Weltproduktion.

Die größte Arsenmenge dürfte in der Glasindustrie verwandt werden, wo ein Zusatz von Arsen eine schnelle Beseitigung der Luftblasen im Glasfluß bewirkt. Man braucht weiter Arsen für chemische Präparate und für Tiergifte.

An der Arsenerzproduktion waren im Jahre 1909 folgende Länder beteiligt:

Kanada (Arsenik)	1024 t
Frankreich	einige 1000 t
Deutschland	6150 t

Spanien (Arsenik)	einige 1000 t
Großbritannien (Arsenik)	3259 t
Japan (Arsenik)	einige t
Portugal	zwischen 1000 und 2000 t
Schweden	182 t
Vereinigte Staaten (Arsenik)	1000 t
China . . . . . keine genaue Angabe, vielleicht	mehrere 1000 t.

Über die Bewertung der Arsenerze läßt sich gegenwärtig keine genaue Angabe machen. Als Anhalt kann dienen, daß überseeische Erze mit einem Mindestgehalt von 30% Arsen zurzeit mit 3—3,50 Mk. per Unit (pro % pro t) frei deutscher Hafen angeboten werden.

Da die amerikanische Gesetzgebung nicht mehr gestattet, daß Arsendämpfe in die Luft gehen und infolgedessen die Hüttenwerke Anlagen zur Arsenikproduktion errichten mußten, verkaufen sie ihre Produkte wenig über dem Herstellungspreise. Die Folge dieser Gesetzgebung ist also eine wesentliche Erhöhung der Arsenik-Weltproduktion im Jahre 1910, so daß, da der Verbrauch nicht entsprechend wächst, die hohen Preise für Arsenpräparate der Vergangenheit angehören dürften.

Im Juni 1911 wurden bezahlt: für weißes Arsenmehl 23 Mk., für rotes Arsenik (64% As und 36% S) 53 Mk., für metallisches Arsen (As) 155 Mk pro t.

XIII. Die Versorgung Deutschlands mit Antimonerzen.

a) Deutschlands Stellung auf dem Antimonerzmarkt.

An der ca. 30—35000 t betragenden Antimonerz-Weltproduktion ist Deutschland nicht beteiligt. Zu der ca. 25000 t erreichenden Welt Metallproduktion trug es im Jahre 1909 3841 t bei. Die aus fremden Erzen stammende Produktion beträgt also ca. $^1/_6$ der Weltproduktion. Deutschland stellt außerdem eine große Menge antimonhaltigen Bleies (sog. Hartblei) dar.

b) Antimonerzlagerstätten Deutschlands.

Wie bereits angegeben, hat Deutschland keine irgendwie nennenswerte Antimonerzproduktion, wenn auch sehr geringe Mengen von Antimonerzen auf den verschiedensten deutschen Lagerstätten und namentlich auf den Gängen und metasomatischen Vorkommen von Blei-Zinkerzen auftreten.

In den früheren Jahren trug die Lagerstätte der Casparizeche bei Arnsberg etwas zur Weltproduktion bei. Das Erz ist hier an den Kulm-Plattenkalk gebunden, der einen Sattel bildet. Auf dem Südostflügel des Sattels, welcher auf über 1100 m streichende Länge bekannt ist, sind fünf erzführende Bänke erschlossen, in welchen das Erz, und zwar Antimonglanz mit Jamesonit — am Ausgehenden Antimonocker — entweder Nester von 5—15 cm Stärke oder feine Einsprengungen bildet. Auf dem Nordwestflügel ist Antimonocker reichlicher, die Erze sind weniger rein.

Ich halte die Lagerstätten in genetischer Beziehung für Umwandlungen des Kulm-Plattenkalkes von Spalten aus. Der Betrieb der Grube wurde im Jahre 1885 eingestellt, da man das Vorkommen für abgebaut hielt.

c) Fremde, für Deutschland wichtige Antimonerzlagerstätten.

An erster Stelle steht China, welches im Jahre 1910 ca. 8000 t Metall lieferte; das ist ein erheblicher Teil der Weltproduktion. Das Erz tritt nach den vorhandenen Angaben auf Gängen auf; die hauptsächlichsten Gruben liegen in der Provinz Huan. Das Zentrum der Industrie ist J-yang und der Mittelpunkt des Antimonerzhandels Changsha. Es werden von China bedeutende Quantitäten Erz mit ca. 50% Antimon oder Rohantimon mit ca. 70% Metall nach Europa und auch nach Deutschland exportiert.

Das zweitwichtigste Land ist Frankreich, dessen bedeutendste Gruben in der Auvergne liegen. Spanien, Portugal, Algier, Ungarn und Böhmen liefern ebenfalls geringe Mengen Erz.

d) Marktverhältnisse und Weltproduktion.

Das Antimon wird zur Herstellung von Antimonpräparaten, von Farbmitteln und Legierungen (Drucklettern, Glocken, Spiegeln usw.) verwandt. In letzter Zeit findet es bei der Fabrikation von Lagermetall umfangreichere Verwendung. Antimon dient außerdem für säurebeständige Ausfütterungen und zur Vulkanisierung des Kautschuks. Für militärische Zwecke ist es wegen seiner Eigenschaft, Blei zu härten, von unschätzbarem Werte. In den Legierungen ersetzt Antimon bis zu einem gewissen Grade Zinn, in den Farben Blei, und diese Produkte haben vor den Bleifarben den Vorzug der Unschädlichkeit.

Über die Antimonerzproduktion gibt folgende Tabelle Auskunft:

	1909	1910
Vereinigte Staaten	ca. 1600 t	nichts
Bolivien	einige 100 t	einige 100 t
Neu-Südwales (Erz und Metall)	97 t	99 t
Neu-Seeland (Erz)	2 t	nichts
Österreich	450 t	unbek.
Ungarn	1000—2000 t	1000—2000 t
Frankreich	28105 t	25—30000 t
Algier	163 t	100—200 t
Italien	1077 t	unbek.
Mexiko (Erz)	31 t	6 t
Portugal	einige 100 t	einige 100 t
Spanien	einige 100 t	einige 100 t
China (Export)	776 t Erz 7937 t Metall	unbek.
Japan	157 t	einige 100 t.

Die Produktion von Antimonmetall war in den Jahren 1909 und 1910 folgende:

	1909	1910
Neu-Südwales (Metall und Erz) . . .	97 t	99 t
Neu-Seeland	2 „	nichts
Österreich	nichts	unbek.
Ungarn	500—1000 t	500—1000 t
China (Export)	7937 „	unbek.
Frankreich	5444 „	unbek.
Preußen	3841 „	3000—4000 t
Italien	59 „	unbek.
Japan	157 „	einige 100 t
Mexiko (Ausfuhr)	4115 „	3730 „
Vereinigte Staaten	4335 „	4487 „ .

Die Bewertung der Antimonerze ist schwierig, da es nicht nur auf den Antimongehalt sondern auch auf die Beimengungen ankommt. Als arme Erze bezeichnet man solche mit bis 40% Antimon; die reichen Erze haben bis 70%. Ein reines Erz mit 66% Metall hatte im Jahre 1907 beispielsweise einen Wert von 27,6 £ per lg t bei einem Antimonpreise von 110 £ per t. Es folgte nach 1907 der große Preissturz des Antimons auf 40 £ und weniger, und 1910 wurde Antimonerz mit 50% Metall nur noch mit 8—10 £ bezahlt.

Da ein Teil des Antimons bei dem Verhüttungsprozeß verloren geht, werden 8% von dem Gehalt der Erze abgezogen. Der Antimonpreis betrug in London 27—29 £ für Regulus und 12—16 £ für Crudum.

XIV. Die Versorgung Deutschlands mit Platin.

a) Deutschlands Position auf dem Platinmarkte.

Da das in den Handel kommende Platin ausschließlich aus Platinseifen gewonnen wird, welche das Metall nur in gediegenem Zustande enthalten, kommen andere platinhaltige Erze nicht in Frage.

An der 260000 Unzen (à 31,1 g) betragenden Platinproduktion ist Deutschland nicht beteiligt.

Über den Verbrauch von Platin in Deutschland gibt es keine zuverlässige Statistik. Die Vierteljahrshefte der Statistik des Deutschen Reichs führen nur die Waren aus Platin und Platinmetallen an, welche in der Hauptsache aus russischem Platin hergestellt sind.

Im ganzen sind im Jahre 1910 eingeführt worden 196 kg Platinwaren im Werte von 882000 Mk., davon stammen aus Großbritannien 38 kg im Werte von 171000 Mk., aus Österreich-Ungarn 58 kg im Werte von 261000 Mk. und aus den Vereinigten Staaten 72 kg im Werte von 324000 Mk.

Die Ausfuhr betrug 0,28 t platinhaltiger Erze im Werte von 698000 Mk. und 0,4 t Platin, Iridium, Osmium usw. roh oder gegossen im Werte von 1525000 Mk.

Da Deutschland keine Platinlagerstätten hat, kommen nur fremde in Frage.

b) Fremde, für Deutschland wichtige Platinlagerstätten.

Die bei weitem wichtigsten Vorkommen sind diejenigen Rußlands.

Rußland. Hier findet man Gediegen Platin in den Ablagerungen der Flüsse (Flußseifen) zusammen mit Zinnober, Gold und anderen schweren Erzen. Die Seifen entstanden durch die Zerstörung von primären Platinvorkommen, bei welchen das Edelmetall meist in kleinen Körnchen in basischen Eruptivgesteinen auftritt. Die Versuche, aus diesen magmatische Ausscheidungen darstellenden Lagerstätten Platin zu gewinnen, sind bisher gescheitert.

Die russischen Platinseifen liegen im Ural und enthalten 2,6—40 g, im Durchschnitt 6—8 g per cbm. Der Gehalt der verarbeiteten Seifen hat in den letzten Jahren wesentlich abgenommen. Während er im Jahre 1900 noch 15,68 g betrug, werden für 1910 nur 5,89 g angegeben.

Die Verhältnisse derartiger Seifen gehen am besten aus folgendem Beispiel hervor: Das Flußbett des Tura im Ural, aus welchem Platin gewonnen wird, enthält zu oberst entweder Sand und Felsblöcke von erheblichen Dimensionen oder Torf. Unter beiden liegt die Platinseife von 2—7 Fuß Stärke.

Die Zusammensetzung des in den Seifen gefundenen Rohplatins wird hauptsächlich durch das Auftreten der übrigen Platinmetalle Iridium, Osmium, Ruthenium, Palladium, Rhodium und Osmium-Iridium bedingt, neben denen in erheblicherer Menge noch Eisen vorhanden ist.

Im Rohplatin beträgt z. B. der Platingehalt bei Blagodad 81,5% und bei Nischny-Tagilsk 88,87%, der Rhodiumgehalt schwankt zwischen 3 und 4,5%, der Osmium-Iridiumgehalt kann 2—5% und der Eisengehalt über 10% erreichen.

Der Ural lieferte nach der amtlichen Statistik im Jahre 1908 156792 Unzen Troy (31,1 g). Da aber große Mengen von Platin der Statistik entzogen werden — namentlich die Diebstähle der Arbeiter fallen erheblich ins Gewicht —, wird die tatsächliche Produktion im genannten Jahre zu 250 Unzen angenommen.

Im Jahre 1907 gibt die amtliche Produktionsstatistik 172758 Unzen an, die wirkliche dürfte 310000 betragen.

Columbia. In der letzten Zeit haben die südamerikanischen Platinlagerstätten von sich reden gemacht. Auch hier tritt Platin in alluvialen Seifen auf, die z. T. fluviatil, z. T. eluvial sind. Derartige Vorkommen liegen in der Nähe der Westküste im Gebiete der Flüsse Opogodo, Condoto und Iro.

Auch hier stammt das Edelmetall aus basischen, olivinreichen Gesteinen, in denen es in kleinen magmatischen Ausscheidungen vorkommt. Die Seifen von Columbia sind z. T. in einer Stärke von 0,5—4 m lateritisiert. In den Konzessionsgebieten handelt es sich nirgends um festen Laterit, sondern ausschließlich um lockere Massen, welche bei der Gewinnung des Platins keine Schwierigkeiten bereiten.

Die Platingehalte betrugen in dem einen Flußgebiet 0,115—0,874 g pro t. Inbezug auf die Zusammensetzung interessieren folgende Bestandteile:

Platin 84,05%, Osmium-Iridium 6,9%, Iridium 1,72% und Eisen 5,52%.

Columbia lieferte im Jahre 1908 8800 Unzen.

c) Marktverhältnisse und Weltproduktion.

Die russischen Lagerstätten beherrschen den Weltmarkt, da sie die Hauptmenge der Weltproduktion liefern.

Der Platinpreis schwankte von 1902—1908 in Europa für reines Platin (raffiniertes Platin) zwischen 4 £ 4 sh und 7 £ 19 sh 8 d, für Rohplatin zwischen 3 £ 9 sh 4 d und 6 £ 15 sh 8 d per Unze.

Die Preise für die Platinmetalle sind recht erheblich, am teuersten war von 1896—1900 Rhodium mit 16 Mk., es folgten dann Ruthenium mit 7,90, Iridium mit 4,90, Palladium mit 3,85 und Osmium mit 3,80 Mk. pro g.

Der Platinmarkt wird gegenwärtig durch die Société industrielle du Platine in Paris kontrolliert, welche über einen großen Teil der russischen Produktion verfügt. Sie hat infolgedessen den Preis in den letzten Jahren systematisch gesteigert. Im Oktober 1908 betrug er 3400 Fr., Ende des Jahres 4000 Fr., 1909 4500 Fr., 1910 5000—5200 Fr. und 1911 7200 Fr. per kg.

XV. Die Versorgung Deutschlands mit Wolframerzen.

a) Deutschlands Stellung auf dem Wolframerzmarkt.

Sowohl bei der Wolframit- (wolframsaures Eisen plus wolframsaures Mangan), als auch bei der Scheelit- (wolframsaures Calcium) Produktion spielt Deutschland keine erhebliche Rolle; es wird nur in dem sächsischen Erzgebirge im Gebiete der Zinnerzlagerstätten (siehe dort) eine geringe Wolframerzmenge gewonnen. Die amtliche Statistik Sachsens gibt für das Jahr 1910 in den Bergrevieren Scheibenberg, Johanngeorgenstadt und Schneeberg 11 t im Werte von 22000 Mk. und im Bergrevier Altenberg 83,59 t im Werte von 197358 Mk. an. Die Gesamtproduktion beträgt demnach 94059 kg Wolframerze im Werte von 219358 Mk. (s. Tabelle S. 234).

Die Einfuhr an Wolframerzen betrug im genannten Jahre 2491 t im Werte von 4982000 Mk. Die Haupteinfuhrländer sind:

der australische Bund	601 t
Portugal	274,5 „
Großbritannien	400 „
Argentinien	364 „
Britisch Malakka	136 „

Die Ausfuhr an Wolframerzen und Uranpecherz betrug 188 t. Davon gingen nach Frankreich 90 und nach der Schweiz 68 t. Da die Uranerzmenge nur eine verschwindende sein dürfte, kann die erwähnte Ausfuhr fast ausschließlich auf Wolframerz bezogen werden.

b) Die Wolframerzlagerstätten Deutschlands.

Es kommen nur die sächsischen Vorkommen in Frage, unter denen diejenigen des Altenberger Reviers relativ am bedeutendsten sind.

Produktion, Ein- und Ausfuhr Deutschlands an Wolframerz.

A. Produktion in metr. t		B. Einfuhr in metr. t		C. Ausfuhr in metr. t	
1909	1910	1909	1910	1909	1910
79 t im Werte von 149 000 Mk.	94 t im Werte von 219 000 Mk.	2520 t im Werte von 4 537 000 Mk.	2491 t im Werte von 4 982 000 Mk. und zwar: Australien . . . 601 t Portugal . . . . 274,5 „ Großbrit. . . . 400 „ Argentinien . . 364 „ Brit. Malakka 136 „	ca. 49 t	ca. 188 t Davon nach: Frankreich . . 90 t Schweiz . . . . 68 „

Der Konsum Deutschlands betrug also im Jahre 1910 annähernd 2400 t, an denen Deutschland mit noch nicht $^1/_{24}$ beteiligt war.

Die Wolframitlagerstätten sind aufs engste mit den Zinnsteinvorkommen verwandt, denn die Zinn- und Wolframerze gehören zur Gruppe der Zinnmineralien (siehe S. 213) und Wolframerz tritt genau in derselben Weise wie Zinnerz auf.

Die Gänge von Sächsisch und Böhmisch Zinnwald enthielten beispielsweise 0,2—0,8% Zinn neben 1—2% Wolframit. Der die Gänge begleitende Greisen war dagegen arm an Wolframit.

Sächsisch-Zinnwald lieferte im Jahre 1898 50,5 t Wolframit, im Jahre 1906 werden bei Böhmisch-Zinnwald 49,1 t und 1907 bei Sächsisch-Zinnwald 59 t angegeben. Die Niederpöbeler Wolframit- und Molybdänglanzgrube (Kupfergrube bei Sadisdorf siehe S. 213) ergab 1907 3,05 t Wolframerz.

c) Fremde, für Deutschland wichtige Wolframerzlagerstätten.

Im Jahre 1910 stammte der größte Teil des deutschen Importes aus Australasien. Die Lagerstätten gehören im allgemeinen dem sächsischen Typus an, und namentlich ist die Übereinstimmung der Blue-Tier-Zinnerzgänge Tasmaniens, die in einem postsilurischen (s. S. 86) Granit auftreten, mit den Zinnerz„flözen“ Zinnwalds eine auffallende.

Die wichtigsten Gebiete in Neu-Südwales sind der oben erwähnte Vegetable-Distrikt und die Emmaville-Division. Über die Vorkommen von Mount Bischoff siehe S. 216.

Auch die Zinnerzgänge des Herberton-Distriktes sind durch ihre Wolframitführung bekannt.

Nach den Konsularberichten stammt die Haupterzmenge aus Queensland und Westaustralien. So soll Queensland 750—1500 t Wolframerz jährlich exportieren. Von dem Export nimmt England ungefähr $^2/_3$, Deutschland ungefähr $^1/_3$ auf.

Die Bedeutung Australiens dürfte aus der Produktion des Jahres 1910 hervorgehen. Es lieferten, so weit die Angaben der amtlichen Statistik reichen, in dem genannten Jahre Wolframerze: Neu-Südwales 168 t und Queensland 869 t.

Portugal. Die Lagerstätten der iberischen Halbinsel treten in größerer Häufung in einem langen, nordwestlich verlaufenden Zuge im Nordwesten der Halbinsel auf, der sich von Zamora nördlich von Salamanca durch den nordöstlichen Teil von Portugal (Traz os Montes) bis in die Provinz Orenso (Galicien) erstreckt. Der Distrikt ist zu gleicher Zeit Zinn- und Wolframerzdistrikt. Einige Gänge sind sehr reich an Wolframit, und zwar tritt das Erz sowohl auf den Zinnerzgängen, als auch auf besonderen Wolframitquarzgängen auf. Die bekanntesten Fundpunkte des Minerals sind San Finx in Galicien und Montaro in der Provinz Cordoba. Außerdem kommen die Provinzen Caceres, Salamanca, Orense und Pontevedra in Frage.

San Finx soll 1905	400—450 t,
Salamanca	ca. 200 t,
Cordoba	ca. 100 t,
Caceres	25—35 t

geliefert haben. Der bei weitem größte Teil der Produktion kommt allerdings auf Spanien, da die portugiesische Wolframitförderung geringer ist. Sie betrug im Jahre 1901 nur 90 t, stieg im Jahre 1902 auf 234 t, erreichte 1906 mit 570 t den Höhepunkt und fiel dann wieder bis auf 106 t im Jahre 1908.

Ein für die Wolframerzproduktion besonders wichtiger Gangbezirk ist derjenige von Panasquiera in der Provinz Beira Baixa. Hier tritt Wolframit als Haupterz auf, während Zinnstein zurücktritt.

In den Jahren 1909 und 1910 soll der Wolframitbergbau einen erheblichen Aufschwung genommen haben; so gibt ein Generalkonsulat allein von der Oportogrube im Jahre 1909 489 t Konzentrate an und die Gesamtausbeute von acht in Betrieb befindlichen Gruben soll ungefähr 800 t (?) betragen.

Großbritannien. Hier liefert der Cornwall-Zinnerzdistrikt zu gleicher Zeit Wolframerze. Auf der Halbinsel Cornwall treten eine Reihe von Granitinseln auf (Fig. 90 S. 214), die an der Oberfläche durch Schiefer voneinander getrennt sind. Die Wolframerz führenden Zinn- und Kupfererzgänge liegen an der Peripherie der Granitfelder und setzen z. T. in die angrenzenden, kontaktmetamorphen Schiefer hinein. Die Erze finden sich teils auf den Absonderungsflächen des Granites und bilden hier Imprägnationsklüfte, Stockwerke usw., teils treten sie auf mehrere Meter mächtigen Verwerfungsgängen auf, die sich durch Breccienstruktur auszeichnen. Neben den Zinn- und Kupfererzgängen kommen Wolframit und Scheelit vor. Die wichtigsten Gangarten sind Quarz, Chlorit, Turmalin, Flußspat und Kaolin.

Der Cornwall-Distrikt kommt hauptsächlich für die Zinn- und Kupferproduktion in Frage. Sie betrug im Jahre 1908 4500 t Zinn und 700 t Kupfer.

Wolframit und Scheelit wurden gewonnen:

im Jahre 1904:	164 t
„ „ 1905:	174 „
„ „ 1906:	267 „
„ „ 1907:	327 „
„ „ 1908:	237 „
„ „ 1909:	382 „
„ „ 1910:	271 „

Argentinien. Hier gibt es typische Repräsentanten von Wolframitgängen, die kein Zinnerz führen, im übrigen aber in genetischer Beziehung aufs engste mit den Zinnsteingängen verwandt sind.

Hervorzuheben sind die Lagerstätten Sauce und Calumichita in der Sierra de Cordoba, wo in 1750 m Meereshöhe sowohl im Granit als in den benachbarten kristallinen Schiefern Quarzgänge mit niobhaltigem Wolframit, sekundärem Scheelit, Molybdänglanz, Quarz usw. auftreten.

Die wichtigste Grube ist Los Cóndores; sie gehört einer deutschen Gesellschaft. Der Gang soll auf ca. 1200 m Länge bekannt sein. Bei der Ignacio-Grube kennt man einen 12—20 Zoll starken Gang auf ca. 600 m Länge.

Leider hat Argentinien keine amtliche Statistik, indessen dürfte aus dem Umstand, daß von hier allein nach Deutschland im Jahre 1910 364 t eingeführt wurden, auf eine erhebliche Produktion geschlossen werden.

Nach der Angabe des Ministeriums wird ungefähr $^1/_5$ der Welt-Jahresproduktion an Wolfram in Argentinien gewonnen. Die Hansa Sociedad de Minas lieferte nach Angabe $^6/_7$ der ganzen argentinischen Ausbeute, nämlich monatlich 60—100 t Konzentrate mit 65—70% WO_3.

Die amerikanische Statistik gibt in The Mineral Industry für Argentinien an:

Im	Jahre	1906:	326 sh t
„	„	1907:	507 „
„	„	1908:	548 „
„	„	1909:	900 „

Britisch Malakka. Die Zinnerzvorkommen des malayischen Archipels, welche ich S. 219 schilderte, führen auf den primären Lagerstätten auch Wolframerze. Aus derartigen Vorkommen stammen die 136 t von Britisch Malakka, welche im Jahre 1910 in Deutschland eingeführt wurden. Eine amtliche Statistik, die eine einigermaßen zuverlässige Auskunft über die Höhe der Produktion gäbe, ist leider nicht vorhanden.

Brasilien. In letzter Zeit sind brasilianische Erze in Deutschland eingeführt worden. Sie stammen z. T. von Wolframitgängen bei Encrucilhada (Mina Progresso), die in den letzten Jahren eine kleinere Produktion hatten. Das Erz ist hier mit Quarz vergesellschaftet.

Die Geschichte der Grube ist typisch für die meisten Wolframitlagerstätten. Wegen der großen Widerstandsfähigkeit des Wolframits neigen die Vorkommen zur Bildung eluvialer Seifen, die in den ersten Monaten eine schnelle Produktionssteigerung zulassen; sobald man dann gezwungen ist, die primären Lagerstätten abzubauen, erfolgt ein erheblicher Rückgang.

d) Marktverhältnisse und Weltproduktion.

Die Höhe der Weltproduktion, welche im allgemeinen zu 4000 bis 5000 t angenommen wird, geht aus folgender Übersicht hervor:

	1908	1909	1910	1911
Süd-Afrika	40 sh t	16 sh t	unbek.	unbek.
Föderierte Malayische Staaten	83	99	unbek.	unbek.
Indien	—	7 (?)	unbek.	unbek.
Neu-Südwales	269	431	321	398
Süd-Australien und Nord-Territorium	40	49	unbek.	unbek.
Queensland	516	679	873	553
Tasmanien	5	20	68	71
Victoria	3	15	unbek.	unbek.
West-Australien	—	6	2	10
Singkep	14	23	unbek.	unbek.
Österreich	44	43	39	40
England	261	421	278	267
Frankreich	124	54	30	unbek.
Deutschland	46	106	95	unbek.
Portugal	684	609	943	unbek.
Spanien	249	129	153	unbek.
Neu-Seeland	87	78	179	140
Vereinigte Staaten	671	1619	1833	1173
Argentinien	548	817	1912	unbek.
Bolivien	187	168	210	unbek.
Brasilien	16	—	—	—
	3887 sh t	5389 sh t		

Wolfram wird in der Stahlindustrie und Elektrotechnik verwandt. Mit einem Schmelzpunkt von 3080° gehört es zu den am schwersten schmelzbaren Metallen.

Man benutzt den Wolframstahl zu Werkzeugen, Panzerplatten, Geschossen usw., überhaupt zu allen Materialien, die besondere Härte haben müssen, aber nicht brüchig sein dürfen. Man stellt außerdem wolframsaure Salze als Beizmittel für Färberei und Seidenindustrie her.

Die Lage des Wolframitbergbaues steht im engsten Zusammenhang mit der Lage der Eisenhütten- und Stahlindustrie, da im Beleuchtungswesen noch zu wenig Wolfram gebraucht wird. Die erstklassigen Erze müssen sehr rein sein. Wolframit wird bei gleichem Gehalt etwas höher bewertet als der schwieriger zu verarbeitende Scheelit.

Da es nur wenige Wolframlagerstätten gibt, ist an einen Niedergang dieses Bergbaues bei Eisen-Hochkonjunktur vorläufig nicht zu denken. Die Wolframerze werden nach ihrem Gehalt an WO_3 bezahlt. Solange man die heutigen vielseitigen Verwendungsarten des Wolframits nicht kannte, betrug der Preis 7—10 Mk. per Unit (pro $^0/_0$ pro t), er stieg dann nach der Entdeckung des Wolframstahls bis auf 52 Mk., sank aber 1910 wieder auf einige 30 Mk.

Ein Erz mit $70^0/_0$ WO_3 wurde in Deutschland im Jahre 1910 mit 2450 Mk. pro t bewertet. Für den schwerer zu verarbeitenden Scheelit vergütet man je nach der Zusammensetzung $^1/_{12}$ bis $^1/_4$ weniger.

XVI. Die Versorgung Deutschlands mit Schwefelerz bzw. Schwefel (Schwefelkies und Gediegen Schwefel).

a) Die Stellung Deutschlands auf dem Schwefelerzmarkt.

Die Produktion Deutschlands erreichte nach der Statistik des Reichsamts des Innern im Jahre 1910 240384 t Schwefelkies aus fünf

Gruben, die Schwefelkies als Haupterz gewannen, und aus 11 Betrieben, bei denen man das Erz *neben* anderen förderte. Der durchschnittliche Schwefelgehalt betrug 35,46 %. Die Produktion hatte einen Wert von 1781000 Mk. Von der Rohförderung waren 186312 t ohne oder nur nach Handaufbereitung absetzbar. Sie hatten einen durchschnittlichen Schwefelgehalt von 43 % und einen Wert ab Grube von 1679000 Mk. Der Rest von 55162 t wurde in der Aufbereitung weiter verarbeitet; man gewann daraus 16604 t mit durchschnittlich 39,24 % im Werte von 185000 Mk. und 10021 t mit durchschnittlich 44,69 % im Werte von 231000 Mk.

Bei den Aufbereitungsprodukten sind also zwei Zahlen genannt. Sie kommen dadurch zustande, daß der Schwefelkies — wie oben erwähnt — nicht nur auf den Schwefelkieslagerstätten im strengen Sinne des Wortes auftritt, sondern auch neben anderen Erzen auf anderen Vorkommen bricht.

Die reichen Aufbereitungsprodukte mit 44,69 % stammen von den Schwefelkiesgruben, die ärmeren mit 39,24 % wurden bei der Aufbereitung von Kupfererzen, silberhaltigem Bleiglanz und Zinkblende gewonnen (siehe die Tabelle S. 237, betreffend Produktion im Jahre 1909 und 1910).

Zu der deutschen Produktion, die durchschnittlich 41,29 % Schwefel hat, kommt eine erhebliche *Einfuhr* (siehe Tabelle S. 238). Sie betrug im Jahre 1910 792735 t, und zwar stammte fast die ganze Einfuhr aus dem Huelvadistrikt: aus Spanien 683011 und aus Portugal 59143 t; untergeordnet kamen außerdem noch in Frage: Frankreich mit 17740, die europäische Türkei mit 16482 und die asiatische Türkei mit 7261 t.

Die *Ausfuhr* an Schwefelkies ist unbedeutend; sie betrug im Jahre 1910 9871 t.

Die eingeführten Erze dürften einen höheren Gehalt als die produzierten haben. Man kann den Schwefelgehalt der ersteren wohl zu ca. 48 % annehmen.

Der *Schwefelkieskonsum* Deutschlands betrug im Jahre 1910 ca. 1022000 t; er besteht aus ca. 240000 t einheimischer Produktion mit 41 % und ca. 782000 t Einfuhr abzüglich Ausfuhr mit ca. 48 %. *Die inländischen Lagerstätten konnten unter Berücksichtigung des Schwefelgehaltes ca. 1/6 des Konsums decken.*

Der Schwefelkies wird für die Schwefelsäuregewinnung z. T. durch Ged. *Schwefel* in mehr oder weniger reiner Form ersetzt. Eine eigene Gewinnung an Ged. Schwefel hat Deutschland *nicht*, wohl aber eine *Einfuhr*. Sie betrug im Jahre 1910 46796 t und stammte zum bei weitem größten Teil aus Italien mit 43300 t. Kleine Mengen kommen aus Österreich-Ungarn (727 t), Mexiko (908 t) und den Vereinigten Staaten von Amerika (1638 t).

Die *Ausfuhr* an Gediegen Schwefel betrug 2714 t. Es wurden also *verbraucht* in Deutschland an Gediegen Schwefel ca. 44000 t, die fast ganz aus Italien stammen.

Förderung von Schwefelerzen (Schwefelkies) im Gebiete des Deutschen Reiches in den Jahren 1909 und 1910.

Zahl der in Förderung gewesenen Betriebe	Jahresförderung von rohem Schwefelerz (Schwefelkies)			Von dem geförderten rohen Schwefelerz (Schwefelkies) sind ohne Aufbereitung oder mit Handaufbereitung abgesetzt worden			In die Aufbereitungsanstalt sind gebracht und verarbeitet worden Schwefelerze (Schwefelkiese) aus eigenen Gruben und ausländischer Herkunft	In der Aufbereitungsanstalt gewonnene Schwefelerze (Schwefelkiese)			Durchschnittswert für die Tonne Schwefelerz (Schwefelkies)
	Menge, einschl. des natürlichen Nässegehalts	Durchschnittlicher Schwefelgehalt in	Wert ab Grube	Menge, einschl. des natürlichen Nässegehalts	Durchschnittlicher Schwefelgehalt in	Wert ab Grube		Menge, einschl. des natürlichen Nässegehalts	Durchschnittlicher Schwefelgehalt in	Wert ab Aufbereitungsanstalt	
	t	%[1]	1000 Mk.	t	%[1]	1000 Mk.	t	t	%[1]	1000 Mk.	Mk.
1909 4 (12)	213 282	36,20	1579	171 321	42,67	1511	43 280	6509	45,46	162	24,89
	Bei der Aufbereitung von Kupfererzen, silberhaltigem Bleiglanz und Zinkblende gewonnene Schwefelerze (Schwefelkies)							19 632	39,00	205	10,44
								26 141	40,61	367	14,04
1910 5 (11)	240 384	35,46	1781	186 312	43,00	1679	55 162	10 001	44,69	231	23,10
	Bei der Aufbereitung von Kupfererzen, silberhaltigem Bleiglanz und Zinkblende gewonnene Schwefelerze (Schwefelkies)							16 604	39,24	185	11,14
								26 605	41,29	416	15,64

Anmerkung: Die Zahlen in der Klammer in Spalte 1 beziehen sich auf diejenigen Betriebe, die Schwefelkies neben anderen Erzen gewonnen haben. Diese Betriebe sind bei den Haupterzen gezählt. (Nach Nachrichten für Handel und Industrie).

---

[1]) Nach Abzug des natürlichen Nässegehalts.

Produktion, Ein- und Ausfuhr Deutschlands an Schwefelerz (Schwefelkies) und Schwefel.

A. Produktion in metr. t			B. Einfuhr in metr. t			C. Ausfuhr in metr. t		
1908	1909	1910	1908	1909	1910	1908	1909	1910
219455	213282	240384	659871	691213	792735	16384	11564	9871
mit 40,61 % Schwefel		mit 41,29 % Schwefel		Davon aus Spanien		Hierzu Ged. Schwefel		2714
ärmer als die importierten Erze				613642	683011			
				Portugal 36290	59143			
				Frankreich...17740				
				Europ. Türkei 16482				
				Asiat. Türkei 7261				
				Mit ca. 48 % Schwefel				
			Hierzu an Ged. Schwefel 46796					

Der Schwefelkieskonsum Deutschlands betrug 1910 ca. 1022000 t. Die inländischen Lagerstätten konnten unter Berücksichtigung des Schwefelgehalts ca. $^1/_6$ decken.

Schwefelkonsum an Ged. Schwefel ca. 44000 t fast ganz aus Italien stammend.

b) Die Schwefelkieslagerstätten Deutschlands.

Sie liegen in Preußen und Sachsen. Die bedeutendsten Schwefelkieslagerstätten Preußens sind diejenigen von Meggen in Westfalen und am Rammelsberg.

Meggen in Westfalen. In der Attendorner Doppelmulde treten bei Meggen in Westfalen dem unteren Ober- und oberen Mitteldevon angehörige Kalke auf, welche z. T. in Schwefelkies umgewandelt sind.

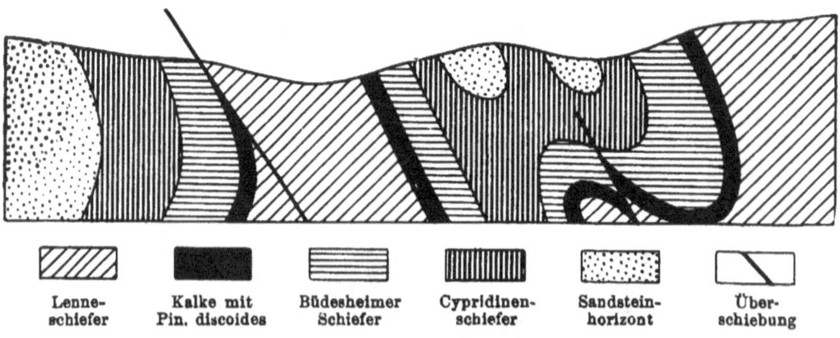

Fig. 95. Querprofil durch den südwestl. Teil der Attendorner Elsper-Doppelmulde.

Das Vorkommen von Meggen stellt also eine metasomatische Schwefelkieslagerstätte dar. Von Interesse ist die enge Vergesellschaftung von Schwefelkies und Schwerspat derart, daß der Schwerspat, der in der Regel über dem Schwefelkies liegt, stellenweise die ganze Mächtigkeit des Lagers ausfüllt (Fig. 95).

Die Mächtigkeit des gefalteten und vielfach gestörten Lagers beträgt im Durchschnitt 3 m, steigt aber im Maximum auf 6 m.

Die Schwefelkieslagerstätte wird von den beiden Gewerkschaften Sicilia und Siegena ausgebeutet, die im Jahre 1910 185328 t Schwefelkies lieferten.

Rammelsberg. Der Rammelsberg wurde bereits S. 112 geschildert. Die Ausfüllung des Lagers besteht z. T. aus Schwefelkies. Die Produktion betrug hauptsächlich infolge der geringen Nachfrage seitens der Hütten im Jahre 1910 nur 2209 t Schwefelkies und kiesige Erze; der Preis pro t war im Durchschnitt 14,25 Mk.

Auch die Gänge des sächsischen Erzgebirges führen, wie ich S. 89 usw. auseinandersetzte, neben den übrigen Erzen etwas Schwefelkies. Die amtliche Statistik gibt im Jahre 1910 3728 t Arsen-, Schwefel- und Kupferkies im Werte von 41338 Mk. an, die Produktion verteilt sich auf die Bergreviere Freiberg mit 3457 t und Scheibenberg, Johanngeorgenstadt und Schneeberg mit 270 t.

In Preußen kommen außerdem die metasomatischen Blei-Zinkerzlagerstätten Oberschlesiens in Frage, die ich S. 176 näher geschildert habe. Die Verdrängungen gewisser Schichten des Muschelkalkes führen neben Bleiglanz und Zinkblende auch Schwefelkies. Derartige Lagerstätten lieferten in dem Gebiete von Beuthen und Tarnowitz aus 7 Betrieben im Jahre 1910 7120 t Kies im Werte von 91298 Mk. Die fraglichen Gruben liegen in den Bergrevieren Ost-Beuthen und Tarnowitz.

Einen ganz anderen Charakter hat die Lagerstätte des Schwefelkiesbergwerks konsolidierte Morgenstern bei Rohnau im Kreis Landeshut. Hier tritt Schwefelkies südlich von Kupferberg auf mächtigen Lagern von Talkschiefern auf und wird in Tagebauen gewonnen. Man stellt aus dem Schwefelkies Eisenvitriol und Eisenoxyd als rote Farbe her.

Der Betrieb begann im 18. Jahrhundert, wurde 1891 eingestellt und 1904 wieder in Angriff genommen. 1910 führte man Stollenbetrieb ein. Die Produktion betrug 6794 t aufbereiteter Erze.

Das bereits bei den Gold- (S. 90) und Arsenerz-Lagerstätten (S. 91) geschilderte Vorkommen konsolidierte Wilhelm bei Altenberg, auf welchem Erzgänge ausgebeutet werden, lieferte, da die Gangfüllung ebenfalls z. T. aus Schwefelkies besteht, im Jahre 1910 237 t Schwefelerze.

c) Fremde, für Deutschland wichtige Schwefelerzlagerstätten.

Wie aus der Tabelle S. 238 hervorgeht, spielen für die Schwefelkies- und Schwefeleinfuhr Deutschlands Spanien und Portugal die Hauptrolle, in zweiter Linie folgt Italien mit den Ged. Schwefelvorkommen auf Sizilien.

Spanien und Portugal. Auf die Schwefelkiesvorkommen Spaniens und Portugals bin ich im Abschnitt über Kupfer (s. S. 121) genauer eingegangen. Es wurde dort erwähnt, daß das Kupfer an Schwefelkies gebunden ist. Die intrusiven Kieslagerstätten am Südabhang der Sierra Morena sind nicht nur bedeutende Kupfervorkommen, sondern stellen auch zu gleicher Zeit die bedeutendsten Kiesanhäufungen der Welt dar.

Von der Mitte des 19. Jahrhunderts bis jetzt erreichte die Förderung rund 40000000 t Kies. Nach einer aus dem Jahre 1895 stammenden Berechnung waren allein in der Umgegend von Rio Tinto damals noch 135000000 t vorhanden. In den drei bis vier Hauptgruben des Rio-Tinto-Bezirkes dürften ursprünglich 200000000 t Kies konzentriert worden sein, und wenn man den jetzt durch Erosion zerstörten Teil der Lagerstätten in Betracht zieht, kommt man schätzungsweise auf

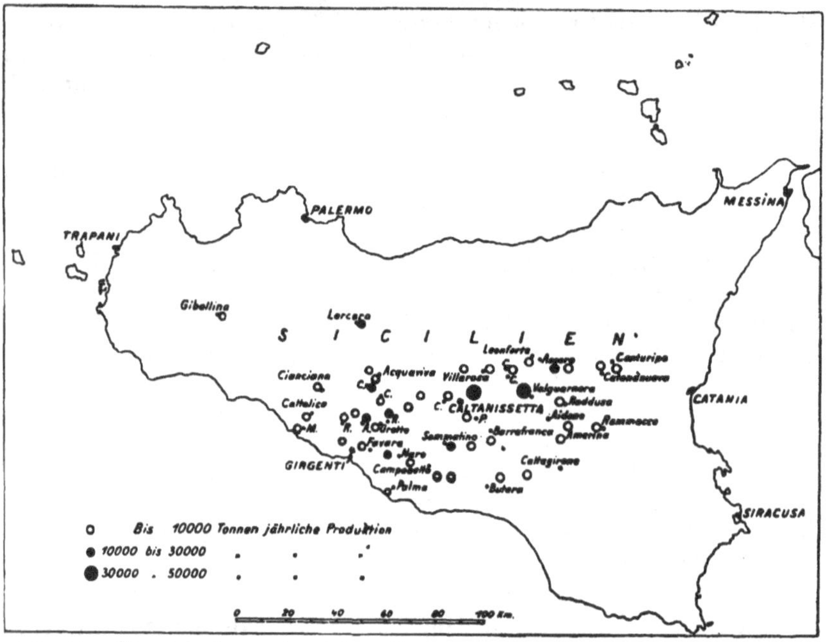

Fig. 96. Übersichtskarte der Schwefellagerstätten Siziliens. (Nach Stutzer.)

einen ursprünglichen Kiesvorrat von 400000000 t. Die übrigen benachbarten südspanischen und portugiesischen Kieslagerstätten sind erheblich kleiner; einige haben einen ursprünglichen Vorrat von 20—50 Millionen, andere nur von 10 Millionen und weniger. Ungefähr die Hälfte dieser Mengen kommt dabei auf Ged. Schwefel. Die in Spanien und Portugal konzentrierten Schwefelmengen versorgen nicht nur Europa, sondern z. T. auch Amerika.

Sizilien. Hier tritt Ged. Schwefel in tertiären Mergeln auf, die er imprägniert und durchtrümert.

Die abbauwürdigen Schwefellagerstätten Siziliens liegen zwischen Gibellina (Provinz Trapani) im Westen und Centuripe (Provinz Catania im Osten) und erstrecken sich von hier in südlicher Richtung durch die ganze Insel bis ans Meer. Die größte Länge des Gebietes beträgt 160—170 km, die größte Breite 85—90 km. Man kann einzelne Hauptgruppen unterscheiden, die sich auf die Provinz Catania, Caltanissetta, Girgenti und Palermo verteilen. Die Lagerstätten treten in der obermiocänen Serie gessoso-solfifera auf (Gips-Schwefelformation), welche aus Gipsen, Tuffen, Schwefel und Kalksteinen besteht und als oberstes Obermiocän von der sarmatischen und tortonischen Stufe und dem Mittel-, Untermiocän usw. unterlagert wird.

Die bis 100 m mächtige Schwefelformation wird zu oberst von marinen Gipsen gebildet, die auf mehr oder weniger bituminösen und salzigen Tonen (Tufi) liegen. An der Basis dieser Serie tritt ein grobbankiger konkretionärer Kalk auf. Der Schwefel ist meist in mergeligen Kalksteinen eingebettet, in welchen er in kleinen Geoden und Putzen oder in schichtigen Streifen auftritt. Wo kein Schwefel vorkommt, findet man reichlich Bitumen.

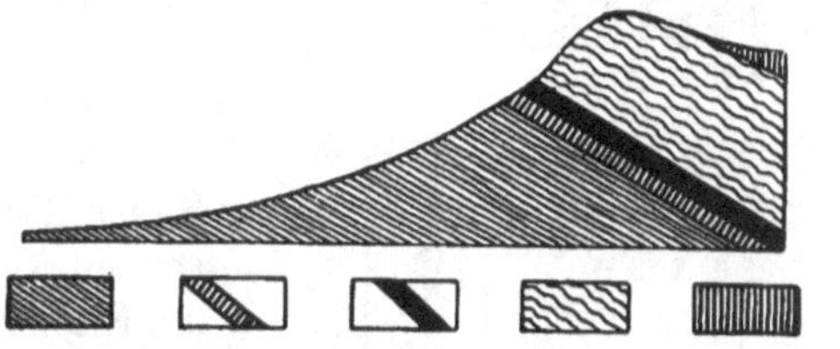

Fig. 97. Profil der Schwefelgrube Stinoono im Norden von Serradifalco. (Nach Mottura bzw. Stutzer.)

Die Vergesellschaftung von Schwefel mit Gips und Steinsalz weist auf die Entstehung in einer Meeresbucht hin, in welche Solfataren (schwefelhaltige Quellen) als Gefolgeerscheinungen eruptiver Tätigkeit eingemündet haben dürften; sie lagerten den Schwefel ab, welcher sich als Imprägnation usw. in den Schichten abschied.

Die leichte Gewinnbarkeit des Schwefels durch Ausschmelzen aus derartigen Schwefelerzen bringt es mit sich, daß man auch bei geringeren Schwefelgehalten mit wenig Unkosten unter Umständen ein verkaufsfähiges Produkt erzielen kann.

Die sizilischen Lagerstätten standen bis zur Entdeckung der Vorkommen von Louisiana und Texas als einzig in ihrer Art da. Die amerikanischen Vorkommen finden sich in der Dome-Formation und stellen konische und kraterförmige Massen in den Sedimenten dar, die sich mitunter aus mehr als 2000 Fuß Tiefe erheben.

Die Ausfüllung besteht neben Gips und Steinsalz aus Schwefel und unregelmäßigen Kalksteinbruchstücken. Das Ausschmelzen des Schwefels wird hier unter Tage vorgenommen, und man gewinnt Schwefel zu so niedrigen Preisen, daß Amerika in der Lage war, das Material zu abnorm billigen Preisen nach Marseille zu liefern. Die sizilischen Lagerstätten erhielten dadurch eine derartig ernste Konkurrenz, daß sie in eine schwierige Position kamen, aus der sie nur die Hilfe der italienischen Regierung retten konnte.

Die Ausfuhr Siziliens betrug im Jahre 1910 396120 t; es waren aber am 31. Dezember des Jahres noch Vorräte in Höhe von 640711 t vorhanden. Von der Ausfuhr gingen 30230 t nach Deutschland.

Schwefelkies- und Schwefelproduktion der Welt in metr. t.

	Deutschland	Spanien	Portugal	Norwegen	Frankreich	Vereinigte Staaten von Amerika		Italien		Japan		Ungarn
		Kupferh.				Schwefel			Schwefel	Schwefel		
1906	196 971	2 888 778	350 746	197 886	265 261	298 704	228 646	122 364	499 814	27 589	36 038	112 623
1907	196 320	3 182 645	351 000	225 000	283 000	312 731	266 061	127 000	426 972	28 381	36 124	99 503
1908	219 455	2 985 779	105 939	269 129	284 717	312 670	209 774	131 721	445 312	33 419	33 867	95 824
1909	198 688	2 955 254	211 324	282 606	273 221	303 000	213 371	149 084	435 060	36 317	27 066	98 971
1910	215 708	Unbek.	Unbek.	322 000	250 432	259 699	227 280	165 688	430 360	43 155	78 418	92 464
1911	217 459	Unbek.	Unbek.	350 000	Unbek.	246 300	265 272	165 273	414 671	Unbek.	Unbek.	Unbek.

d) Marktverhältnisse und Weltproduktion.

Die Weltproduktion an Schwefelkies und Ged. Schwefel ergibt sich aus der nebenstehenden Produktionstabelle.

Schwefelsäure wird in derartig großen Mengen gebraucht, daß die Welt-Kiesproduktion im allgemeinen mit günstigen Marktverhältnissen rechnen kann. Der größte Produzent, der Rio-Tinto-Distrikt, welcher mit ca. 3 000 000 t Förderung bei weitem die größte Menge liefert, hat in den letzten 10 Jahren keine wesentliche Steigerung zu verzeichnen.

Mit Recht kann man behaupten, daß Schwefelkies ebenso gesucht ist, wie reiche Eisenerze, und eine einfache Rechnung ergibt, daß der Reingewinn per t Schwefelkies bei normalen Kontrakten ganz ähnlich demjenigen beim Eisenerzbergbau ist. Schwefelkies wird im allgemeinen mit 38—42 Pf. per Unit, d. h. pro $^0/_0$ pro t bezahlt; Arsen gilt als schädlicher Bestandteil und schon geringe Mengen bewirken, daß ein Abzug stattfindet. Obgleich beispielsweise Arsen in den Rio-Tinto-Kiesen nur eine ganz verschwindende Rolle spielt, bewirkt das Element doch, daß man für Rio-Tinto-Kies z. B. nur 38 Pf. per Unit bezahlt, während für skandinavischen, arsenfreien Kies z. B. 40 Pf. erzielt werden. Ein spanischer Kies mit 48$^0/_0$ Schwefel hat beispielsweise einen Wert von ca. 18 Mk. per t, ein skandinavischer Kies mit 50$^0/_0$ Schwefel einen solchen von 20 Mk.

Der europäische Schwefelmarkt, welchen Sizilien befriedigt, wird durch ein Konsortium reguliert, an welchem die italienische Regierung beteiligt ist. Auf die schwere Krisis, die Sizilien infolge der Entdeckung der amerikanischen Schwefellagerstätten durchmachte, habe ich bereits oben hingewiesen. Wenn es nun auch zu einer Verständigung zwischen den amerikanischen und europäischen Verkäufern gekommen ist, so ist doch der Export von sizilischem Schwefel von 467 319 t im Jahre 1902 auf 395 917 t im Jahre 1910 zurückgegangen, während die sizilianischen Vorräte von 339 000 t im Jahre 1902 auf 640 711 t im Jahre 1910 gestiegen sind. Der Schwefelmarkt ist also ungünstiger als der Schwefelkiesmarkt. Das rührt z. T. daher, daß die bedeutenden Fortschritte der chemischen Industrie den reinen Schwefel mehr und mehr entbehrlich machen, so daß man sich mit Schwefelkies begnügen kann. Der Preis für prima Louisiana-Schwefel betrug im Jahre 1910 in New York 88 Mk. per lg t, in Marseille ca. 100 Fr. per t.

XVII. Die Versorgung Deutschlands mit Thorium- und Ceriumerzen.

a) Deutschlands Stellung auf dem Thorium- und Ceriummarkt.

Deutschland hat keine eigene Produktion an Thorium- und Ceriumerzen, der Bedarf wird vollständig durch Einfuhr gedeckt.

Man gewinnt Thorium- und Ceriumnitrat, die allein in der Großindustrie Verwendung finden, aus Monazit, und zwar dürften in Deutschland ca. 2000 t jährlich verarbeitet werden. Da Monazit neben Thorium auch Cerium enthält und man bei bei der Thoriumherstellung Cerium gewinnen muß, fällt Ceriumnitrat gleichsam als Nebenprodukt.

Die Thoriumnitratproduktion beträgt in Deutschland einige 100000 kg; genaue Zahlen sind wegen des Aufkommens zahlreicher außerhalb des Ringes stehender Outsider nicht zu erlangen.

b) Fremde, für Deutschland wichtige Thorium- und Ceriumlagerstätten.

Ursprünglich benutzte man als Rohmaterial den Thorit, welcher auf den Inseln des Langesundfjords in Süd-Norwegen aus Syenit-Pegmatitgängen gewonnen wurde; hier tritt er zusammen mit Feldspat, Titaneisen und einer Fülle anderer Mineralien in größeren und kleineren Anhäufungen auf. Im ganzen beträgt der Thoritgehalt dieser Gänge nur einen kleinen Bruchteil eines Prozentes der ganzen Syenit-Pegmatitmasse. Damals wurde 1 kg Thorit mit 400—500 Kronen bezahlt, so daß es möglich war, das Mineral durch geschickte Arbeiter trotz seines spärlichen Vorkommens mit Vorteil zu gewinnen.

Monazitlagerstätten Brasiliens. Die Entdeckung der Monazitlagerstätten an der Ostküste Brasiliens brachte den Thoritbergbau Süd-Norwegens zum Erliegen. Monazit ist ein Phosphat von Ce, La und Di, welches nebenbei Thorium enthält, und zwar hat das Mineral bis 18% ThO_2 und 31,3% CeO. Monazit kommt auf primärer Lagerstätte in granitischen Gesteinen vor, findet sich aber hier in so geringer Menge, daß eine Gewinnung im großen und mit Vorteil ausgeschlossen ist. Alle derartigen Versuche sind bisher gescheitert.

Nur da, wo die Natur selbst den Aufbereitungsprozeß ausführte, wo also durch die Atmosphärilien der Granit zerstört und in seine mineralogischen Bestandteile zerlegt wurde, fand durch die Tätigkeit der Flüsse, in welche die Fragmente gelangten, eine Aufbereitung derart statt, daß der Monazit (spez. Gew. 4,9—5,5) an bestimmten Stellen angereichert wurde. Teilweise gelangte das Mineral durch die Flüsse

16*

in das Meer, wo die Meereswogen eine ähnliche Anhäufung von monazitreichen Sanden erzeugen konnten, wie beispielsweise heute von eisenreichen Sanden an manchen Stellen der Nord- und Ostsee.

Die monazithaltigen Sande enthalten ursprünglich nur wenige Prozent des Minerals, können aber mit leichter Mühe mit Hilfe einfacher Aufbereitungsapparate auf 70—80% angereichert werden. Dieses Konzentrat hat dann nur einen Thoriumgehalt von 5—6%, läßt sich aber sehr bequem auf salpetersaures Thorium verarbeiten und wird deshalb gern benutzt.

Die zur Verfügung stehenden Monazitsandmengen sind derartig bedeutende, daß eine künstliche Regulierung der Produktion notwendig ist, um die Überproduktion zu verhüten. Man schätzt die Lagerstätten auf 30000000 t Sand, die in der Lage sind, 100000 t marktfähiger Ware zu liefern. Zu normalen Zeiten wurden einige 1000 t Monazitsand aus Brasilien nach Deutschland importiert.

c) Marktverhältnisse und Weltproduktion.

Man gebraucht Thorium- und Ceriumnitrat zur Herstellung der Glühstrümpfe. Eine neue Verwendung haben in den letzten Jahren die früher wertlosen Rückstände der Thoriumnitratfabrikation dadurch gefunden, daß die Firma Knöfler & Co. in Plötzensee, der Führer der Thoriumkonvention, und die Auergesellschaft Mesothorium und Radiothor herstellten, welches bis zu einem gewissen Grade Radium ersetzt.

Die Weltproduktion an Monazit beträgt in Brasilien 4000 bis 7000 t jährlich, in den Vereinigten Staaten (Nord- und Süd-Carolina) ist die Gewinnung in den letzten Jahren sehr zurückgegangen. Sie betrug

im Jahre	1905	ca.	650	t
„ „	1906	„	400	t
„ „	1907	„	270	t
„ „	1908	„	200	t
„ „	1909	„	270	t

und sank im Jahre 1910 weiter auf ca. 50 t.

Der Wert des Monazitsandes geht aus folgender Angabe hervor: Im Jahre 1910 lieferte Brasilien 5437 t im Werte von 2525000 Mk. Während zu normalen Zeiten der Preis einer Tonne Monazitsand 800 bis 1200 Mk. betrug (1907 115—130 Mk. per Unit ThO_2), ist er gegenwärtig auf 400—500 Mk. gesunken. Es bestand früher eine Übereinkunft zwischen dem ersten Ausbeuter der brasilianischen Monazitablagerungen Gordon, der Firma de Freitas in Hamburg und der brasilianischen Regierung einerseits und der deutschen Thoriumgesellschaft andererseits, nach welcher die Firma de Freitas das ausschließliche Exportrecht aus Brasilien hatte und den Monazit nur an die deutsche Thoriumgesellschaft verkaufen durfte. Sie erhielt für den Sand eine bestimmte Summe und war außerdem am Thoriumnitratpreise, soweit er über 28 Mk. per kg betrug, mit 50% beteiligt.

Im Jahre 1909 lief das Übereinkommen ab, und obgleich die Exportfirma Monazitsand nur an die Thoriumnitratgesellschaft liefern durfte, zeigte sich in den letzten Jahren, daß infolge von Verpfändungen viel mehr Monazitsand in Europa ist, als gebraucht werden kann. Man schätzt den Vorrat auf für 6—8 Jahre reichend.

Der Markt ist also vollständig gestört; infolge vieler außerhalb des Ringes stehender Thoriumnitratfabriken mußte die Thoriumkonvention den Preis zu Kampfzwecken heruntersetzen. Er schwankt gegenwärtig zwischen 18 und 21 Mk. per kg.

XVIII. Versorgung Deutschlands mit Aluminiumerzen und Aluminium.

a) Deutschlands Stellung auf dem Aluminiumerzmarkt.

Die Rohmaterialien sind vor allen Dingen Bauxit und Kryolith. Deutschland hat keine eigene Bauxit- und Kryolithproduktion.

Nach den Angaben der amtlichen Statistik betrug die Einfuhr an Bauxit im Jahre 1910 56286 t im Werte von 2932000 Mk., hiervon kommt die größte Menge aus Frankreich, nämlich 54513 t im Werte von 2181000 Mk. und eine kleine Menge aus Dänemark, nämlich 1581 t im Werte von 743000 Mk. — Die Ausfuhr ist gering; sie betrug im ganzen 875 t im Werte von 183000 Mk., und davon gingen nach dem europäischen Rußland 193 t im Werte von 67000 Mk.

Es werden also verbraucht in Deutschland von eingeführtem Bauxit ca. 55400 t.

Vor allen Dingen wird Bauxit verwandt; die amtliche Statistik führt die geringe Kryolithmenge nicht besonders auf.

Die Herkunft des Rohmaterials wird von der Aluminium-Industrie-Aktiengesellschaft geheim gehalten.

Die Produktion an Aluminium betrug (siehe die Tabelle S. 246) im Jahre 1910 zusammen in Deutschland, Österreich und der Schweiz, das sind die Werke in Neuhausen (Schweiz), Rheinfelden (Baden) und Lend-Gastein (Österreich) ca. 7000 t.

Die Einfuhr Deutschlands erreichte 1910 9892 t, die Ausfuhr 616 t. Der deutsche Verbrauch ist im Jahre 1910 auf vielleicht 11000 t zu veranschlagen.

b) Fremde, für Deutschland wichtige Aluminiumerzlagerstätten.

In Deutschland gibt es zwar eine Reihe von Stellen, an denen Bauxit namentlich als Zersetzungsprodukt des Basaltes vorkommt, die Lagerstätten sind aber zu arm, um auf irgendwelche wirtschaftliche Bedeutung Anspruch zu machen.

Aluminiumerz und Aluminium.

I. Deutschland hat keine Erzproduktion, die Herkunft des Rohmaterials wird geheim gehalten. . . . .

II. Aluminium in metr. t.

A. Produktion in metr. t		B. Einfuhr in metr. t		C. Ausfuhr in metr. t	
1909	1910	1909	1910	1909	1910
zusammen mit Österreich und Schweiz[1]		Deutschland allein			
5000	7000	8696	9892	469	616

Der Verbrauch in Deutschland betrug 1910 vielleicht 11000 t.

Frankreich. An erster Stelle steht Frankreich. Die klassische Lagerstätte liegt in den Bouches-du-Rhône in der Nähe von Mouriès, in der Baux-de-Provence; außerdem kennt man eine Reihe von anderen Vorkommen in der Nähe der Küste zwischen le Var und L'Hérault und an vielen anderen Stellen, welche man in den Baux et Mont-Pavon ausbeutet.

Das Vorkommen von Baux bildet ein zusammenhängendes Lager zwischen dem Urgonien und dem Cyclophoren-Kalk. Das Material ist rosa bis weiß, die Mächtigkeit beträgt 6 m.

Die Tendenz des Erzes zur pisolithischen Struktur ist auffallend. Der Bauxit enthält 43—78% Al_2O_3, 1—23% Eisenoxyd, meist unter 5% Kieselsäure und 14—15% Wasser.

Die Bauxitproduktion Frankreichs, welche nur z. T. von der eben skizzierten Lagerstätte stammt, betrug 196056 t im Jahre 1910 und 130149 t im Jahre 1909.

Andere Lagerstätten. Bauxit kommt meist als metasomatisches Umwandlungsprodukt von Kalken der verschiedensten geologischen Formationen vor. Wir finden ihn an vielen Stellen in Dalmatien, Siebenbürgen, in den Pyrenäen, in Indien, den Vereinigten Staaten usw.

Die Kryolithvorkommen. Eine wesentlich geringere Rolle spielen auf dem Weltmarkt die Kryolithvorkommen. Das Mineral, eine Fluorverbindung von Natrium und Aluminium, tritt im allgemeinen in Gängen im Granit auf und kommt nur in beschränkter Menge vor. Am wichtigsten sind die Lagerstätten an der Südküste von Grönland, welche bei einer Mächtigkeit von durchschnittlich 1 m auf ca. 100 m Länge aufgeschlossen wurden. Begleitmineralien sind hier Spateisenstein und Sulfide von Schwermetallen. Analoge Lagerstätten gibt es in der Umgegend von Miask, im Ural und in Kalifornien.

d) Marktverhältnisse und Weltproduktion.

Die Produktion an Bauxit betrug:

	1909	1910	1911
Frankreich	130149	196056	
Großbritannien	9652	4208	6103
Vereinigte Staaten	129101	149679	155618

[1]) Werke in Neuhausen (Schweiz), Rheinfelden (Baden) und Bad-Gastein (Österreich).

Bauxit wird zur Herstellung von Aluminium und für feuerfeste Produkte verwandt. Hier interessiert nur die erstgenannte Industrie. Man stellt aus dem Bauxit, der, wie aus der obigen Zusammensetzung hervorgeht, eine Reihe fremder Bestandteile enthält, zunächst eine reine Aluminiumverbindung in einer chemischen Fabrik her (z. B. Hydrat) und gewinnt erst aus dieser das Aluminium.

Die Bauxitpreise gehen seit 1910 in die Höhe, die besten Sorten kosteten in Frankreich 0,50 Fr. per Unit Al_2O_3 ab Hafenmagazin. Ein Material mit 70% wurde also mit 35 Fr. per t bezahlt.

Eisenreiche rote Sorten sind billiger; sie kosten eventuell nur die Hälfte.

Die Aluminiumproduktion ergibt sich aus der folgenden Tabelle.

Der Preis des Aluminiums ist im Verhältnis zu früher außerordentlich heruntergegangen (siehe S. 32); im Jahre 1909 betrug er 1,25—1,50 Mk. per kg und im Jahre 1910 1,30—1,60 Mk.

Da bei der Aluminiumproduktion die Elektrizität eine große Rolle spielt, erfordert die Hütte eine ausgesuchte Lage. Meist nimmt man Wasserkräfte zu Hilfe; im ganzen schwanken die Kräfte der verschiedensten Anlagen zwischen 2000 und 10000 H.P.

Aluminium (Nach Metallgesellschaft usw.).

Metrische Tonnen.

		1907	1908	1909	1910	1911
Deutschland	Einfuhr	3913	3204	8696	9892	10454
	Ausfuhr	1119	590	492	616	768
Deutschland, Österreich-Ungarn, Schweiz	Produktion	4000	4000	5000	8000	8000
Schweiz	Einfuhr	71	33	82	71	57
	Ausfuhr	463	722	1652	3649	3462
England	Produktion	1800	2000	2800	5000	5000
Frankreich	Produktion	6000	6000	6000	9500	10000
	Einfuhr	25	27	39	42	70
	Ausfuhr	1118	1332	4425	4148	4181
Vereinigte Staaten und Kanada	Produktion	8000	6000	16000	19600	22000
	Einfuhr	400	200	2317	5560	3175
Italien	Produktion	—	600	800	800	800
Norwegen	Produktion	—	—	600	900	900
Produktion insgesamt ca.		19800	18600	31200	43800	46700
Durchschnittlicher Jahrespreis in Mark für 1 kg		3,50	1,75	1,35	1,45	1,20
Wert der Produktion in 1000 Mk.		69300	32600	42100	63500	56000

NB. Seit dem Jahre 1901 lehnen es die Werke ab, Angaben über die Höhe ihrer Produktion zu machen. Die Produktionsziffern sind daher von sachverständiger Seite geschätzt.

XIX. Die Versorgung Deutschlands mit Uran- und Radiumerz.

a) Deutschlands Stellung auf dem Uran- und Radiumerzmarkt.

Als Ausgangsmaterialien für die Herstellung von Uran- und Radiumpräparaten dienen Uranpecherz und Uranglimmer. Praktische Bedeutung hat vorläufig nur das erstgenannte Erz. Man gewinnt aus diesen Verbindungen zunächst die Uranfarbe und trennt bei diesem Prozeß Uran und Radium derart, daß das Radium in den Rückständen bleibt, aus denen es später gewonnen wird.

In Deutschland werden derartige Erze nur im Königreich Sachsen gefördert. Hier gibt die amtliche Statistik im Jahre 1910 in den Bergrevieren Scheibenberg, Johanngeorgenstadt und Schneeberg 1,378 t im Werte von 636 Mk. an.

Die Einzelheiten über die Herstellung von Radium werden strengstens geheim gehalten. Es ist bekannt, daß man in Deutschland den Versuch macht, Radium herzustellen und auch Radiothor (S. 249) in geringen Mengen gewonnen hat, indessen spielt die deutsche Produktion keine Rolle auf dem Weltmarkt.

Zuverlässige Angaben über den deutschen Verbrauch von Radium sind nicht zu erhalten.

b) Die Uranerzlagerstätten Deutschlands.

Sächsisches Erzgebirge. Da die Versuche aus radiumreichen Quellen Radium herzustellen, bisher noch zu keinem befriedigenden Ergebnis geführt haben, kommen nur die Uranpecherzvorkommen in Frage.

Derartige Lagerstätten liegen im sächsischen Erzgebirge. Hier tritt die Pechblende ganz untergeordnet in den Erzgängen auf, die ich bereits bei dem Abschnitt über Blei-Silber-Zinkerze kurz erwähnte. In den Spaltenfüllungen ist das Uranpecherz recht spärlich, so daß im Jahre 1910 die Jahresproduktion nur etwas über 1 t betrug.

Ulugurugebirge, Bezirk Morogoro (Ostafrika). Uranpecherz wurde hier in Granitpegmatitgängen, die gegenwärtig auf Glimmer ausgebeutet werden, gefunden, und zwar tritt das Mineral häufig in Kristallen auf, die eine Zersetzungsrinde zeigen. Man setzte ursprünglich auf die Lagerstätte große Hoffnungen, da die ersten Nachrichten stark übertrieben waren, indessen hat sie nach Angabe des Gouvernements nur vielleicht 400 kg Uranpecherz im ganzen geliefert. Für eine regelmäßige Produktion scheint sie nicht in Frage zu kommen.

c) Fremde, für Deutschland wichtige Uran- und Radiumerzlagerstätten.

Deutschland hat bisher noch keine regelmäßige Radiumproduktion. Man verarbeitet Pechblende von St. Joachimsthal in Böhmen Die Erzgänge dieses Gebietes, die man in den letzten Jahren infolge des hier herrschenden Radiumfiebers z. T. recht genau kennen lernte, führen verhältnismäßig viel Uranpecherz. Die beiden Hauptvorkommen sind die alte ärarische Lagerstätte und das Vorkommen der Edelleutstollengesellschaft, welches vor kurzem ebenfalls in den Besitz des österreichischen Ärars überging. Die Gänge finden sich in einem kristallinen Schiefergebiet, welches in engster Verknüpfung mit Granit steht und in der Hauptsache von Gneis, Glimmerschiefer, Amphibolit usw. gebildet wird.

Die Pechblende tritt an Menge gegenüber den Silber-Kobalt- und Nickelerzen erheblich zurück, am reichsten sind die Nord-Süd-Gänge, und zwar namentlich an ihren Kreuzungen mit den Ost-West-Gängen.

d) Marktverhältnisse und Weltproduktion.

Von praktischer Bedeutung für die Radiumproduktion der Welt sind gegenwärtig nur die Lagerstätten von St. Joachimsthal in Böhmen. Eine Taxierung der möglichen Produktion ist sehr schwierig. Die Lagerstätten sind nach meinen Untersuchungen vielleicht imstande, jährlich 18 t Uranpecherz mit einem Durchschnittsgehalt von 55% U_3O_8 zu liefern. Da in ungefähr 3 Millionen Gramm Uranpecherz 1 g Radium steckt, ist man in der Lage, aus dieser Fördermenge 3 g Radium herzustellen. Die gegenwärtige Radiumproduktion der Welt läßt sich nicht mit Sicherheit feststellen. Der Hauptproduzent ist Österreich mit ca. 2 g jährlich.

Mesothorium. In der letzten Zeit wurde als Ersatz für Radium Mesothorium mit seinem Zerfallprodukt Radiothor von der chemischen Fabrik von Knöfler & Co. in Plötzensee und der Auergesellschaft hergestellt. Man ging hierbei von den Rückständen der Fabrikation salpetersauren Thoriums aus Monazitsand aus. Man gewinnt die Bromverbindung und verkauft das Mesothorium in Mengen, deren Aktivität 1 mg Radiumbromid entspricht. Der Preis betrug 200 Mk. per mg.

XX. Die Versorgung Deutschlands mit Vanadinerzen.

a) Deutschlands Stellung auf dem Vanadinerzmarkt.

Bis vor kurzem spielte Deutschland überhaupt keine Rolle; in den letzten Jahren haben aber die in Deutsch-Südwest liegenden Otavilagerstätten eine geringe Menge Vanadinerz geliefert. Die Vanadinerze gehören im allgemeinen zu den Seltenheiten Über die Höhe des deutschen Verbrauchs liegen mir keine zuverlässigen Zahlen vor. Die Otavilagerstätten lieferten in den letzten Jahren: 61,35 bezw. 146,8 t.

b) Die Vanadinlagerstätten Deutschlands.

Otavi. Die Mottramitfunde in Otavi erregten in den letzten Jahren größeres Aufsehen. Das Mineral findet sich als junges Zersetzungsprodukt auf der S. 113 kurz skizzierten Kupfererzlagerstätte in einer nierig traubigen, radial strahligen Kruste von schwärzlich olivengrüner Farbe in der Kupferzementationszone. Die Produktionshöhe wurde oben angegeben; Gehalt 8—10% Vanadin.

c) Fremde, für Deutschland wichtige Vanadinlagerstätten.

An dieser Stelle kann ich nur mit wenigen Worten auf einige fremde Vorkommen eingehen. Vanadin kommt in Neu-Mexiko zusammen mit Blei-Molybdän-Silber- und Kupfererzen vor. — In Mexiko ist die Zimapan-Lagerstätte anscheinend ziemlich vanadinreich. Sie trägt vor allen Dingen zur Vanadinproduktion Mexikos, die zwischen 10 und 20 t betragen dürfte, bei. — Andere Vanadin führende Gänge werden aus Peru (die American Vanadium Co. beutet sulfidische Gänge aus) und Kolorado genannt.

Von besonderem Interesse sind vanadinhaltige Kohlen, die man aus der Provinz Mendozo und im Neuquen Territorium kennt. Die Asche einer derartigen Kohle hatte 38,22% Vanadinoxyd, die Kohle ist aschearm.

d) Marktverhältnisse und Weltproduktion.

Gegenwärtig ist Amerika das vanadinreichste Land. Man benutzt das Metall zur Herstellung von Vanadiumstahl, welcher für Achsen, Kolben, Eisenbahnräder, Geschützrohre usw. benutzt wird. Im Jahre 1911 soll nach amerikanischen Mitteilungen der Verbrauch des Vanadiums erheblich zugenommen haben. Zuverlässige statistische Mitteilungen über den Vanadiumhandel sind leider nicht zu erlangen. Man muß sich deshalb mit der Angabe begnügen, daß er 1911 wesentlich umfangreicher war als zuvor. Vanadium wird als Vanadiumstahl gehandelt; der Preis hierfür betrug 1911 ca. 40 Mk. per kg Vanadiumgehalt. Anscheinend geht der Preis zurück.

Die Gesamtweltproduktion an Vanadiumerzen dürfte einige tausend Tonnen mit vielleicht 2% Vanadium betragen.

Die Kruppsche Vanadiumlegierung hat 30% Vanadium; der Markt wird zu fast 3/4 von der American Vanadium Co. beherrscht, welche vor allen Dingen die großen peruanischen Vanadiumsulfid-Lagerstätten ausbeutet.

Die Weltproduktion an Vanadiumlegierung beträgt vielleicht 1400 t.

Sachregister.

Siehe die Zölle der verschiedenen Produkte unter „Ein- und Ausfuhrzölle“. Siehe die Erz- und Metallproduktionen der Länder bei den „verschiedenen Metallen unter Weltproduktion“.

Ortsregister.

Siehe die verschiedenen Länder in bezug auf Zölle unter „Ein- und Ausfuhrzölle".

MIX
Papier | Fördert
gute Waldnutzung
FSC® C083411

Zeitfracht Medien GmbH
Ferdinand-Jühlke-Straße 7
99095 Erfurt, Deutschland
produktsicherheit@kolibri360.de